U0187411

控制之美【卷2】

最优化控制MPC与卡尔曼滤波器

王天威　黄军魁　编著

Beauty of Control Systems

Optimal Control, Model Predictive Control and Kalman Filter

清華大學出版社
北　京

内 容 简 介

本书是一本围绕最优控制理论展开的实用指南，以深入浅出的方式介绍了最优控制理论、动态规划、线性二次型调节器(LQR)、模型预测控制(MPC)和卡尔曼滤波器以及它们之间的联系，并展示了它们在综合应用中的使用方法与技巧。本书旨在为读者提供全面而直观的学习资源，同时将这些概念有机地应用于实际控制问题。通过书中丰富的例子和详细的代码，读者可以直接实践和验证所学内容，从而深化对这些理论的理解。

本书的目标读者群体为自动化类专业的本科生和研究生以及相关领域的科研人员。

本书封面贴有清华大学出版社防伪标签，无标签者不得销售。

版权所有，侵权必究。举报：010-62782989，beiqinquan@tup.tsinghua.edu.cn。

图书在版编目(CIP)数据

控制之美. 卷 2，最优化控制 MPC 与卡尔曼滤波器/王天威，黄军魁编著. —北京：清华大学出版社，2023.9 (2024.5重印)

ISBN 978-7-302-64242-8

Ⅰ. ①控… Ⅱ. ①王… ②黄… Ⅲ. ①自动控制理论 Ⅳ. ①TP13

中国国家版本馆 CIP 数据核字(2023)第 136016 号

责任编辑：杨迪娜
封面设计：徐　超
责任校对：郝美丽
责任印制：丛怀宇

出版发行：清华大学出版社
网　　址：https://www.tup.com.cn，https://www.wqxuetang.com
地　　址：北京清华大学学研大厦 A 座　　**邮　　编**：100084
社 总 机：010-83470000　　**邮　　购**：010-62786544
投稿与读者服务：010-62776969，c-service@tup.tsinghua.edu.cn
质量反馈：010-62772015，zhiliang@tup.tsinghua.edu.cn
课件下载：https://www.tup.com.cn，010-83470236
印 装 者：三河市科茂嘉荣印务有限公司
经　　销：全国新华书店
开　　本：185mm×260mm　　**印　　张**：11.25　　**字　　数**：276 千字
版　　次：2023 年 9 月第 1 版　　**印　　次**：2024 年 5 月第 5 次印刷
定　　价：79.00 元

产品编号：099213-01

前　言

PREFACE

2022 年 6 月,《控制之美(卷 1)——控制理论从传递函数到状态空间》问世,在其后的一年时间销售了 2 万余册,并被评选为清华大学出版社 2022 年度十佳图书。这是一个远超我预期的荣誉与成绩,我倍感敬畏,也充满感激。与此同时,我在 B 站的频道也获得了更多的关注。目前,频道粉丝数量已经突破了 26 万,视频的观看量也已接近千万。每一个读者和频道粉丝的信任与支持都是我前进的动力,激励我坚定地继续探索和前行。

在本书中,我为大家呈现了一系列读者和频道粉丝朋友们最关注并且频繁提问的相关控制理论内容。这些内容也是近年来备受关注的热门话题,其中包括最优控制理论、动态规划、线性二次型调节器(LQR)、模型预测控制(MPC)以及卡尔曼滤波器。对于这些内容,现有的资料既有深入研究的理论文献,也有通俗易懂的科普读物。然而,理论文献常常使读者望而却步,而浅显的介绍又常常流于表面,无法满足读者深入理解和应用的需求。因此,在本书中,我尝试走一条中间的路,既能深入剖析理论,又力求简明易懂,直观地呈现这些复杂的概念,为读者提供更好的学习体验。

为了使理论更加生动具体,本书配有大量实例。每个实例都附有完整的代码以及详细的代码注释,使读者能直接动手实践和验证理论。读者也可以从中学习案例的设计思路、实验方法和结果分析,从而在自己的工作中运用类似的方法进行研究和表达。本书并没有将 LQR、MPC 和卡尔曼滤波器作为各自完全独立的主题进行讨论,而是追求一种全方位的视野,将它们有机地融合在一起,并通过讲解它们之间的联系和展示综合应用的方法与技巧,帮助读者构建起更完整的控制理论框架。

在本书的编写过程中,有幸邀请到我在 Clemson 大学的师弟黄军魁博士共同参与。他深厚的学识和独到的视角对本书的完善起到了关键的作用。在此,我要向他表达由衷的感谢。他的贡献和努力令这本书的质量大幅度提升,更好地实现了我一直以来的目标:以简单的语言讲述复杂的知识。

我还要感谢清华大学出版社栾大成主任和杨迪娜编辑。他们的专业素养、严谨态度和无私奉献使这本书能够更好更快地呈现在读者面前。

在本书的编写过程中，我深切怀念和感激我的父亲王翼清。尽管他已经不在我的身边，但他对我的影响和支持在我心中永存。我要感谢我的母亲宋津丽对我一如既往的鼓励。她的支持不仅给予我动力和勇气，还是我在人生道路上的坚实后盾。

感谢我的爱人王莎莎博士在我写作的过程中对家庭的奉献与付出，她的理解和支持让我能够全身心地投入写作中。她虽然不是控制专业人士，但时常能带给我启迪和创作灵感。感谢我的儿子王逸飞，在我编写《控制之美(卷1)——控制理论从传递函数到状态空间》的时候他还不会说话，只能用微笑给我无声的鼓励。而现在，每当我遇到困难或感到疲惫时，他总能用天真的语言和深情的拥抱给我带来力量。他无条件的爱是我在写作过程中收获的最宝贵的财富。

最后，我要向所有的读者和B站的粉丝表示衷心的感谢。正是你们的关注和支持、建议与批评，让我有信心和勇气去分享自己的经验和知识。我希望本书能够为您带来启发和帮助，让我们共同探索控制之美的奥妙。

由于作者水平有限，书中的缺点和不足之处在所难免，热忱欢迎各位读者批评指正。有关图书的建议、意见、错误与指正，请发送到邮箱：ydn85@sina.cn。

王天威

2023年9月

感谢我的爱人郑欣，你的无私奉献和理解使我能够专注于创作这本书。感谢我的女儿黄思远，你的笑容和纯真让我在写作的过程中获得无限的灵感和动力。同样感谢我的母亲陈淑清、父亲黄锦华，感谢你们一直以来的支持和鼓励。此外，特别感谢我的师兄王天威邀请我共同编写此书，他的智慧、创意和奉献精神为本书增添了独特的价值。感谢他在整个过程中的辛勤工作和大力支持，帮助我排除了种种疑虑，鼓励我攻克重重难关。

黄军魁

2023年9月

目录

CONTENTS

绪　论

2023 年 5 月 10 日 21 时 22 分，搭载天舟六号货运飞船的长征七号遥七运载火箭，在海南文昌航天发射场点火发射，约 10 分钟后，船箭成功分离并进入预定轨道。这位世界现役运输能力最大的“快递小哥”携带着 7.4 吨的货物通过自主远距离的导引以及近距离的自主控制从 200km 的近地轨道运行到 393km 的空间站轨道上。在距离空间站 5km、400m、200m、19m 的 4 个停靠点上逐步地修正与空间站的相对位置和姿态，最终在 5 月 11 日 5 时 16 分与天宫空间站成功对接。

空间交会对接犹如万里穿针，整个过程中涉及的技术和工程都无比复杂。长征七号运载火箭的发射，天舟六号货运飞船的轨道进入，以及与天宫空间站的精准对接，所有这些步骤都需要精准的控制和精确的状态估计。这些过程的背后是控制理论的深入应用，这是一个跨学科的领域，不仅包含了数学和物理，还包含了计算机科学和工程技术。控制理论提供了一种思维方式，同时作为一种强大的工具让我们能够理解和控制复杂的系统。

控制理论的应用已经深入到我们生活的方方面面。无论是让电梯平稳地运行，还是调节空调的温度和湿度，或者是驾驶汽车进行定速巡航或前车跟随，以及让工厂的生产线有序进行，都离不开控制理论的应用。对于这些系统的控制，我们不仅关心它们能不能安全正常地运行，更关心它们的运行是否高效，以及是否达到了效率和能耗的最优，由此我们引入最优控制理论。最优控制不仅关心如何使系统保持稳定，更关心如何在保证稳定的同时，使系统的某些性能指标达到最优。而在系统的状态不直接可观的情况下，状态估计算法就显得尤为重要，它能够在噪声的影响下，准确地估计系统的状态。最优控制理论与状态估计算法的结合为控制器设计和应用提供了一套强大的工具。

1.1　动态系统与控制系统

本书的研究对象是**动态系统**(**dynamic system**)。动态系统是指状态随时间变化的系统，其特点为系统的**状态变量**(**state variable**)是时间的函数。如图 1.1.1 所示，在光滑的平面上对一辆质量为 m 的小车施加一个随时间变化的外力 $u_{(t)}$，这便构成了一个动态系统。其中，小车的位移 $x_{(t)}$ 是此系统的状态变量，它是时间的函数。它随时间的变化率是其对时间 t 的导数 $\frac{\mathrm{d}x_{(t)}}{\mathrm{d}t}$，这也代表了小车的速度。而速度随时间的变化率为 $\frac{\mathrm{d}^2x_{(t)}}{\mathrm{d}t^2}$，代表小车的加速度。根据牛顿第二定律，得到

$$u_{(t)}=m\frac{\mathrm{d}^2x_{(t)}}{\mathrm{d}t^2} \tag{1.1.1}$$

在这个动态系统中,将外力 $u_{(t)}$ 定义为系统的**输入**(**input**),将小车位移 $x_{(t)}$ 定义为系统的**输出**(**output**)。式(1.1.1)说明给定的系统输入(即作用在小车上的外力 $u_{(t)}$)将通过影响小车的加速度和小车的速度,最终影响系统的输出(小车的位移 $x_{(t)}$)。

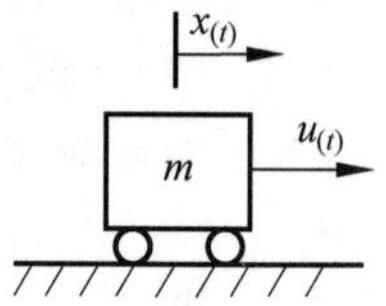

图 1.1.1　动态系统举例

在经典控制理论中,多使用传递函数来表示系统输入与输出的关系,对式(1.1.1)进行拉普拉斯变换(考虑零初始条件)便可以得到系统的传递函数

$$G_{(s)}=\frac{X_{(s)}}{U_{(s)}}=\frac{1}{ms^2} \tag{1.1.2}$$

它体现了系统输入 $U_{(s)}$ 与输出 $X_{(s)}$ 之间的关系。通过时域分析与频域分析,可以研究系统的稳定性以及频率响应。然而,传递函数无法提供系统内部状态的详细信息。

与经典控制理论不同,现代控制理论则使用状态空间方程(时域)来描述系统,状态空间方程以矩阵的形式表达系统状态变量、输入以及输出之间的关系。定义状态变量 $\boldsymbol{x}_{(t)}=\begin{bmatrix}x_{1_{(t)}}\\x_{2_{(t)}}\end{bmatrix}=\begin{bmatrix}x_{(t)}\\\frac{\mathrm{d}x_{(t)}}{\mathrm{d}t}\end{bmatrix}$,它包含两个状态,分别是小车的位移与速度,可以得到

$$\frac{\mathrm{d}x_{(t)}}{\mathrm{d}t}=\frac{\mathrm{d}}{\mathrm{d}t}\begin{bmatrix}x_{1_{(t)}}\\x_{2_{(t)}}\end{bmatrix}=\begin{bmatrix}0&1\\0&0\end{bmatrix}\begin{bmatrix}x_{1_{(t)}}\\x_{2_{(t)}}\end{bmatrix}+\begin{bmatrix}0\\\frac{1}{m}\end{bmatrix}u_{(t)} \tag{1.1.3}$$

相较于经典控制理论式(1.1.2),式(1.1.3)中包含了小车速度 $x_{2_{(t)}}=\frac{\mathrm{d}x_{1_{(t)}}}{\mathrm{d}t}$ 的动态方程,使用这样的方法,有助于分析系统内部的每一个状态变量,从而进行更加精确的优化和控制。

在《控制之美(卷1)——控制理论从传递函数到状态空间》中,我们详细地探讨了动态系统的建模方法以及控制器的稳定性分析。通过这些知识可以设计一个合适的控制器,使得小车能够稳定地从初始位置移动到目标位置,同时可以调整系统的瞬态响应。然而,对于现代控制问题,仅仅实现稳定是远远不够的。例如在小车的控制问题中,我们不仅希望小车能够停在目标位置,更希望它能够快速地到达目标位置,并且在这个过程中消耗最小的能量。为了实现这些目标,需要引入最优控制理论。同样在实际应用中,我们面临的另一个问题是,动态模型和传感器都不是完美的。动态模型可能存在建模误差,而传感器的测量结果也可能存在噪声干扰。因此,我们不能直接得到系统的精确状态,而需要采用某种方法来估计状态,这就是卡尔曼滤波器的应用之处。卡尔曼滤波器能够在存在建模误差和测量噪声的情况下,提供准确的状态估计。以上讨论引出了本书的主题,在接下来的章节中,我们将深入研究最优控制理论,并探讨卡尔曼滤波器的相关知识。

1.2 本书的内容与特点

本书全面而深入地介绍了最优控制和卡尔曼滤波器的复杂理论和技术。对于每一个知识点，本书都提供了形象生动的实例来帮助读者理解。此外，为了贯穿整本书，作者精心设计了一系列案例，以展示如何根据控制需求以及实际情况运用不同的理论和方法，并着重讨论了每个方法、工具的优点与不足，这也是本书与其他专著的不同之处。本书不仅将各个知识点单独呈现，还尽力通过实例将它们串联起来，例如针对同一个动态系统分析不同的控制器产生的不同效果，使读者得以洞察这些理论如何在实际问题中发挥作用，做到举一反三。

本书接下来的章节安排如下。第 2 章将深入数学基础，探讨最优控制理论和卡尔曼滤波器所需的关键知识，涵盖状态空间方程求解、系统离散化以及矩阵求导等内容。第 3 章将解析最优控制的基本概念，包括性能指标（代价函数）的构成及最优控制问题的分类。第 4 章将聚焦动态规划与线性二次型调节器（LQR）。动态规划是一种将控制问题转化为递归最优化问题的基础方法，以此寻找最佳策略；而 LQR 则是一种高效且强大的线性系统最优控制方法。第 5 章专注于模型预测控制（MPC），它是一种依赖系统模型预测未来行为并优化控制序列以实现最佳性能的方法。MPC 在多变量和存在约束条件的控制问题中，展现出优异的性能。第 6 章将详细讲解卡尔曼滤波器，这是一种融合系统模型和测量数据以提供最佳系统状态估计的算法，其在控制系统中的应用广泛且重要。

在使用本书时，请读者重视附带的代码资源，因为最优控制与卡尔曼滤波器多用于数字控制，涉及大量的矩阵运算，在实际应用中也离不开编程。在本书中，我们提供了 8 个最优控制与卡尔曼滤波器的基础模块，这些模块可实现系统的实时控制与轨迹追踪；并包含 27 个由这些基础模块组成的完整系统仿真，对应于书中的每一个案例。每一行代码都有详细的注释说明，以帮助读者深入理解程序代码的实现过程。为方便读者使用，所有代码都使用开源软件 Octave 编写，这款软件的语法与 MATLAB 完全一致，基本可以实现无缝对接。最后，希望本书可以作为一个“利器”，帮助读者拓展思路，深入理解最优控制和卡尔曼滤波器理论。同时，也建议读者尝试将本书的理论知识用于实践操作，做到理论与实践的完整结合。

第2章 CHAPTER 2

数学基础

本章主要讲解最优控制理论中的数学基础知识,包括线性时不变系统状态空间方程的解、状态空间方程离散化、矩阵的运算基础、向量的导数以及向量矩阵求导的应用等方面的内容。这些数学基础知识对于读者理解后续章节的内容是必不可少的数学工具。

本章将通过案例分析,详细介绍每一个知识点的基本概念和计算方法,并提供实用的数学工具和代码。本章内容不仅有助于读者掌握最优控制的数学基础,更能帮助读者在实际问题中更好地应用所学知识。

本章的学习目标包括:

- 理解线性时不变系统状态空间方程的解和离散化方法。
- 掌握向量的导数和向量矩阵求导的方法。
- 理解矩阵求导的具体应用,包括线性回归和最小二乘法等。

2.1 线性时不变系统状态空间方程的解

状态空间方程是指将系统描述为一组关于状态和输入的微分方程以及代表输出的代数方程的形式。它是控制工程中最常用的建模方式,可用于分析和设计各种动态系统,状态空间方程的具体建立方法请参考《控制之美(卷 1)——控制理论从传递函数到状态空间》。当使用状态空间方程的方法建模时,线性时不变系统的状态空间表达式的一般形式为:

$$\frac{\mathrm{d}\boldsymbol{x}_{(t)}}{\mathrm{d}t}=\boldsymbol{A}\boldsymbol{x}_{(t)}+\boldsymbol{B}\boldsymbol{u}_{(t)} \tag{2.1.1a}$$

$$\boldsymbol{y}_{(t)}=\boldsymbol{C}\boldsymbol{x}_{(t)}+\boldsymbol{D}\boldsymbol{u}_{(t)} \tag{2.1.1b}$$

其中,$\boldsymbol{x}_{(t)}$是状态变量,它是一个 n 维向量,$\boldsymbol{x}_{(t)}=\begin{bmatrix}x_{1_{(t)}} & x_{2_{(t)}} & \cdots & x_{n_{(t)}}\end{bmatrix}^{\mathrm{T}}$;$\boldsymbol{y}_{(t)}$是系统的输出,它是一个 m 维向量,$\boldsymbol{y}_{(t)}=\begin{bmatrix}y_{1_{(t)}} & y_{2_{(t)}} & \cdots & y_{m_{(t)}}\end{bmatrix}^{\mathrm{T}}$;$\boldsymbol{u}_{(t)}$是系统的输入,它是一个 p 维向量,$\boldsymbol{u}_{(t)}=\begin{bmatrix}u_{1_{(t)}} & u_{2_{(t)}} & \cdots & u_{p_{(t)}}\end{bmatrix}^{\mathrm{T}}$。这说明,当用一个状态空间方程描述系统时,它有 n 个状态变量、m 个输出和 p 个输入。它可以处理多输入、多输出、多状态的系统。$\boldsymbol{A}$ 是一个 $n\times n$ 矩阵,表示系统状态变量之间的关系,称为**状态矩阵**或者系统矩阵。$\boldsymbol{B}$ 是一个 $n\times p$ 矩阵,表示输入对状态量的影响,称为**输入矩阵**或者控制矩阵。$\boldsymbol{C}$ 是一个 $m\times n$ 矩阵,表示系统的输出与系统状态变量的关系,称为**输出矩阵**。$\boldsymbol{D}$ 是一个 $m\times p$ 矩阵,表示系统的输入直接作用在系统输出的部分,称为**直接传递矩阵**。

> 在本书中，所有状态向量、输入、状态矩阵与控制矩阵均用黑斜体表示。特别的，对于某些单状态变量或单输入系统，为保持一致，仍使用黑体表示。此时的状态变量或输入将考虑为 1×1 的向量，矩阵也将考虑为 1×1 矩阵。

在式(2.1.1)中，我们可以通过分析系统状态矩阵 $\boldsymbol{A}$ 的特征值来分析系统的稳定性以及瞬态响应，并以此为基础设计系统的控制器 $\boldsymbol{u}_{(t)}$。在本书中，为了进一步分析系统的表现，将对式(2.1.1)的解进行分析。式(2.1.1b)说明系统的输出是状态变量与输入的线性组合，因此我们只需要分析式(2.1.1a)的解。首先从一个一维例子入手，并且不考虑系统的输入，设一个变量 $x_{1_{(t)}}$，它随时间变化为

$$\frac{\mathrm{d}x_{1_{(t)}}}{\mathrm{d}t}=ax_{1_{(t)}} \tag{2.1.2}$$

其中 a 是常数，根据微分方程的性质，可得

$$x_{1_{(t)}}=x_{1_{(t_0)}}\mathrm{e}^{at} \tag{2.1.3}$$

其中 $x_{1_{(t_0)}}$ 是初始状态，t_0 是初始时间。

接下来考虑多维向量的情况，同样不考虑系统的输入，式(2.1.1a)可以写成

$$\frac{\mathrm{d}}{\mathrm{d}t}\boldsymbol{x}_{(t)}=\boldsymbol{A}\boldsymbol{x}_{(t)} \tag{2.1.4}$$

猜测它的解也可以写成式(2.1.3)的形式，即

$$\boldsymbol{x}_{(t)}=\mathrm{e}^{\boldsymbol{A}t}\boldsymbol{x}_{(t_0)} \tag{2.1.5}$$

其中 $\mathrm{e}^{\boldsymbol{A}t}$ 被定义为矩阵指数函数(**exponential of matrix**)。进一步探讨 $\mathrm{e}^{\boldsymbol{A}t}$ 的表达形式，分析式(2.1.5)，其中状态变量 $\boldsymbol{x}_{(t)}$ 是一个 $n\times1$ 向量；$\boldsymbol{x}_{(t_0)}$ 也是一个 $n\times1$ 向量，表示各状态变量的初始值。因此可以推断出 $\mathrm{e}^{\boldsymbol{A}t}$ 是一个 $n\times n$ 矩阵。同时，根据式(2.1.4)和式(2.1.5)，$\mathrm{e}^{\boldsymbol{A}t}$ 应满足

$$\frac{\mathrm{d}}{\mathrm{d}t}\mathrm{e}^{\boldsymbol{A}t}=\boldsymbol{A}\mathrm{e}^{\boldsymbol{A}t} \tag{2.1.6}$$

通过泰勒级数展开有助于分析矩阵指数函数，指数为常数的函数 e^{at} 的泰勒级数展开为

$$\mathrm{e}^{at}=1+at+\frac{1}{2!}(at)^2+\frac{1}{3!}(at)^3+\cdots \tag{2.1.7a}$$

因此，矩阵指数函数 $\mathrm{e}^{\boldsymbol{A}t}$ 可以定义为

$$\mathrm{e}^{\boldsymbol{A}t}=\boldsymbol{I}+\boldsymbol{A}t+\frac{1}{2!}(\boldsymbol{A}t)^2+\frac{1}{3!}(\boldsymbol{A}t)^3+\cdots \tag{2.1.7b}$$

其中 $\boldsymbol{I}$ 是 $n\times n$ 单位矩阵。在此定义下，$\mathrm{e}^{\boldsymbol{A}t}$ 是一个 $n\times n$ 矩阵，同时满足式(2.1.6)，即

$$\frac{\mathrm{d}}{\mathrm{d}t}\mathrm{e}^{\boldsymbol{A}t}=\boldsymbol{0}+\boldsymbol{A}+\frac{2}{2!}\boldsymbol{A}^2t+\frac{3}{3!}\boldsymbol{A}^3t^2+\cdots=\boldsymbol{0}+\boldsymbol{A}+\boldsymbol{A}^2t+\frac{1}{2!}\boldsymbol{A}(\boldsymbol{A}t)^2+\cdots=\boldsymbol{A}\mathrm{e}^{\boldsymbol{A}t} \tag{2.1.8}$$

考虑两个特殊情况：

第一，根据式(2.1.7b)，当 $\boldsymbol{A}=\boldsymbol{0}$ 时，可得 $\mathrm{e}^{\boldsymbol{0}t}=\boldsymbol{I}$。

第二，考虑一个对角矩阵

$$\boldsymbol{D}=\begin{bmatrix}\lambda_1 & \cdots & 0\\ \vdots & \ddots & \vdots\\ 0 & \cdots & \lambda_n\end{bmatrix} \tag{2.1.9}$$

此时 $\boldsymbol{D}^n=\begin{bmatrix}\lambda_1^n & \cdots & 0\\ \vdots & \ddots & \vdots\\ 0 & \cdots & \lambda_n^n\end{bmatrix}$，根据式(2.1.7b)可得

$$\begin{aligned}
\mathrm{e}^{\boldsymbol{D}t}&=\boldsymbol{I}+\begin{bmatrix}\lambda_1 & \cdots & 0\\ \vdots & \ddots & \vdots\\ 0 & \cdots & \lambda_n\end{bmatrix}t+\frac{1}{2!}\begin{bmatrix}\lambda_1^2 & \cdots & 0\\ \vdots & \ddots & \vdots\\ 0 & \cdots & \lambda_n^2\end{bmatrix}t^2+\frac{1}{3!}\begin{bmatrix}\lambda_1^3 & \cdots & 0\\ \vdots & \ddots & \vdots\\ 0 & \cdots & \lambda_n^3\end{bmatrix}t^3+\cdots\\
&=\begin{bmatrix}1+\lambda_1 t+\frac{1}{2!}(\lambda_1 t)^2+\frac{1}{3!}(\lambda_1 t)^3\cdots & \cdots & 0\\ \vdots & \ddots & \vdots\\ 0 & \cdots & 1+\lambda_n t+\frac{1}{2!}(\lambda_n t)^2+\frac{1}{3!}(\lambda_n t)^3\cdots\end{bmatrix}\\
&=\begin{bmatrix}\mathrm{e}^{\lambda_1 t} & \cdots & 0\\ \vdots & \ddots & \vdots\\ 0 & \cdots & \mathrm{e}^{\lambda_n t}\end{bmatrix}
\end{aligned}\tag{2.1.10}$$

式(2.1.10)体现了非常良好的性质，在控制工程中经常会用到解耦的方式将状态矩阵转化为对角矩阵，因此式(2.1.10)为后续的工作提供了思路。

对于一般形式的矩阵 $\boldsymbol{A}$，可令 $\boldsymbol{A}=\boldsymbol{PDP}^{-1}$，其中 $\boldsymbol{D}=\begin{bmatrix}\lambda_1 & \cdots & 0\\ \vdots & \ddots & \vdots\\ 0 & \cdots & \lambda_n\end{bmatrix}$ 是对角矩阵，$\lambda_1\sim\lambda_n$ 是矩阵 $\boldsymbol{A}$ 的特征值；$\boldsymbol{P}=[\boldsymbol{v}_1,\boldsymbol{v}_2,\cdots,\boldsymbol{v}_n]$是过渡矩阵，$\boldsymbol{v}_1\sim\boldsymbol{v}_n$ 是矩阵 $\boldsymbol{A}$ 的特征向量。根据这一性质，可得：

$$\boldsymbol{A}^2=\boldsymbol{PDP}^{-1}\boldsymbol{PDP}^{-1}=\boldsymbol{PD}^2\boldsymbol{P}^{-1}\tag{2.1.11a}$$

$$\boldsymbol{A}^3=\boldsymbol{A}^2\boldsymbol{A}=\boldsymbol{PD}^2\boldsymbol{P}^{-1}\boldsymbol{PDP}^{-1}=\boldsymbol{PD}^3\boldsymbol{P}^{-1}\tag{2.1.11b}$$

递推可得

$$\boldsymbol{A}^n=\boldsymbol{PD}^n\boldsymbol{P}^{-1}\tag{2.1.12}$$

将式(2.1.12)代入式(2.1.7b)中，可得

$$\mathrm{e}^{\boldsymbol{A}t}=\boldsymbol{PP}^{-1}+\boldsymbol{PDP}^{-1}t+\frac{1}{2!}\boldsymbol{PD}^2\boldsymbol{P}^{-1}t^2+\frac{1}{3!}\boldsymbol{PD}^3\boldsymbol{P}^{-1}t^3+\cdots\tag{2.1.13}$$

等式左右两边同时左乘 $\boldsymbol{P}^{-1}$ 并右乘 $\boldsymbol{P}$，可得

$$\boldsymbol{P}^{-1}\mathrm{e}^{\boldsymbol{A}t}\boldsymbol{P}=\boldsymbol{I}+\boldsymbol{D}t+\frac{1}{2!}(\boldsymbol{D}t)^2+\frac{1}{3!}(\boldsymbol{D}t)^3+\cdots=\mathrm{e}^{\boldsymbol{D}t}\tag{2.1.14}$$

等式左右两边同时左乘 $\boldsymbol{P}$ 并右乘 $\boldsymbol{P}^{-1}$，得到

$$\mathrm{e}^{\boldsymbol{A}t}=\boldsymbol{P}\mathrm{e}^{\boldsymbol{D}t}\boldsymbol{P}^{-1}\tag{2.1.15}$$

式(2.1.15)是求解状态空间方程的基础。

下面求解状态空间方程，首先将式(2.1.1a)左右两边同时乘以 $\mathrm{e}^{-\boldsymbol{A}t}$，得到

$$\mathrm{e}^{-\boldsymbol{A}t}\frac{\mathrm{d}}{\mathrm{d}t}\boldsymbol{x}_{(t)}=\mathrm{e}^{-\boldsymbol{A}t}\boldsymbol{Ax}_{(t)}+\mathrm{e}^{-\boldsymbol{A}t}\boldsymbol{Bu}_{(t)}\tag{2.1.16}$$

调整可得

$$e^{-At}\frac{d}{dt}\boldsymbol{x}_{(t)}-e^{-At}\boldsymbol{A}\boldsymbol{x}_{(t)}=e^{-At}\boldsymbol{B}\boldsymbol{u}_{(t)}$$

$$\Rightarrow\frac{d(e^{-At}\boldsymbol{x}_{(t)})}{dt}=e^{-At}\boldsymbol{B}\boldsymbol{u}_{(t)}\tag{2.1.17a}$$

对式(2.1.17a)两边同时从 t_0 到 t 做定积分,可得

$$\int_{t_0}^{t}\frac{d(e^{-A\tau}\boldsymbol{x}_{(\tau)})}{d\tau}d\tau=\int_{t_0}^{t}e^{-A\tau}\boldsymbol{B}\boldsymbol{u}_{(\tau)}d\tau$$

$$\Rightarrow e^{-A\tau}\boldsymbol{x}_{(\tau)}\Big|_{t_0}^{t}=\int_{t_0}^{t}e^{-A\tau}\boldsymbol{B}\boldsymbol{u}_{(\tau)}d\tau$$

$$\Rightarrow e^{-At}\boldsymbol{x}_{(t)}-e^{-At_0}\boldsymbol{x}_{(t_0)}=\int_{t_0}^{t}e^{-A\tau}\boldsymbol{B}\boldsymbol{u}_{(\tau)}d\tau$$

$$\Rightarrow e^{-At}\boldsymbol{x}_{(t)}=e^{-At_0}\boldsymbol{x}_{(t_0)}+\int_{t_0}^{t}e^{-A\tau}\boldsymbol{B}\boldsymbol{u}_{(\tau)}d\tau\tag{2.1.17b}$$

对式(2.1.17b)两边同时乘以 e^{At},可得

$$\boldsymbol{x}_{(t)}=e^{A(t-t_0)}\boldsymbol{x}_{(t_0)}+e^{At}\int_{t_0}^{t}e^{-A\tau}\boldsymbol{B}\boldsymbol{u}_{(\tau)}d\tau\tag{2.1.18}$$

式(2.1.18)即状态空间方程的解,其中第一部分 $e^{A(t-t_0)}\boldsymbol{x}_{(t_0)}$ 和系统的初始条件 $\boldsymbol{x}_{(t_0)}$ 相关,$e^{A(t-t_0)}$ 被称为状态转移矩阵(**state transition matrix**),在一些参考书中会写成 $e^{A(t-t_0)}=\Phi(t-t_0)$,它代表了系统的状态变量随时间的变化。

> 结合前面的分析可以发现,当矩阵 $\boldsymbol{A}$ 的特征值实部部分都小于 0 时,状态转移矩阵 $e^{A(t-t_0)}$ 将随着时间的增加趋向于 $\boldsymbol{0}$,这是系统稳定性分析的基础。

第二部分积分中,$\int_{t_0}^{t}e^{-A\tau}\boldsymbol{B}\boldsymbol{u}_{(\tau)}d\tau$ 是 $e^{-A\tau}$ 与 $\boldsymbol{u}_{(\tau)}$ 的卷积,它代表了系统状态与系统输入之间的关系,这也是线性时不变系统的典型特征,即输入与输出之间是卷积的关系。

对于时变系统,在一般情况下不容易找到解析解,多采用数值求解的方法,这不在本书的讨论范围之内。

2.2 连续系统离散化

2.2.1 系统离散化的基本概念

在现实生活中,大部分的物理系统都是**连续时间系统**(**continuous time system**),这意味着系统的状态变量及输出随时间的变化是"连续"的,变量可以在任何时间点上取任何实数值。一个典型的单输入、单输出连续时间闭环反馈控制系统如图 2.2.1 所示。

其中,动态系统是由状态空间方程表达的,系统的输出 $\boldsymbol{y}_{(t)}$ 通过传感器采集之后与参考值 $\boldsymbol{r}_{(t)}$ 的差为系统的误差 $\boldsymbol{e}_{(t)}$。误差输入控制器,根据预先设定的控制算法,输出控制量 $\boldsymbol{u}_{(t)}$,这也是动态系统的输入。通过设计合适的控制算法,可以控制系统误差的表现。

与连续时间系统相对应的是**离散时间系统**(**discrete time system**)。在当代,大部分的控

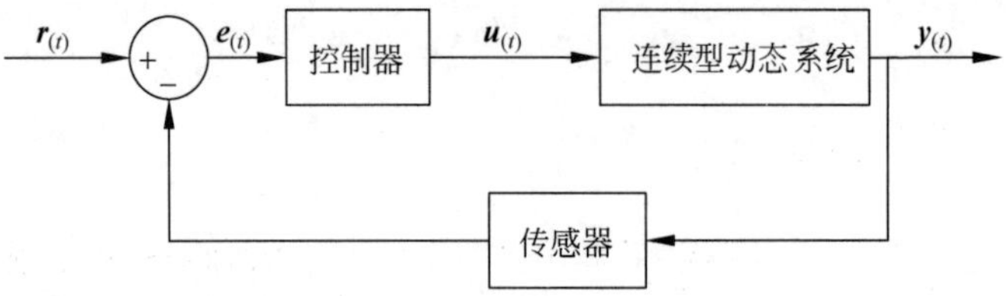

图 2.2.1　连续时间闭环反馈控制系统

制器是数字控制器,采用数字计算机控制,计算机在运行中并没有"时间"的概念,它的每一次计算都是根据内存中的数据进行的。另外,对于复杂的系统以及控制算法而言,在很多情况下分析连续系统很难得到解析解,因此需要将连续的系统近似为离散形式并求其数值解(在分析软件中,例如 MATLAB 的 Simulink 就采用了这样的方法)。

在实际应用中,往往体现为一种"混合"的形式,如图 2.2.2 所示。其中,动态系统仍是连续的,因为这是物理定律决定的,无法改变;而控制系统部分则使用离散型的表达形式,这就需要额外的元器件将这两部分连接起来。与图 2.2.1 类似,动态系统的输出经过传感器之后首先通过 **ADC(模拟数字转换器)**将连续信号采样并转化为离散型信号,然后在数字控制器中进行处理,生成控制信号,最后通过 **DAC(数字模拟转换器)**转换为连续信号输出到动态系统中。

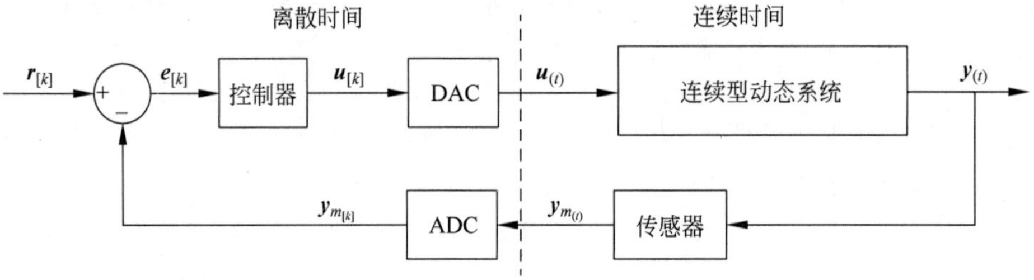

图 2.2.2　离散控制系统

计算机在某一时刻所需要处理的数据是根据程序指针读取相应地址实现的。在控制工程中,信号的采样与存储是很重要的一步。如图 2.2.3 所示,时域信号 $y_{(t)}$ 被采样存储为 $y_{[k]}$,其中 $y_{[k+1]}$ 与 $y_{[k]}$ 之间的间隔时间为 T_s,被称为**采样周期(sampling period)**,它的倒数为**采样频率(sampling frequency)**。在控制工程中,采样周期一般是固定的,其大小取决于被控制系统的特性以及所使用的控制器的性能要求。

(a) 数据采样示意　　　　　　　　(b) 混叠现象

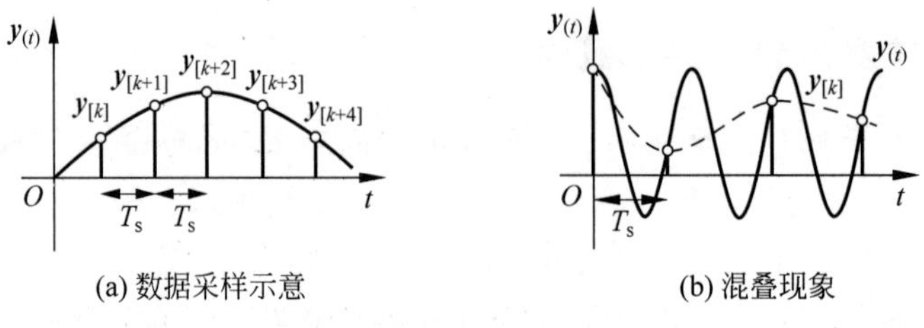

图 2.2.3　采样举例

信号的采样、滤波与重建是非常复杂的,这些深入的内容不在本书的讨论范围之内。这里只讨论一个重要的内容:采样周期的选择。从直觉上看,采样周期越短越好。从图 2.2.3(a)

可以看出，当采样周期很短（采样频率很高）时，采样的信号就可以更好地表现出实际的连续信号。考虑极限情况，当采样周期无限接近于零时，离散信号也就无限接近于连续信号。但需要注意的是，采样周期的缩短意味着大量的数据需要被存储，这对于存储空间有限的嵌入式系统来说是需要考虑的问题。

另一方面，当采样周期过大（采样频率过低）时，可能会产生混叠现象，如图 2.2.3(b)所示，重建后的信号无法展示实际信号的全貌（丢失了一些重要的信息）。根据**奈奎斯特-香农采样定理**（**Nyquist-shannon sampling theorem**），采样频率至少为被采信号最高频率的 2 倍。需要说明的是，一般情况下采样定理只是一个下限理论值，在实际应用中，会选取最高频率的 5～10 倍作为采样频率。

在图 2.2.2 中，离散化后的系统输出 $\boldsymbol{y}_{m_{[k]}}$ 将与参考值进行比较，计算出误差并存储在控制器内存中。控制器将调用采集到的数据通过预先设定的程序计算控制量 $\boldsymbol{u}_{[k]}$，即 $\boldsymbol{u}_{[k]}=\boldsymbol{f}(\boldsymbol{e}_{[k]})$。需要注意的是，离散型的 $\boldsymbol{u}_{[k]}$ 在一般情况下不适合直接作用在连续的系统上，例如控制的对象是风扇的转速，在每一个控制周期之间，我们希望控制量按照一定的方式保持，而不是为零。因此需要使用一个 **DAC** 将 $\boldsymbol{u}_{[k]}$ 转换为 $\boldsymbol{u}_{(t)}$，其中包含离散量到模拟量的转换以及保持，在控制系统中，一般使用零阶保持器，如图 2.2.4 所示，$\boldsymbol{u}_{(t)}$ 在一个控制周期内保持不变，确保控制量的平滑过渡，即

$$\boldsymbol{u}_{(t)}=\boldsymbol{u}_{[kT_s]},\quad kT_s \leqslant t<(k+1)T_s \tag{2.2.1}$$

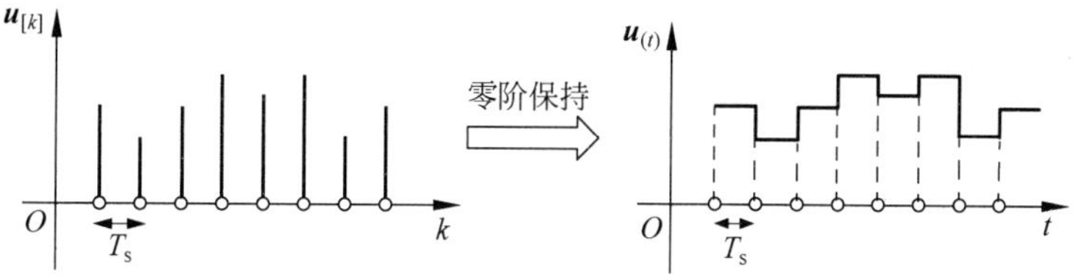

(a) 离散形式的控制量　　(b) 零阶保持后的控制量

图 2.2.4　零阶保持

在实时控制中，控制器需要在每个时间周期内中断，采集信息，执行计算，并输出控制结果。因此，在选择采样周期时需要保证控制整个算法能够在一个周期内完成运算。例如，如果一个控制算法需要 50ms 才能够完成运算，那么小于 50ms 的采样周期就没有意义。如图 2.2.5 所示，在一个周期内，微处理器通过时间中断来读取数据，执行计算，并将控制结果输出到动态系统上，这就需要选择合适的采样周期以确保控制器在每个周期内完成这些操作，从而实现实时控制。

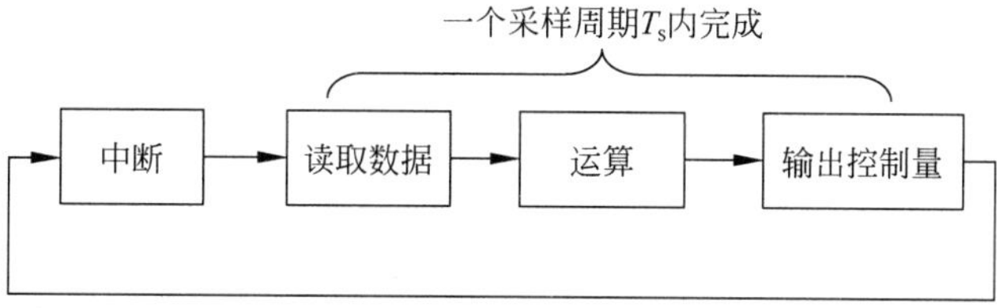

图 2.2.5　时间中断与控制系统

我们可以借助一个日常生活中的例子更好地理解采样频率的选择。假设你想把体重控制在一个目标范围内，并为此制订了一个计划，通过测量体重与目标值的差来调整饮食与运

动,形成一个闭环控制系统。你每一次体重测量之间的时间间隔就是采样周期。如果测量频率过低,例如一个月一次,很显然,你在这一个月之间的体重变化就会被忽略掉,开始时制订的计划就跟不上实际的情况。

但如果测量频率过高,例如每10min测一次,就会产生两个问题。首先,体重并不是一个快速响应的系统,在你饮食运动之后,需要一定的时间才可以体现在体重变化上。因此,你很有可能会采集到大量重复的信息。其次,当你读取体重后,开始与参考值比较并制订计划,则很有可能计划还没有制订出来就要开始下一次测量了,同时也就更没有办法去实施这个计划。因此,我们需要根据体重变化的速度和计划制订的周期来选择采样频率,以保证信息的及时性和计划的可实施性。

需要说明的是,处理图2.2.2所示的混合系统在分析求解设计控制器中是比较困难的,因为这将涉及两套系统,不容易建立数学模型。因此在控制系统设计的过程中,通常会将连续的动态系统近似转化为离散系统,并直接使用离散系统进行分析。如图2.2.6所示,由此设计的离散算法可以应用到图2.2.2的混合系统中,实现对连续系统的控制。

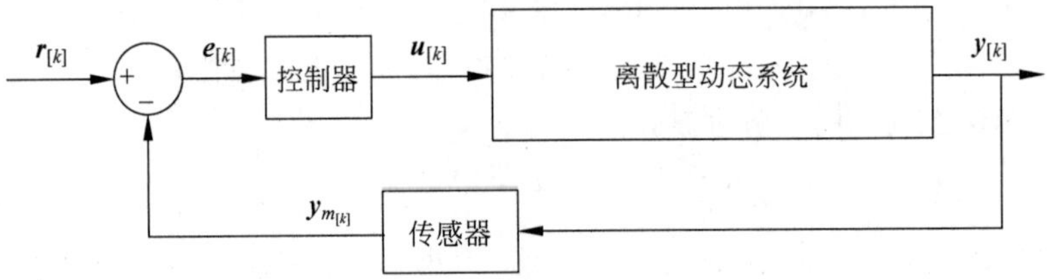

图2.2.6 离散控制系统

2.2.2 连续系统状态空间方程离散化

现在讨论如何将连续系统的状态空间方程离散化。在2.1节中得到的连续型线性时不变系统的解为

$$\boldsymbol{x}_{(t)}=\mathrm{e}^{\boldsymbol{A}(t-t_0)}\boldsymbol{x}_{(t_0)}+\mathrm{e}^{\boldsymbol{A}t}\int_{t_0}^{t}\mathrm{e}^{-\boldsymbol{A}\tau}\boldsymbol{B}\boldsymbol{u}_{(\tau)}\mathrm{d}\tau \tag{2.2.2a}$$

考虑采样时间内 $t_k \to t_{k+1}$,可得

$$\begin{aligned}\boldsymbol{x}_{(t_{k+1})}&=\mathrm{e}^{\boldsymbol{A}(t_{k+1}-t_k)}\boldsymbol{x}_{(t_k)}+\mathrm{e}^{\boldsymbol{A}t_{k+1}}\int_{t_k}^{t_{k+1}}\mathrm{e}^{-\boldsymbol{A}\tau}\boldsymbol{B}\boldsymbol{u}_{(\tau)}\mathrm{d}\tau\\&=\mathrm{e}^{\boldsymbol{A}(t_{k+1}-t_k)}\boldsymbol{x}_{(t_k)}+\int_{t_k}^{t_{k+1}}\mathrm{e}^{\boldsymbol{A}(t_{k+1}-\tau)}\boldsymbol{B}\boldsymbol{u}_{(\tau)}\mathrm{d}\tau\end{aligned} \tag{2.2.2b}$$

如果系统的采样时间为 T_s,当使用零阶保持器时,动态系统的输入 $\boldsymbol{u}_{(t)}$ 在每一个采样时间内保持不变,即

$$\boldsymbol{u}_{(t)}=\boldsymbol{u}_{[t_k]},\quad t_k \leqslant t < t_{k+1} \tag{2.2.3}$$

因此,式(2.2.2b)可以写成

$$\boldsymbol{x}_{(t_{k+1})}=\mathrm{e}^{\boldsymbol{A}(t_{k+1}-t_k)}\boldsymbol{x}_{(t_k)}+\int_{t_k}^{t_{k+1}}\mathrm{e}^{\boldsymbol{A}(t_{k+1}-\tau)}\mathrm{d}\tau\boldsymbol{B}\boldsymbol{u}_{(t_k)} \tag{2.2.4}$$

如2.2.1节所说,数字控制器并不关心具体的"时间",所以使用 $\boldsymbol{x}_{[k]}$ 和 $\boldsymbol{x}_{[k+1]}$ 来表示 $\boldsymbol{x}_{(t_k)}$ 和 $\boldsymbol{x}_{(t_{k+1})}$,$\boldsymbol{u}_{[k]}$ 表示 $\boldsymbol{u}_{(t_k)}$。其中 $t_{k+1}-t_k=T_s$ 为采样时间。式(2.2.4)可以简化为

$$\boldsymbol{x}_{[k+1]}=\boldsymbol{F}\boldsymbol{x}_{[k]}+\boldsymbol{G}\boldsymbol{u}_{[k]} \tag{2.2.5a}$$

其中

$$F = e^{A(t_{k+1}-t_k)} = e^{AT_s} \tag{2.2.5b}$$

$$G = \int_{t_k}^{t_{k+1}} e^{A(t_{k+1}-\tau)} d\tau B = -A^{-1} e^{A(t_{k+1}-\tau)} \Big|_{t_k}^{t_{k+1}} B = -A^{-1}(e^0 - e^{AT_s})B = A^{-1}(F - I)B \tag{2.2.5c}$$

系统的输出则没有变化，依然与式(2.1.1b)相似，即

$$y_{[k+1]} = Cx_{[k]} + Du_{[k]} \tag{2.2.6}$$

式(2.2.5)和式(2.2.6)即离散化后的系统。

例 2.2.1　若连续系统的状态空间方程为$\frac{dx_{(t)}}{dt} = \begin{bmatrix} 0 & 1 \\ -2 & -3 \end{bmatrix} x_{(t)} + \begin{bmatrix} 0 \\ 1 \end{bmatrix} u_{(t)}$，输出为$y_{(t)} = [1 \quad 0] x_{(t)}$，分别求$T_s = 0.2$s和$T_s = 1$s的离散系统，并通过分析单位阶跃响应比较原系统与离散系统。

解：当$T_s = 0.2$s时，代入式(2.2.5)可得

$$x_{[k+1]} = \begin{bmatrix} 0.9671 & 0.1484 \\ -0.2968 & 0.5219 \end{bmatrix} x_{[k]} + \begin{bmatrix} 0.01643 \\ 0.14840 \end{bmatrix} u_{[k]} \tag{2.2.7a}$$

当$T_s = 1$s时，代入式(2.2.5)可得

$$x_{[k+1]} = \begin{bmatrix} 0.6004 & 0.2325 \\ -0.4651 & -0.09721 \end{bmatrix} x_{[k]} + \begin{bmatrix} 0.1998 \\ 0.2325 \end{bmatrix} u_{[k]} \tag{2.2.7b}$$

连续系统与离散系统的单位阶跃响应如图 2.2.7 所示，可见短的离散时间可以更好地还原连续系统。

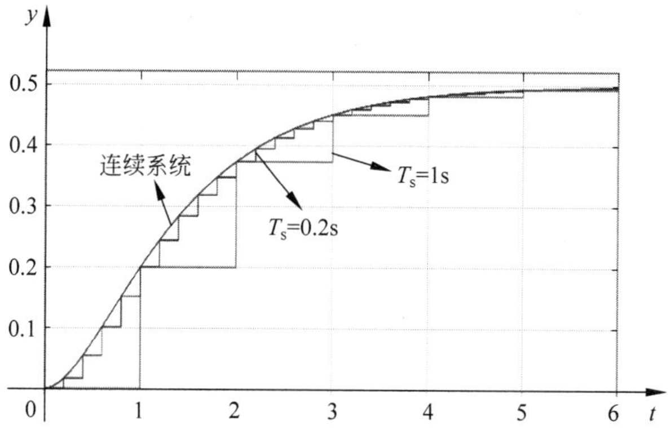

图 2.2.7　连续系统与离散系统的单位阶跃响应

现如今，对于系统的离散化，通常使用软件来完成这一过程，请参考代码 2.1。

> 请参考代码 2.1：System_discretization.m。

2.3　矩阵与向量的导数

在状态空间方程的表达式中，系统的输入（控制量）$u_{[k]}$是以向量形式出现的，这也是控制算法需要关注的变量。在进行控制算法的设计和优化时，经常需要对向量$u_{[k]}$求导。为

此,需要掌握向量求导的基本知识。向量求导与标量求导有所不同,其中包含了向量运算、矩阵运算和多元函数求导等多种数学概念。本书将涉及许多矩阵求导的问题,因此建议读者仔细理解本节内容,以便可以轻松地理解后续章节的推导过程。

2.3.1 标量方程对向量的导数

在讨论标量方程对向量的导数前,首先回顾一下**标量方程**(**scalar function**)对标量求导的应用。

如图 2.3.1(a)所示,考虑一个单变量的方程

$$f(u)=u^2-2u+1 \tag{2.3.1a}$$

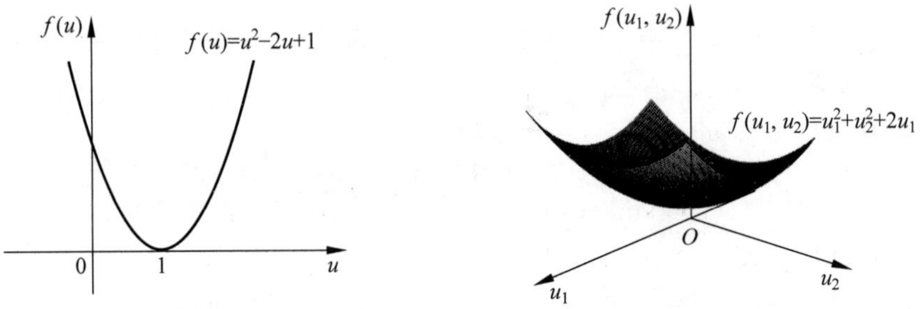

(a) $f(u)=u^2-2u+1$　　(b) $f(u_1,u_2)=u_1^2+u_2^2+2u_1$

图 2.3.1 求导应用举例

通过分析 $f(u)$对变量 u 的导数,可以得到它的极值点。对于单变量函数,导数的物理意义是函数在该点处的变化速率,也可以理解为函数图像在该点的切线斜率。当斜率为 0 时,$f(u)$处于极值点。式(2.3.1a)中 $f(u)$的极值出现在 $u=1$ 的位置,在这一点上有

$$\left.\frac{\mathrm{d}f(u)}{\mathrm{d}u}\right|_{u=1}=0 \tag{2.3.1b}$$

若将上述概念从二维平面拓展至三维空间,考虑图 2.3.1(b)所示的含有两个变量的标量方程

$$f(u_1,u_2)=u_1^2+u_2^2+2u_1 \tag{2.3.2a}$$

求解它的极值位置,则需要求解方程组

$$\begin{cases}\dfrac{\partial f(u_1,u_2)}{\partial u_1}=0\\[2ex]\dfrac{\partial f(u_1,u_2)}{\partial u_2}=0\end{cases} \tag{2.3.2b}$$

其中,$\dfrac{\partial f(u_1,u_2)}{\partial u_1}$是 $f(u_1,u_2)$对变量 u_1 的偏导数,可以理解为 $f(u_1,u_2)$在 u_1 方向的变化率;$\dfrac{\partial f(u_1,u_2)}{\partial u_2}$是 $f(u_1,u_2)$对变量 u_2 的偏导数,即 $f(u_1,u_2)$在 u_2 方向的变化率。

如果将上述两个变量 u_1,u_2 写成向量的形式,即令 $\boldsymbol{u}=\begin{bmatrix}u_1 & u_2\end{bmatrix}^{\mathrm{T}}$,此时的向量 $\boldsymbol{u}$ 可以考虑为单一的变量。式(2.3.2b)就可以写成标量方程对向量的导数,即

$$\frac{\partial f(\boldsymbol{u})}{\partial \boldsymbol{u}}=\begin{bmatrix}\dfrac{\partial f(\boldsymbol{u})}{\partial u_1}\\ \dfrac{\partial f(\boldsymbol{u})}{\partial u_2}\end{bmatrix}=\begin{bmatrix}0\\0\end{bmatrix} \tag{2.3.2c}$$

若将其推广到更高的维度，考虑 $n\times 1$ 向量 $\boldsymbol{u}=[u_1 \quad \cdots \quad u_n]^{\mathrm{T}}$，可以定义标量方程 $f(\boldsymbol{u})$对向量 $\boldsymbol{u}$ 的偏导为

$$\frac{\partial f(\boldsymbol{u})}{\partial \boldsymbol{u}}\triangleq\begin{bmatrix}\dfrac{\partial f(\boldsymbol{u})}{\partial u_1}\\ \dfrac{\partial f(\boldsymbol{u})}{\partial u_2}\\ \vdots \\ \dfrac{\partial f(\boldsymbol{u})}{\partial u_n}\end{bmatrix} \tag{2.3.3}$$

在这个定义下，标量方程对向量求偏导数，其结果是一个 $n\times 1$ 向量，其行数 n 与分母部分 $\boldsymbol{u}$ 的行数相同，因此也被称为**分母布局**(**denominator layout**)。换言之，它实际上是 $f(\boldsymbol{u})$对向量 $\boldsymbol{u}$ 中的每一个元素逐个求偏导并将结果排列成一个列向量。最优控制的问题本质上是“求极值”的问题，而使用向量的偏导数可以使问题的表达更加简洁、易于理解。特别是在多维度、复杂的系统中，使用向量的偏导数可以更加方便地对系统进行建模、求解。

除了分母布局以外，标量方程对向量求偏导也可以使用**分子布局**(**numerator layout**)的表达形式，即

$$\frac{\partial f(\boldsymbol{u})}{\partial \boldsymbol{u}}\triangleq\begin{bmatrix}\dfrac{\partial f(\boldsymbol{u})}{\partial u_1} & \dfrac{\partial f(\boldsymbol{u})}{\partial u_2} & \cdots & \dfrac{\partial f(\boldsymbol{u})}{\partial u_n}\end{bmatrix} \tag{2.3.4}$$

使用这种布局表达的$\dfrac{\partial f(\boldsymbol{u})}{\partial \boldsymbol{u}}$的维度是 $1\times n$，其行数与分子(即标量方程 $f(\boldsymbol{u})$)相同。

> 分子布局与分母布局这两种表达形式没有本质区别，它们互为**转置**。在不同的问题中，我们可能会采用分子布局或分母布局，但需要保证在使用过程中始终保持一致。在本书中，除非特别说明，大部分推导都将采用**分母布局**的形式。也请读者在阅读其他相关书籍时，一定要注意它们所采用的布局方式。

2.3.2 向量方程对向量的导数

从标量方程对向量的导数，我们可以自然地扩展到向量方程对标量以及向量方程对向量的导数。当使用分母布局时，定义一个 $m\times 1$ **向量方程**(**vector function**) $\boldsymbol{f}(u)=[f_1(u) \quad f_2(u) \quad \cdots \quad f_m(u)]^{\mathrm{T}}$，其对标量 u 的导数为

$$\frac{\partial \boldsymbol{f}(u)}{\partial u}\triangleq\begin{bmatrix}\dfrac{\partial f_1(u)}{\partial u} & \dfrac{\partial f_2(u)}{\partial u} & \cdots & \dfrac{\partial f_m(u)}{\partial u}\end{bmatrix} \tag{2.3.5}$$

其维度为 $1\times m$，行数与分母部分 u 相同。

若上述向量方程 $\boldsymbol{f}(\boldsymbol{u})$的变量部分 $\boldsymbol{u}$ 是一个 $n\times 1$ 向量，即 $\boldsymbol{u}=[u_1 \quad u_2 \quad \cdots \quad u_n]^{\mathrm{T}}$，当

使用分母布局时，导数为

$$\frac{\partial \boldsymbol{f}(\boldsymbol{u})}{\partial \boldsymbol{u}} \triangleq \begin{bmatrix} \frac{\partial \boldsymbol{f}(\boldsymbol{u})}{\partial u_1} \\ \frac{\partial \boldsymbol{f}(\boldsymbol{u})}{\partial u_2} \\ \vdots \\ \frac{\partial \boldsymbol{f}(\boldsymbol{u})}{\partial u_n} \end{bmatrix} = \begin{bmatrix} \frac{\partial f_1(\boldsymbol{u})}{\partial u_1} & \frac{\partial f_2(\boldsymbol{u})}{\partial u_1} & \cdots & \frac{\partial f_m(\boldsymbol{u})}{\partial u_1} \\ \frac{\partial f_1(\boldsymbol{u})}{\partial u_2} & \frac{\partial f_2(\boldsymbol{u})}{\partial u_2} & \cdots & \frac{\partial f_m(\boldsymbol{u})}{\partial u_2} \\ \vdots & \vdots & \ddots & \vdots \\ \frac{\partial f_1(\boldsymbol{u})}{\partial u_n} & \frac{\partial f_2(\boldsymbol{u})}{\partial u_n} & \cdots & \frac{\partial f_m(\boldsymbol{u})}{\partial u_n} \end{bmatrix} \tag{2.3.6a}$$

$\frac{\partial \boldsymbol{f}(\boldsymbol{u})}{\partial \boldsymbol{u}}$是一个 $n\times m$ 矩阵，行数与分母 $\boldsymbol{u}$ 相同。

当使用分子布局时，导数为

$$\begin{aligned} \frac{\partial \boldsymbol{f}(\boldsymbol{u})}{\partial \boldsymbol{u}} &\triangleq \begin{bmatrix} \frac{\partial \boldsymbol{f}(\boldsymbol{u})}{\partial u_1} & \frac{\partial \boldsymbol{f}(\boldsymbol{u})}{\partial u_2} & \cdots & \frac{\partial \boldsymbol{f}(\boldsymbol{u})}{\partial u_n} \end{bmatrix} \\ &= \begin{bmatrix} \frac{\partial f_1(\boldsymbol{u})}{\partial u_1} & \frac{\partial f_1(\boldsymbol{u})}{\partial u_2} & \cdots & \frac{\partial f_1(\boldsymbol{u})}{\partial u_n} \\ \frac{\partial f_2(\boldsymbol{u})}{\partial u_1} & \frac{\partial f_2(\boldsymbol{u})}{\partial u_2} & \cdots & \frac{\partial f_2(\boldsymbol{u})}{\partial u_n} \\ \vdots & \vdots & \ddots & \vdots \\ \frac{\partial f_m(\boldsymbol{u})}{\partial u_1} & \frac{\partial f_m(\boldsymbol{u})}{\partial u_2} & \cdots & \frac{\partial f_m(\boldsymbol{u})}{\partial u_n} \end{bmatrix} \end{aligned} \tag{2.3.6b}$$

式(2.3.6b)被称为**雅可比矩阵(Jacobi matrix)**，它在许多数学和工程领域都有广泛的应用。

2.3.3 常用的矩阵求导公式

在 2.3.1 节和 2.3.2 节中，我们已经介绍了标量方程对向量求导和向量方程对向量求导，这些基本的求导公式对于推导更加复杂的方程的导数也是非常有帮助的。在本节中，我们将介绍一些常用的矩阵求导公式，熟练掌握这些公式，可以帮助我们更加高效地推导和求解控制系统中的各种方程。本节所有的推导都使用分母布局。

矩阵求导公式 2.3.1：若 $\boldsymbol{u}=[u_1 \quad u_2 \quad \cdots \quad u_n]^{\mathrm{T}}$ 为 $n\times 1$ 向量，$\boldsymbol{f}=[f_1 \quad f_2 \quad \cdots \quad f_n]^{\mathrm{T}}$ 为 $n\times 1$ 向量，则$\frac{\partial(\boldsymbol{u}^{\mathrm{T}}\boldsymbol{f})}{\partial \boldsymbol{u}}=\boldsymbol{f}$。

证明：

$$\boldsymbol{u}^{\mathrm{T}}\boldsymbol{f} = [u_1 \quad u_2 \quad \cdots \quad u_n] \begin{bmatrix} f_1 \\ f_2 \\ \vdots \\ f_n \end{bmatrix} = f_1u_1 + f_2u_2 + \cdots + f_nu_n \tag{2.3.7a}$$

根据式(2.3.3)，可得

$$\frac{\partial(\boldsymbol{u}^{\mathrm{T}}\boldsymbol{f})}{\partial \boldsymbol{u}}=\begin{bmatrix}\dfrac{\partial \boldsymbol{u}^{\mathrm{T}}\boldsymbol{f}}{\partial u_1}\\ \dfrac{\partial \boldsymbol{u}^{\mathrm{T}}\boldsymbol{f}}{\partial u_2}\\ \vdots\\ \dfrac{\partial \boldsymbol{u}^{\mathrm{T}}\boldsymbol{f}}{\partial u_n}\end{bmatrix}=\begin{bmatrix}\dfrac{\partial(f_1u_1+f_2u_2+\cdots+f_nu_n)}{\partial u_1}\\ \dfrac{\partial(f_1u_1+f_2u_2+\cdots+f_nu_n)}{\partial u_2}\\ \vdots\\ \dfrac{\partial(f_1u_1+f_2u_2+\cdots+f_nu_n)}{\partial u_n}\end{bmatrix}=\begin{bmatrix}f_1\\ f_2\\ \vdots\\ f_n\end{bmatrix}=\boldsymbol{f} \quad (2.3.7\mathrm{b})$$

矩阵求导公式 2.3.2：若 $\boldsymbol{u}=[u_1 \quad u_2 \quad \cdots \quad u_n]^{\mathrm{T}}$ 为 $n\times1$ 向量，$\boldsymbol{A}=\begin{bmatrix}a_{11} & a_{12} & \cdots & a_{1n}\\ a_{21} & a_{22} & \cdots & a_{2n}\\ \vdots & \vdots & \ddots & \vdots\\ a_{n1} & a_{n2} & \cdots & a_{nn}\end{bmatrix}$ 为 $n\times n$ 矩阵，则 $\dfrac{\partial(\boldsymbol{Au})}{\partial \boldsymbol{u}}=\boldsymbol{A}^{\mathrm{T}}$。

证明：

$$\boldsymbol{Au}=\begin{bmatrix}a_{11} & a_{12} & \cdots & a_{1n}\\ a_{21} & a_{22} & \cdots & a_{2n}\\ \vdots & \vdots & \ddots & \vdots\\ a_{n1} & a_{n2} & \cdots & a_{nn}\end{bmatrix}\begin{bmatrix}u_1\\ u_2\\ \vdots\\ u_n\end{bmatrix}=\begin{bmatrix}a_{11}u_1+a_{12}u_2+\cdots+a_{1n}u_n\\ a_{21}u_1+a_{22}u_2+\cdots+a_{2n}u_n\\ \vdots\\ a_{n1}u_1+a_{n2}u_2+\cdots+a_{nn}u_n\end{bmatrix} \quad (2.3.8\mathrm{a})$$

根据式(2.3.6a)，可得

$$\frac{\partial \boldsymbol{Au}}{\partial \boldsymbol{u}}=\begin{bmatrix}\dfrac{\partial \boldsymbol{Au}}{\partial u_1}\\ \dfrac{\partial \boldsymbol{Au}}{\partial u_2}\\ \vdots\\ \dfrac{\partial \boldsymbol{Au}}{\partial u_n}\end{bmatrix}$$

$$=\begin{bmatrix}\dfrac{\partial(a_{11}u_1+a_{12}u_2+\cdots+a_{1n}u_n)}{\partial u_1} & \dfrac{\partial(a_{21}u_1+a_{22}u_2+\cdots+a_{2n}u_n)}{\partial u_1} & \cdots & \dfrac{\partial(a_{n1}u_1+a_{n2}u_2+\cdots+a_{nn}u_n)}{\partial u_1}\\ \dfrac{\partial(a_{11}u_1+a_{12}u_2+\cdots+a_{1n}u_n)}{\partial u_2} & \dfrac{\partial(a_{21}u_1+a_{22}u_2+\cdots+a_{2n}u_n)}{\partial u_2} & \cdots & \dfrac{\partial(a_{n1}u_1+a_{n2}u_2+\cdots+a_{nn}u_n)}{\partial u_2}\\ \vdots & \vdots & \vdots & \vdots\\ \dfrac{\partial(a_{11}u_1+a_{12}u_2+\cdots+a_{1n}u_n)}{\partial u_n} & \dfrac{\partial(a_{21}u_1+a_{22}u_2+\cdots+a_{2n}u_n)}{\partial u_n} & \cdots & \dfrac{\partial(a_{n1}u_1+a_{n2}u_2+\cdots+a_{nn}u_n)}{\partial u_n}\end{bmatrix}$$

$$=\begin{bmatrix} a_{11} & a_{21} & \cdots & a_{n1} \\ a_{12} & a_{22} & \cdots & a_{n2} \\ \vdots & \vdots & \ddots & \vdots \\ a_{1n} & a_{2n} & \cdots & a_{nn} \end{bmatrix}=\boldsymbol{A}^{\mathrm{T}} \tag{2.3.8b}$$

矩阵求导公式 2.3.3：若 $\boldsymbol{u}=\begin{bmatrix} u_1 & u_2 & \cdots & u_n \end{bmatrix}^{\mathrm{T}}$ 为 $n\times 1$ 向量，$\boldsymbol{A}=\begin{bmatrix} a_{11} & a_{12} & \cdots & a_{1n} \\ a_{21} & a_{22} & \cdots & a_{2n} \\ \vdots & \vdots & \ddots & \vdots \\ a_{n1} & a_{n2} & \cdots & a_{nn} \end{bmatrix}$ 为 $n\times n$ 矩阵，则 $\dfrac{\partial(\boldsymbol{u}^{\mathrm{T}}\boldsymbol{A}\boldsymbol{u})}{\partial \boldsymbol{u}}=\boldsymbol{A}\boldsymbol{u}+\boldsymbol{A}^{\mathrm{T}}\boldsymbol{u}$。在特殊情况下，若 $\boldsymbol{A}$ 为对称矩阵(即 $\boldsymbol{A}=\boldsymbol{A}^{\mathrm{T}}$)，则 $\dfrac{\partial(\boldsymbol{u}^{\mathrm{T}}\boldsymbol{A}\boldsymbol{u})}{\partial \boldsymbol{u}}=2\boldsymbol{A}\boldsymbol{u}$。

证明：根据矩阵的乘积法则，$\boldsymbol{u}^{\mathrm{T}}\boldsymbol{A}\boldsymbol{u}$ 是一个标量，因此 $\dfrac{\partial(\boldsymbol{u}^{\mathrm{T}}\boldsymbol{A}\boldsymbol{u})}{\partial \boldsymbol{u}}$ 是标量对向量求导，其结果根据分母布局应与 $\boldsymbol{u}$ 的行数相同，为 $n\times 1$ 向量，其中

$$\begin{aligned}\boldsymbol{u}^{\mathrm{T}}\boldsymbol{A}\boldsymbol{u}&=\begin{bmatrix} u_1 & u_2 & \cdots & u_n \end{bmatrix}\begin{bmatrix} a_{11} & a_{12} & \cdots & a_{1n} \\ a_{21} & a_{22} & \cdots & a_{2n} \\ \vdots & \vdots & \ddots & \vdots \\ a_{n1} & a_{n2} & \cdots & a_{nn} \end{bmatrix}\begin{bmatrix} u_1 \\ u_2 \\ \vdots \\ u_n \end{bmatrix}\\ &=(a_{11}u_1+a_{12}u_2+\cdots+a_{1n}u_n)u_1+(a_{21}u_1+a_{22}u_2+\cdots+a_{2n}u_n)u_2+\\ &\quad\cdots+(a_{n1}u_1+a_{n2}u_2+\cdots+a_{nn}u_n)u_n \end{aligned} \tag{2.3.9a}$$

将式(2.3.9a)代入式(2.3.3)，可得

$$\begin{aligned}\frac{\partial(\boldsymbol{u}^{\mathrm{T}}\boldsymbol{A}\boldsymbol{u})}{\partial \boldsymbol{u}}&=\begin{bmatrix} \dfrac{\partial(\boldsymbol{u}^{\mathrm{T}}\boldsymbol{A}\boldsymbol{u})}{\partial u_1} \\ \dfrac{\partial(\boldsymbol{u}^{\mathrm{T}}\boldsymbol{A}\boldsymbol{u})}{\partial u_2} \\ \vdots \\ \dfrac{\partial(\boldsymbol{u}^{\mathrm{T}}\boldsymbol{A}\boldsymbol{u})}{\partial u_n} \end{bmatrix}\\
&=\begin{bmatrix} a_{11}u_1+(a_{11}u_1+a_{12}u_2+\cdots+a_{1n}u_n)+a_{21}u_2+\cdots+a_{n1}u_n \\ a_{12}u_1+a_{22}u_2+(a_{21}u_1+a_{22}u_2+\cdots+a_{2n}u_n)+\cdots+a_{n2}u_n \\ \vdots \\ a_{1n}u_1+a_{2n}u_2+\cdots+a_{nn}u_n+(a_{n1}u_1+a_{n2}u_2+\cdots+a_{nn}u_n) \end{bmatrix}\\
&=\begin{bmatrix} (a_{11}u_1+a_{12}u_2+\cdots+a_{1n}u_n)+(a_{11}u_1+a_{21}u_2+\cdots+a_{n1}u_n) \\ (a_{21}u_1+a_{22}u_2+\cdots+a_{2n}u_n)+(a_{12}u_1+a_{22}u_2+\cdots+a_{n2}u_n) \\ \vdots \\ (a_{n1}u_1+a_{n2}u_2+\cdots+a_{nn}u_n)+(a_{1n}u_1+a_{2n}u_2+\cdots+a_{nn}u_n) \end{bmatrix}\end{aligned}$$

$$
=\begin{bmatrix} a_{11}u_1+a_{12}u_2+\cdots+a_{1n}u_n \\ a_{21}u_1+a_{22}u_2+\cdots+a_{2n}u_n \\ \vdots \\ a_{n1}u_1+a_{n2}u_2+\cdots+a_{nn}u_n \end{bmatrix}+\begin{bmatrix} a_{11}u_1+a_{21}u_2+\cdots+a_{n1}u_n \\ a_{12}u_1+a_{22}u_2+\cdots+a_{n2}u_n \\ \vdots \\ a_{1n}u_1+a_{2n}u_2+\cdots+a_{nn}u_n \end{bmatrix}
$$

$$
=\begin{bmatrix} a_{11} & a_{12} & \cdots & a_{1n} \\ a_{21} & a_{22} & \cdots & a_{2n} \\ \vdots & \vdots & \ddots & \vdots \\ a_{n1} & a_{n2} & \cdots & a_{nn} \end{bmatrix}\begin{bmatrix} u_1 \\ u_2 \\ \vdots \\ u_n \end{bmatrix}+\begin{bmatrix} a_{11} & a_{21} & \cdots & a_{n1} \\ a_{12} & a_{22} & \cdots & a_{n2} \\ \vdots & \vdots & \ddots & \vdots \\ a_{1n} & a_{2n} & \cdots & a_{nn} \end{bmatrix}\begin{bmatrix} u_1 \\ u_2 \\ \vdots \\ u_n \end{bmatrix}
$$

$$
=\boldsymbol{Au}+\boldsymbol{A}^{\mathrm{T}}\boldsymbol{u} \tag{2.3.9b}
$$

例 2.3.1 已知二维向量 $\boldsymbol{u}=[u_1 \quad u_2]^{\mathrm{T}}$ 以及对称矩阵 $\boldsymbol{A}=\begin{bmatrix} 1 & 0 \\ 0 & 2 \end{bmatrix}$,求$\dfrac{\partial(\boldsymbol{u}^{\mathrm{T}}\boldsymbol{Au})}{\partial \boldsymbol{u}}$。

解:方法一,首先计算 $\boldsymbol{u}^{\mathrm{T}}\boldsymbol{Au}=[u_1 \quad u_2]\begin{bmatrix} 1 & 0 \\ 0 & 2 \end{bmatrix}\begin{bmatrix} u_1 \\ u_2 \end{bmatrix}=u_1^2+2u_2^2$,代入式(2.3.3),可得

$$
\frac{\partial(\boldsymbol{u}^{\mathrm{T}}\boldsymbol{Au})}{\partial \boldsymbol{u}}=\begin{bmatrix} \dfrac{\partial(\boldsymbol{u}^{\mathrm{T}}\boldsymbol{Au})}{\partial u_1} \\ \dfrac{\partial(\boldsymbol{u}^{\mathrm{T}}\boldsymbol{Au})}{\partial u_2} \end{bmatrix}=\begin{bmatrix} \dfrac{\partial(u_1^2+2u_2^2)}{\partial u_1} \\ \dfrac{\partial(u_1^2+2u_2^2)}{\partial u_2} \end{bmatrix}=\begin{bmatrix} 2u_1 \\ 4u_2 \end{bmatrix} \tag{2.3.10}
$$

方法二,直接使用**矩阵求导公式 2.3.3**,代入可得

$$
\frac{\partial(\boldsymbol{u}^{\mathrm{T}}\boldsymbol{Au})}{\partial \boldsymbol{u}}=2\boldsymbol{Au}=2\begin{bmatrix} 1 & 0 \\ 0 & 2 \end{bmatrix}\begin{bmatrix} u_1 \\ u_2 \end{bmatrix}=\begin{bmatrix} 2u_1 \\ 4u_2 \end{bmatrix} \tag{2.3.11}
$$

两种方法结果相同。

矩阵求导公式 2.3.4:若 $\boldsymbol{u}=[u_1 \quad u_2 \quad \cdots \quad u_n]^{\mathrm{T}}$ 为 $n\times 1$ 向量,$\boldsymbol{A}=\begin{bmatrix} a_{11} & a_{12} & \cdots & a_{1n} \\ a_{21} & a_{22} & \cdots & a_{2n} \\ \vdots & \vdots & \ddots & \vdots \\ a_{n1} & a_{n2} & \cdots & a_{nn} \end{bmatrix}$为 $n\times n$ 矩阵,则二阶导数$\dfrac{\partial^2(\boldsymbol{u}^{\mathrm{T}}\boldsymbol{Au})}{\partial \boldsymbol{u}^2}=\boldsymbol{A}+\boldsymbol{A}^{\mathrm{T}}$。在特殊情况下,若 $\boldsymbol{A}$ 为对称矩阵(即 $\boldsymbol{A}=\boldsymbol{A}^{\mathrm{T}}$),则$\dfrac{\partial^2(\boldsymbol{u}^{\mathrm{T}}\boldsymbol{Au})}{\partial \boldsymbol{u}^2}=2\boldsymbol{A}$。

证明:由**矩阵求导公式 2.3.3** 可知$\dfrac{\partial(\boldsymbol{u}^{\mathrm{T}}\boldsymbol{Au})}{\partial \boldsymbol{u}}=\boldsymbol{Au}+\boldsymbol{A}^{\mathrm{T}}\boldsymbol{u}$,可得

$$
\frac{\partial^2(\boldsymbol{u}^{\mathrm{T}}\boldsymbol{Au})}{\partial \boldsymbol{u}^2}=\frac{\partial \dfrac{\partial(\boldsymbol{u}^{\mathrm{T}}\boldsymbol{Au})}{\partial \boldsymbol{u}}}{\partial \boldsymbol{u}}=\frac{\partial(\boldsymbol{Au}+\boldsymbol{A}^{\mathrm{T}}\boldsymbol{u})}{\partial \boldsymbol{u}}=\frac{\partial(\boldsymbol{Au})}{\partial \boldsymbol{u}}+\frac{\partial(\boldsymbol{A}^{\mathrm{T}}\boldsymbol{u})}{\partial \boldsymbol{u}} \tag{2.3.12a}
$$

根据**矩阵求导公式 2.3.2**,$\dfrac{\partial(\boldsymbol{Au})}{\partial \boldsymbol{u}}=\boldsymbol{A}^{\mathrm{T}}$,$\dfrac{\partial(\boldsymbol{A}^{\mathrm{T}}\boldsymbol{u})}{\partial \boldsymbol{u}}=\boldsymbol{A}$,可得

$$
\frac{\partial^2(\boldsymbol{u}^{\mathrm{T}}\boldsymbol{Au})}{\partial \boldsymbol{u}^2}=\boldsymbol{A}^{\mathrm{T}}+\boldsymbol{A} \tag{2.3.12b}
$$

2.3.4 标量方程对向量求导的链式法则

在最优控制中,我们通常需要对复杂的函数进行求导,而这些函数往往是包含多个变量和多层嵌套的运算。为了能够高效地对这些复杂函数进行求导,需要掌握矩阵求导的链式法则。矩阵求导的**链式法则**(**chain rule**)与标量求导类似,但是在操作时需要特别注意维度的相容性。本小节将重点讨论其中的一种情况,即标量对向量求导的链式法则,这是最优化控制中最为关键的部分。

考虑一个标量方程 $J=f(\boldsymbol{y}(\boldsymbol{u}))$,其中 $\boldsymbol{y}(\boldsymbol{u})=[y_1(\boldsymbol{u})\quad y_2(\boldsymbol{u})\quad \cdots\quad y_m(\boldsymbol{u})]^{\mathrm{T}}$ 是 $m\times 1$ 向量方程,它的变量 $\boldsymbol{u}=[u_1\quad u_2\quad \cdots\quad u_n]^{\mathrm{T}}$ 是 $n\times 1$ 向量。根据分母布局形式,$\dfrac{\partial J}{\partial \boldsymbol{u}}$ 应为 $n\times 1$ 向量。若直接套用标量方程的链式法则 $\dfrac{\partial J}{\partial \boldsymbol{u}}=\dfrac{\partial J}{\partial \boldsymbol{y}}\dfrac{\partial \boldsymbol{y}}{\partial \boldsymbol{u}}$,会发现其维度不满足矩阵运算的条件。因为 $\dfrac{\partial J}{\partial \boldsymbol{y}}$ 是标量方程对向量求导,在分母布局下,其结果应为 $m\times 1$ 向量。而 $\dfrac{\partial \boldsymbol{y}}{\partial \boldsymbol{u}}$ 是向量方程对向量求导,在分母布局下,结果为 $n\times m$ 矩阵,因此 $\dfrac{\partial J}{\partial \boldsymbol{y}}$ 与 $\dfrac{\partial \boldsymbol{y}}{\partial \boldsymbol{u}}$ 无法直接相乘,所以,我们需要在对矩阵内元素求导的基础上重新进行分析。

根据分母布局和式(2.3.3),可得

$$\frac{\partial J}{\partial \boldsymbol{u}}=\begin{bmatrix}\dfrac{\partial J}{\partial u_1}\\ \dfrac{\partial J}{\partial u_2}\\ \vdots\\ \dfrac{\partial J}{\partial u_n}\end{bmatrix} \tag{2.3.13}$$

以其中一个元素 $\dfrac{\partial J}{\partial u_1}$ 为例,它代表了 J 在 u_1 方向的变化率。在复合函数条件下,u_1 的变化将导致 $\boldsymbol{y}(\boldsymbol{u})=[y_1(\boldsymbol{u})\quad y_2(\boldsymbol{u})\quad \cdots\quad y_m(\boldsymbol{u})]^{\mathrm{T}}$ 中的每一个元素都发生变化,因此

$$\frac{\partial J}{\partial u_1}=\frac{\partial J}{\partial y_1(\boldsymbol{u})}\frac{\partial y_1(\boldsymbol{u})}{\partial u_1}+\frac{\partial J}{\partial y_2(\boldsymbol{u})}\frac{\partial y_2(\boldsymbol{u})}{\partial u_1}+\cdots+\frac{\partial J}{\partial y_m(\boldsymbol{u})}\frac{\partial y_m(\boldsymbol{u})}{\partial u_1} \tag{2.3.14}$$

在式(2.3.14)中,所有的偏导都是标量方程对标量的导数,符合标量方程的链式法则,也可以交换乘法顺序。以此类推,式(2.3.13)可以写成

$$\frac{\partial J}{\partial \boldsymbol{u}}=\begin{bmatrix}\dfrac{\partial J}{\partial u_1}\\ \dfrac{\partial J}{\partial u_2}\\ \vdots\\ \dfrac{\partial J}{\partial u_n}\end{bmatrix}=\begin{bmatrix}\dfrac{\partial J}{\partial y_1(\boldsymbol{u})}\dfrac{\partial y_1(\boldsymbol{u})}{\partial u_1}+\dfrac{\partial J}{\partial y_2(\boldsymbol{u})}\dfrac{\partial y_2(\boldsymbol{u})}{\partial u_1}+\cdots+\dfrac{\partial J}{\partial y_m(\boldsymbol{u})}\dfrac{\partial y_m(\boldsymbol{u})}{\partial u_1}\\ \dfrac{\partial J}{\partial y_1(\boldsymbol{u})}\dfrac{\partial y_1(\boldsymbol{u})}{\partial u_2}+\dfrac{\partial J}{\partial y_2(\boldsymbol{u})}\dfrac{\partial y_2(\boldsymbol{u})}{\partial u_2}+\cdots+\dfrac{\partial J}{\partial y_m(\boldsymbol{u})}\dfrac{\partial y_m(\boldsymbol{u})}{\partial u_2}\\ \vdots\\ \dfrac{\partial J}{\partial y_1(\boldsymbol{u})}\dfrac{\partial y_1(\boldsymbol{u})}{\partial u_n}+\dfrac{\partial J}{\partial y_2(\boldsymbol{u})}\dfrac{\partial y_2(\boldsymbol{u})}{\partial u_n}+\cdots+\dfrac{\partial J}{\partial y_m(\boldsymbol{u})}\dfrac{\partial y_m(\boldsymbol{u})}{\partial u_n}\end{bmatrix}$$

$$
=\begin{bmatrix}
\frac{\partial y_1(\boldsymbol{u})}{\partial u_1} & \frac{\partial y_2(\boldsymbol{u})}{\partial u_1} & \cdots & \frac{\partial y_m(\boldsymbol{u})}{\partial u_1} \\
\frac{\partial y_1(\boldsymbol{u})}{\partial u_2} & \frac{\partial y_2(\boldsymbol{u})}{\partial u_2} & \cdots & \frac{\partial y_m(\boldsymbol{u})}{\partial u_2} \\
\vdots & \vdots & \ddots & \vdots \\
\frac{\partial y_1(\boldsymbol{u})}{\partial u_n} & \frac{\partial y_2(\boldsymbol{u})}{\partial u_n} & \cdots & \frac{\partial y_m(\boldsymbol{u})}{\partial u_n}
\end{bmatrix}
\begin{bmatrix}
\frac{\partial J}{\partial y_1(\boldsymbol{u})} \\
\frac{\partial J}{\partial y_2(\boldsymbol{u})} \\
\vdots \\
\frac{\partial J}{\partial y_m(\boldsymbol{u})}
\end{bmatrix} \tag{2.3.15a}
$$

根据分母布局和式(2.3.6a),可知式(2.3.15a)中的第一项

$$
\begin{bmatrix}
\frac{\partial y_1(\boldsymbol{u})}{\partial u_1} & \frac{\partial y_2(\boldsymbol{u})}{\partial u_1} & \cdots & \frac{\partial y_m(\boldsymbol{u})}{\partial u_1} \\
\frac{\partial y_1(\boldsymbol{u})}{\partial u_2} & \frac{\partial y_2(\boldsymbol{u})}{\partial u_2} & \cdots & \frac{\partial y_m(\boldsymbol{u})}{\partial u_2} \\
\vdots & \vdots & \ddots & \vdots \\
\frac{\partial y_1(\boldsymbol{u})}{\partial u_n} & \frac{\partial y_2(\boldsymbol{u})}{\partial u_n} & \cdots & \frac{\partial y_m(\boldsymbol{u})}{\partial u_n}
\end{bmatrix}
=\frac{\partial \boldsymbol{y}(\boldsymbol{u})}{\partial \boldsymbol{u}} \tag{2.3.15b}
$$

根据分母布局和式(2.3.3),可知式(2.3.15a)中的第二项

$$
\begin{bmatrix}
\frac{\partial J}{\partial y_1(\boldsymbol{u})} \\
\frac{\partial J}{\partial y_2(\boldsymbol{u})} \\
\vdots \\
\frac{\partial J}{\partial y_m(\boldsymbol{u})}
\end{bmatrix}
=\frac{\partial J}{\partial \boldsymbol{y}(\boldsymbol{u})} \tag{2.3.15c}
$$

将式(2.3.15b)和式(2.3.15c)代入式(2.3.15a),可得

$$
\frac{\partial J}{\partial \boldsymbol{u}}=\frac{\partial \boldsymbol{y}(\boldsymbol{u})}{\partial \boldsymbol{u}}\frac{\partial J}{\partial \boldsymbol{y}(\boldsymbol{u})} \tag{2.3.16}
$$

> 在标量乘法中,两个数相乘,交换它们的位置,积不变(乘法交换律)。但在矩阵乘法中一般不满足乘法交换律。因此,在套用标量链式法则时需要检查维度是否对应。

矩阵求导公式 2.3.5:若 $\boldsymbol{u}=\begin{bmatrix}u_1 & u_2 & \cdots & u_n\end{bmatrix}^{\mathrm{T}}$ 为 $n\times 1$ 向量,$\boldsymbol{A}$ 为 $m\times n$ 矩阵,$\boldsymbol{y}(\boldsymbol{u})=\boldsymbol{A}\boldsymbol{u}$ 为 $m\times 1$ 向量,$\boldsymbol{B}$ 为对称的 $m\times m$ 矩阵,定义 $J=\boldsymbol{y}^{\mathrm{T}}\boldsymbol{B}\boldsymbol{y}$,则$\frac{\partial J}{\partial \boldsymbol{u}}=2\boldsymbol{A}^{\mathrm{T}}\boldsymbol{B}\boldsymbol{y}$。

证明:根据矩阵求导的链式法则,可得

$$
\frac{\partial J}{\partial \boldsymbol{u}}=\frac{\partial(\boldsymbol{y}^{\mathrm{T}}\boldsymbol{B}\boldsymbol{y})}{\partial \boldsymbol{u}}=\frac{\partial \boldsymbol{y}(\boldsymbol{u})}{\partial \boldsymbol{u}}\frac{\partial(\boldsymbol{y}^{\mathrm{T}}\boldsymbol{B}\boldsymbol{y})}{\partial \boldsymbol{y}(\boldsymbol{u})}=\frac{\partial(\boldsymbol{A}\boldsymbol{u})}{\partial \boldsymbol{u}}\frac{\partial(\boldsymbol{y}^{\mathrm{T}}\boldsymbol{B}\boldsymbol{y})}{\partial \boldsymbol{y}(\boldsymbol{u})} \tag{2.3.17a}
$$

根据**矩阵求导公式 2.3.2**,$\frac{\partial(\boldsymbol{A}\boldsymbol{u})}{\partial \boldsymbol{u}}=\boldsymbol{A}^{\mathrm{T}}$。根据**矩阵求导公式 2.3.3**,$\frac{\partial(\boldsymbol{y}^{\mathrm{T}}\boldsymbol{B}\boldsymbol{y})}{\partial \boldsymbol{y}(\boldsymbol{u})}=2\boldsymbol{B}\boldsymbol{y}$。代入式(2.3.17a)可得

$$\frac{\partial J}{\partial \boldsymbol{u}}=\frac{\partial(\boldsymbol{A}\boldsymbol{u})}{\partial \boldsymbol{u}}\frac{\partial(\boldsymbol{y}^{\mathrm{T}}\boldsymbol{B}\boldsymbol{y})}{\partial \boldsymbol{y}(\boldsymbol{u})}=2\boldsymbol{A}^{\mathrm{T}}\boldsymbol{B}\boldsymbol{y} \tag{2.3.17b}$$

例 2.3.2 已知一个离散型状态空间方程 $\boldsymbol{x}_{[k+1]}=\boldsymbol{A}\boldsymbol{x}_{[k]}+\boldsymbol{B}\boldsymbol{u}_{[k]}$，其中状态变量 $\boldsymbol{x}_{[k]}=\begin{bmatrix}x_{1_{[k]}} & x_{2_{[k]}} & x_{3_{[k]}}\end{bmatrix}^{\mathrm{T}}$ 为 3×1 向量方程，输入 $\boldsymbol{u}_{[k]}=\begin{bmatrix}u_{1_{[k]}} & u_{2_{[k]}}\end{bmatrix}^{\mathrm{T}}$ 为 2×1 向量，状态矩阵 $\boldsymbol{A}=\begin{bmatrix}1&0&1\\0&1&0\\1&0&1\end{bmatrix}$，控制矩阵 $\boldsymbol{B}=\begin{bmatrix}0&1\\1&0\\0&1\end{bmatrix}$。定义矩阵 $\boldsymbol{S}=\begin{bmatrix}1&0&0\\0&1&0\\0&0&1\end{bmatrix}$，若一标量方程定义为 $J=\boldsymbol{x}_{[k+1]}^{\mathrm{T}}\boldsymbol{S}\boldsymbol{x}_{[k+1]}$，求 $\dfrac{\partial J}{\partial \boldsymbol{u}_{[k]}}$，解用 $\boldsymbol{x}_{[k]}$ 和 $\boldsymbol{u}_{[k]}$ 表示。

解：

方法一：首先计算

$$\begin{aligned}J&=\boldsymbol{x}_{[k+1]}^{\mathrm{T}}\boldsymbol{S}\boldsymbol{x}_{[k+1]}\\&=\begin{bmatrix}x_{1_{[k+1]}} & x_{2_{[k+1]}} & x_{3_{[k+1]}}\end{bmatrix}\begin{bmatrix}1&0&0\\0&1&0\\0&0&1\end{bmatrix}\begin{bmatrix}x_{1_{[k+1]}}\\x_{2_{[k+1]}}\\x_{3_{[k+1]}}\end{bmatrix}\\&=x_{1_{[k+1]}}^2+x_{2_{[k+1]}}^2+x_{3_{[k+1]}}^2\end{aligned} \tag{2.3.18a}$$

根据状态空间方程 $\boldsymbol{x}_{[k+1]}=\boldsymbol{A}\boldsymbol{x}_{[k]}+\boldsymbol{B}\boldsymbol{u}_{[k]}$，可得

$$\begin{aligned}\begin{bmatrix}x_{1_{[k+1]}}\\x_{2_{[k+1]}}\\x_{3_{[k+1]}}\end{bmatrix}&=\begin{bmatrix}1&0&1\\0&1&0\\1&0&1\end{bmatrix}\begin{bmatrix}x_{1_{[k]}}\\x_{2_{[k]}}\\x_{3_{[k]}}\end{bmatrix}+\begin{bmatrix}0&1\\1&0\\0&1\end{bmatrix}\begin{bmatrix}u_{1_{[k]}}\\u_{2_{[k]}}\end{bmatrix}\\&=\begin{bmatrix}x_{1_{[k]}}+x_{3_{[k]}}+u_{2_{[k]}}\\x_{2_{[k]}}+u_{1_{[k]}}\\x_{1_{[k]}}+x_{3_{[k]}}+u_{2_{[k]}}\end{bmatrix}\end{aligned} \tag{2.3.18b}$$

代入式(2.3.18a)，可得

$$J=(x_{1_{[k]}}+x_{3_{[k]}}+u_{2_{[k]}})^2+(x_{2_{[k]}}+u_{1_{[k]}})^2+(x_{1_{[k]}}+x_{3_{[k]}}+u_{2_{[k]}})^2 \tag{2.3.18c}$$

根据式(2.3.3)，可得

$$\begin{aligned}\frac{\partial J}{\partial \boldsymbol{u}}&=\begin{bmatrix}\dfrac{\partial((x_{1_{[k]}}+x_{3_{[k]}}+u_{2_{[k]}})^2+(x_{2_{[k]}}+u_{1_{[k]}})^2+(x_{1_{[k]}}+x_{3_{[k]}}+u_{2_{[k]}})^2)}{\partial u_1}\\\dfrac{\partial((x_{1_{[k]}}+x_{3_{[k]}}+u_{2_{[k]}})^2+(x_{2_{[k]}}+u_{1_{[k]}})^2+(x_{1_{[k]}}+x_{3_{[k]}}+u_{2_{[k]}})^2)}{\partial u_2}\end{bmatrix}\\&=\begin{bmatrix}2(x_{2_{[k]}}+u_{1_{[k]}})\\4(x_{1_{[k]}}+x_{3_{[k]}}+u_{2_{[k]}})\end{bmatrix}\end{aligned} \tag{2.3.18d}$$

方法二：直接使用**矩阵求导公式 2.3.5**，可得

$$\frac{\partial J}{\partial \boldsymbol{u}}=\frac{\partial \boldsymbol{x}_{[k+1]}}{\partial \boldsymbol{u}}\frac{\partial(\boldsymbol{x}_{[k+1]}^{\mathrm{T}}\boldsymbol{S}\boldsymbol{x}_{[k+1]})}{\partial \boldsymbol{x}_{[k+1]}}=\frac{\partial(\boldsymbol{A}\boldsymbol{x}_{[k]}+\boldsymbol{B}\boldsymbol{u}_{[k]})}{\partial \boldsymbol{u}}\frac{\partial(\boldsymbol{x}_{[k+1]}^{\mathrm{T}}\boldsymbol{S}\boldsymbol{x}_{[k+1]})}{\partial \boldsymbol{x}_{[k+1]}}$$

$$= 2\boldsymbol{B}^{\mathrm{T}}\boldsymbol{S}\boldsymbol{x}_{[k+1]} = 2\begin{bmatrix}0 & 1 & 0\\1 & 0 & 1\end{bmatrix}\begin{bmatrix}1 & 0 & 0\\0 & 1 & 0\\0 & 0 & 1\end{bmatrix}\begin{bmatrix}x_{1_{[k+1]}}\\x_{2_{[k+1]}}\\x_{3_{[k+1]}}\end{bmatrix}$$

$$= \begin{bmatrix}2x_{2_{[k+1]}}\\2x_{1_{[k+1]}} + 2x_{3_{[k+1]}}\end{bmatrix} \tag{2.3.19a}$$

将式(2.3.18b)代入式(2.3.19a),可得

$$\frac{\partial J}{\partial \boldsymbol{u}} = \begin{bmatrix}2x_{2_{[k+1]}}\\2x_{1_{[k+1]}} + 2x_{3_{[k+1]}}\end{bmatrix} = \begin{bmatrix}2(x_{2_{[k]}} + u_{1_{[k]}})\\4(x_{1_{[k]}} + x_{3_{[k]}} + u_{2_{[k]}})\end{bmatrix} \tag{2.3.19b}$$

式(2.3.19b)与式(2.3.18d)的结果一致。

> 上述例子中,标量方程 J 是典型的二次型形式,在本书的后续内容中,它常会以 $J=\frac{1}{2}\boldsymbol{x}_{[k+1]}^{\mathrm{T}}\boldsymbol{S}\boldsymbol{x}_{[k+1]}$ 的形式出现,其中 $\boldsymbol{S}$ 为对称的半正定矩阵。增加系数 $\frac{1}{2}$ 后可以消除**矩阵求导公式 2.3.5** 中的系数 2,从而简化推导。请各位读者熟记并掌握这一结论,这将是后续推导最优控制算法的基础。

2.3.5 标量方程对矩阵的导数

在最优化控制问题中,除了标量对向量的求导外,标量对矩阵的求导也是十分重要的一种求导形式。使用分母布局,若一个标量方程 $f(\boldsymbol{K})$ 的变量 $\boldsymbol{K}$ 是一个 $n\times m$ 矩阵,则其对矩阵的偏导定义为

$$\frac{\partial f(\boldsymbol{K})}{\partial \boldsymbol{K}} \triangleq \begin{bmatrix}\frac{\partial f(\boldsymbol{K})}{\partial k_{11}} & \frac{\partial f(\boldsymbol{K})}{\partial k_{12}} & \cdots & \frac{\partial f(\boldsymbol{K})}{\partial k_{1m}}\\ \frac{\partial f(\boldsymbol{K})}{\partial k_{21}} & \frac{\partial f(\boldsymbol{K})}{\partial k_{22}} & \cdots & \frac{\partial f(\boldsymbol{K})}{\partial k_{2m}}\\ \vdots & \vdots & \ddots & \vdots\\ \frac{\partial f(\boldsymbol{K})}{\partial k_{n1}} & \frac{\partial f(\boldsymbol{K})}{\partial k_{n2}} & \cdots & \frac{\partial f(\boldsymbol{K})}{\partial k_{nm}}\end{bmatrix} \tag{2.3.20}$$

其维度为 $n\times m$,行数与分母部分 $\boldsymbol{K}$ 相同。

矩阵求导公式 2.3.6:若 $\boldsymbol{K}$ 为 $n\times n$ 矩阵,$\boldsymbol{A}$ 为 $n\times n$ 矩阵,则 $\frac{\partial \mathrm{Tr}(\boldsymbol{KA})}{\partial \boldsymbol{K}} = \boldsymbol{A}^{\mathrm{T}}$,其中 $\mathrm{Tr}(\boldsymbol{KA})$ 为矩阵 $\boldsymbol{KA}$ 的迹(**trace**),即矩阵对角线元素的和。

证明:首先求矩阵的迹

$$\mathrm{Tr}(\boldsymbol{KA}) = \mathrm{Tr}\left(\begin{bmatrix}k_{11} & k_{12} & \cdots & k_{1n}\\k_{21} & k_{22} & \cdots & k_{2n}\\ \vdots & \vdots & \vdots & \vdots\\k_{n1} & k_{n2} & \cdots & k_{nn}\end{bmatrix}\begin{bmatrix}a_{11} & a_{12} & \cdots & a_{1n}\\a_{21} & a_{22} & \cdots & a_{2n}\\ \vdots & \vdots & \vdots & \vdots\\a_{n1} & a_{n2} & \cdots & a_{nn}\end{bmatrix}\right)$$

$$
=\mathrm{Tr}\left(\begin{bmatrix} k_{11}a_{11}+k_{12}a_{21}+\cdots+k_{1n}a_{n1} & \cdots & \cdots & \\ & k_{21}a_{12}+k_{22}a_{22}+\cdots+k_{2n}a_{n2} & \cdots & \\ \vdots & \vdots & \ddots & \vdots \\ & & \cdots & k_{n1}a_{1n}+k_{n2}a_{2n}+\cdots+k_{nn}a_{nn} \end{bmatrix}\right)
$$

$$
\begin{aligned}
&=(k_{11}a_{11}+k_{12}a_{21}+\cdots+k_{1n}a_{n1})+(k_{21}a_{12}+k_{22}a_{22}+\cdots+k_{2n}a_{n2})+\\
&\quad\cdots+(k_{n1}a_{1n}+k_{n2}a_{2n}+\cdots+k_{nn}a_{nn})
\end{aligned}
\tag{2.3.21}
$$

代入式(2.3.20),可得

$$
\frac{\partial \mathrm{Tr}(\boldsymbol{KA})}{\partial \boldsymbol{K}}=\begin{bmatrix} \frac{\partial \mathrm{Tr}(\boldsymbol{KA})}{\partial k_{11}} & \frac{\partial \mathrm{Tr}(\boldsymbol{KA})}{\partial k_{12}} & \cdots & \frac{\partial \mathrm{Tr}(\boldsymbol{KA})}{\partial k_{1n}} \\ \frac{\partial \mathrm{Tr}(\boldsymbol{KA})}{\partial k_{21}} & \frac{\partial \mathrm{Tr}(\boldsymbol{KA})}{\partial k_{22}} & \cdots & \frac{\partial \mathrm{Tr}(\boldsymbol{KA})}{\partial k_{2n}} \\ \vdots & \vdots & \ddots & \vdots \\ \frac{\partial \mathrm{Tr}(\boldsymbol{KA})}{\partial k_{n1}} & \frac{\partial \mathrm{Tr}(\boldsymbol{KA})}{\partial k_{n2}} & \cdots & \frac{\partial \mathrm{Tr}(\boldsymbol{KA})}{\partial k_{nn}} \end{bmatrix}=\begin{bmatrix} a_{11} & a_{21} & \cdots & a_{n1} \\ a_{12} & a_{22} & \cdots & a_{n2} \\ \vdots & \vdots & \ddots & \vdots \\ a_{1n} & a_{2n} & \cdots & a_{nn} \end{bmatrix}=\boldsymbol{A}^{\mathrm{T}}
\tag{2.3.22}
$$

这一性质与**矩阵求导公式 2.3.2** 相似。

矩阵求导公式 2.3.7:若 $\boldsymbol{K}$ 为 $n\times n$ 矩阵,$\boldsymbol{A}$ 为 $n\times n$ 矩阵,则 $\frac{\partial \mathrm{Tr}(\boldsymbol{KAK}^{\mathrm{T}})}{\partial \boldsymbol{K}}=\boldsymbol{K}(\boldsymbol{A}+\boldsymbol{A}^{\mathrm{T}})$,在特殊情况下,若 $\boldsymbol{A}$ 为对称矩阵(即 $\boldsymbol{A}=\boldsymbol{A}^{\mathrm{T}}$),则 $\frac{\partial \mathrm{Tr}(\boldsymbol{KAK}^{\mathrm{T}})}{\partial \boldsymbol{K}}=2\boldsymbol{KA}$。

证明:略,请读者在**矩阵求导公式 2.3.6** 的基础上自行推导。这一性质与**矩阵求导公式 2.3.3** 相似。

例 2.3.3 已知 $\boldsymbol{K}=\begin{bmatrix} k_{11} & k_{12} \\ k_{21} & k_{22} \end{bmatrix}$ 为 2×2 矩阵,$\boldsymbol{A}=\begin{bmatrix} 2 & 0 \\ 0 & 1 \end{bmatrix}$ 为 2×2 对称矩阵,求 $\frac{\partial \mathrm{Tr}(\boldsymbol{KAK}^{\mathrm{T}})}{\partial \boldsymbol{K}}$。

解:(方法一)首先计算

$$
\begin{aligned}
\mathrm{Tr}(\boldsymbol{KAK}^{\mathrm{T}})&=\mathrm{Tr}\left(\begin{bmatrix} k_{11} & k_{12} \\ k_{21} & k_{22} \end{bmatrix}\begin{bmatrix} 2 & 0 \\ 0 & 1 \end{bmatrix}\begin{bmatrix} k_{11} & k_{21} \\ k_{12} & k_{22} \end{bmatrix}\right)\\
&=\mathrm{Tr}\left(\begin{bmatrix} 2k_{11} & k_{12} \\ 2k_{21} & k_{22} \end{bmatrix}\begin{bmatrix} k_{11} & k_{21} \\ k_{12} & k_{22} \end{bmatrix}\right)\\
&=\mathrm{Tr}\left(\begin{bmatrix} 2k_{11}^2+k_{12}^2 & 2k_{11}k_{21}+k_{12}k_{22} \\ 2k_{21}k_{11}+k_{22}k_{12} & 2k_{21}^2+k_{22}^2 \end{bmatrix}\right)
\end{aligned}
$$

$$=2k_{11}^2+k_{12}^2+2k_{21}^2+k_{22}^2 \tag{2.3.23a}$$

代入式(2.3.20),可得

$$\frac{\partial \mathrm{Tr}(\boldsymbol{KAK}^{\mathrm{T}})}{\partial \boldsymbol{K}}=\begin{bmatrix}\dfrac{\partial \mathrm{Tr}(\boldsymbol{KAK}^{\mathrm{T}})}{\partial k_{11}} & \dfrac{\partial \mathrm{Tr}(\boldsymbol{KAK}^{\mathrm{T}})}{\partial k_{12}}\\ \dfrac{\partial \mathrm{Tr}(\boldsymbol{KAK}^{\mathrm{T}})}{\partial k_{21}} & \dfrac{\partial \mathrm{Tr}(\boldsymbol{KAK}^{\mathrm{T}})}{\partial k_{22}}\end{bmatrix}=\begin{bmatrix}4k_{11} & 2k_{12}\\ 4k_{21} & 2k_{22}\end{bmatrix} \tag{2.3.23b}$$

(方法二)使用**矩阵求导公式 2.3.7**,可得

$$\frac{\partial \mathrm{Tr}(\boldsymbol{KAK}^{\mathrm{T}})}{\partial \boldsymbol{K}}=2\boldsymbol{KA}=2\begin{bmatrix}k_{11} & k_{12}\\ k_{21} & k_{22}\end{bmatrix}\begin{bmatrix}2 & 0\\ 0 & 1\end{bmatrix}=\begin{bmatrix}4k_{11} & 2k_{12}\\ 4k_{21} & 2k_{22}\end{bmatrix} \tag{2.3.24}$$

式(2.3.24)与式(2.3.23b)的结果一致,显然方法二简单很多。

2.4 向量矩阵求导的应用——线性回归

本节将通过一个简单的例子说明向量矩阵求导的应用,本节所提出的问题将综合运用上一节所介绍的运算法则。表 2.4.1 展示了 2021—2022 赛季五大联赛(英超、西甲、德甲、意甲和法甲)射手榜前三名队员的身高与体重数据,共有 $n=15$ 组数据集合。

表 2.4.1 2021—2022 赛季五大联赛射手榜前三名球员的身高与体重

球员	孙兴慜	萨拉赫	罗纳尔多	本泽马	儒尼奥尔	阿斯帕斯	莱万多夫斯基	希克	哈兰德	因莫比莱	劳塔罗·马丁内斯	西蒙尼	姆巴佩	本耶德尔	马丁·特雷尔
编号	1	2	3	4	5	6	7	8	9	10	11	12	13	14	15
身高 z /cm	183	175	187	185	176	176	185	191	195	185	174	180	178	170	184
体重 x /kg	75	71	83	74	73	67	79	73	88	80	81	78	73	68	71

一般而言,身高越高,则体重越重,我们可以将表 2.4.1 中的身高和体重数据作为坐标轴的横纵坐标,绘制出身高与体重的散点图(见图 2.4.1),可以发现,这些数据点之间存在着明显的正相关关系。换言之,随着身高的增加,体重也随之增加。这种关系可以用一个线性函数来描述,假设预测方程为

$$\hat{z}_i=y_1+y_2x_i \tag{2.4.1}$$

其中,$\hat{z}_i$ 表示体重为 x_i 时的身高估计值。我们的目标是找到合适的 y_1 和 y_2,使得代价函数(或称为损失函数)最小,代价函数定义为

$$f(y_1,y_2)=\sum_{i=1}^{n}[z_i-\hat{z}_i]^2=\sum_{i=1}^{n}[z_i-(y_1+y_2x_i)]^2 \tag{2.4.2}$$

其中,$z_i-\hat{z}_i$ 可以理解为估计值与实际值之间的误差。当每一组误差的平方和最小时,说明预测方程最好地体现出数据集合的特征。这种通过最小化误差的平方和寻找数据的最佳

函数匹配的方法即**最小二乘法**(**least squares method**)。可以通过求解方程组$\begin{cases}\dfrac{\partial f(y_1,y_2)}{\partial y_1}=0\\ \dfrac{\partial f(y_1,y_2)}{\partial y_2}=0\end{cases}$来求解上述线性回归问题。但对于维度较多的问题,求解方程组非常烦琐,因此这里我们使用矩阵求导的方法。

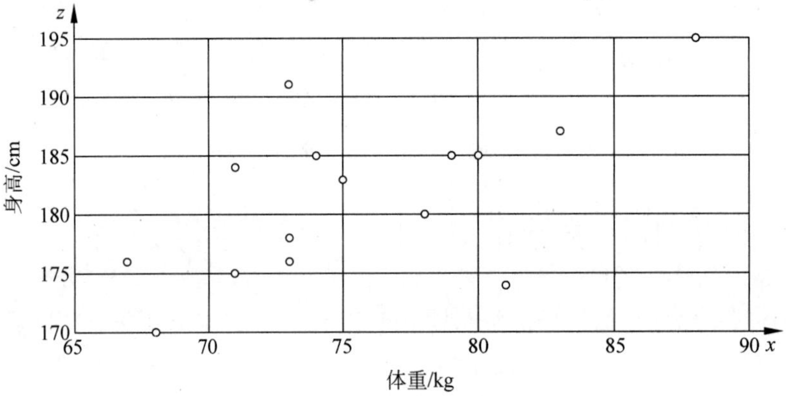

图 2.4.1 球员身高与体重散点图

2.4.1 解析解

将上述问题写成向量与矩阵的形式可以大大简化推导过程,而且易于计算机编程。首先将身高、体重以及两个参数 y_1 和 y_2 写成矩阵形式:

$$\boldsymbol{z}=\begin{bmatrix}z_1\\ \vdots\\ z_{15}\end{bmatrix}=\begin{bmatrix}183\\ \vdots\\ 184\end{bmatrix} \tag{2.4.3a}$$

$$\boldsymbol{x}=\begin{bmatrix}1 & x_1\\ \vdots & \vdots\\ 1 & x_{15}\end{bmatrix}=\begin{bmatrix}1 & 75\\ \vdots & \vdots\\ 1 & 71\end{bmatrix} \tag{2.4.3b}$$

$$\boldsymbol{y}=\begin{bmatrix}y_1\\ y_2\end{bmatrix} \tag{2.4.3c}$$

其中,身高 $\boldsymbol{z}$ 是 $n\times 1$ 向量,体重 $\boldsymbol{x}$ 是 $n\times 2$ 向量,第一列都是 1,第二列则是体重。这样可以方便地构建估计身高值的方程,即

$$\hat{\boldsymbol{z}}=\boldsymbol{x}\boldsymbol{y}=\begin{bmatrix}y_1+y_2x_1\\ \vdots\\ y_1+y_2x_{15}\end{bmatrix} \tag{2.4.4}$$

$\hat{\boldsymbol{z}}$ 是一个 $n\times 1$ 向量。将式(2.4.4)代入式(2.4.2),可得

$$f(y_1,y_2)=f(\boldsymbol{y})=\sum_{i=1}^{n}[z_i-(y_1+y_2x_i)]^2$$

$$=(\boldsymbol{z}-\hat{\boldsymbol{z}})^{\mathrm{T}}(\boldsymbol{z}-\hat{\boldsymbol{z}})=(\boldsymbol{z}-\boldsymbol{x}\boldsymbol{y})^{\mathrm{T}}(\boldsymbol{z}-\boldsymbol{x}\boldsymbol{y})$$
$$=(\boldsymbol{z}^{\mathrm{T}}-\boldsymbol{y}^{\mathrm{T}}\boldsymbol{x}^{\mathrm{T}})(\boldsymbol{z}-\boldsymbol{x}\boldsymbol{y})$$
$$=\boldsymbol{z}^{\mathrm{T}}\boldsymbol{z}-\boldsymbol{z}^{\mathrm{T}}\boldsymbol{x}\boldsymbol{y}-\boldsymbol{y}^{\mathrm{T}}\boldsymbol{x}^{\mathrm{T}}\boldsymbol{z}+\boldsymbol{y}^{\mathrm{T}}\boldsymbol{x}^{\mathrm{T}}\boldsymbol{x}\boldsymbol{y} \tag{2.4.5}$$

其中，$\boldsymbol{z}^{\mathrm{T}}\boldsymbol{x}\boldsymbol{y}$ 和 $\boldsymbol{y}^{\mathrm{T}}\boldsymbol{x}^{\mathrm{T}}\boldsymbol{z}$ 互为转置。同时因为它们都是标量，所以 $\boldsymbol{z}^{\mathrm{T}}\boldsymbol{x}\boldsymbol{y}=\boldsymbol{y}^{\mathrm{T}}\boldsymbol{x}^{\mathrm{T}}\boldsymbol{z}$。可得

$$f(\boldsymbol{y})=\boldsymbol{z}^{\mathrm{T}}\boldsymbol{z}-2\boldsymbol{z}^{\mathrm{T}}\boldsymbol{x}\boldsymbol{y}+\boldsymbol{y}^{\mathrm{T}}\boldsymbol{x}^{\mathrm{T}}\boldsymbol{x}\boldsymbol{y} \tag{2.4.6}$$

为求得令 $f(\boldsymbol{y})$ 取最小值的 $\boldsymbol{y}$，可以令 $\frac{\partial f(\boldsymbol{y})}{\partial \boldsymbol{y}}=\boldsymbol{0}$。这是标量方程对向量的求导。其中第一项 $\boldsymbol{z}^{\mathrm{T}}\boldsymbol{z}$ 与 $\boldsymbol{y}$ 无关，因此

$$\frac{\partial(\boldsymbol{z}^{\mathrm{T}}\boldsymbol{z})}{\partial \boldsymbol{y}}=\boldsymbol{0} \tag{2.4.7a}$$

第二项 $-2\boldsymbol{z}^{\mathrm{T}}\boldsymbol{x}\boldsymbol{y}$，根据**矩阵求导公式 2.3.2**，可得

$$\frac{\partial(-2\boldsymbol{z}^{\mathrm{T}}\boldsymbol{x}\boldsymbol{y})}{\partial \boldsymbol{y}}=-2(\boldsymbol{z}^{\mathrm{T}}\boldsymbol{x})^{\mathrm{T}}=-2\boldsymbol{x}^{\mathrm{T}}\boldsymbol{z} \tag{2.4.7b}$$

第三项 $\boldsymbol{y}^{\mathrm{T}}\boldsymbol{x}^{\mathrm{T}}\boldsymbol{x}\boldsymbol{y}$ 中，$\boldsymbol{x}^{\mathrm{T}}\boldsymbol{x}$ 是对称矩阵，根据**矩阵求导公式 2.3.3**，可得

$$\frac{\partial(\boldsymbol{y}^{\mathrm{T}}\boldsymbol{x}^{\mathrm{T}}\boldsymbol{x}\boldsymbol{y})}{\partial \boldsymbol{y}}=2\boldsymbol{x}^{\mathrm{T}}\boldsymbol{x}\boldsymbol{y} \tag{2.4.7c}$$

将式(2.4.7)合并，并令其等于 $\boldsymbol{0}$，可得

$$\frac{\partial f(\boldsymbol{y})}{\partial \boldsymbol{y}}=\boldsymbol{0}\Rightarrow\boldsymbol{0}-2\boldsymbol{x}^{\mathrm{T}}\boldsymbol{z}+2\boldsymbol{x}^{\mathrm{T}}\boldsymbol{x}\boldsymbol{y}=\boldsymbol{0}$$
$$\Rightarrow\boldsymbol{x}^{\mathrm{T}}\boldsymbol{x}\boldsymbol{y}=\boldsymbol{x}^{\mathrm{T}}\boldsymbol{z}$$
$$\rightarrow\boldsymbol{y}^{*}=(\boldsymbol{x}^{\mathrm{T}}\boldsymbol{x})^{-1}\boldsymbol{x}^{\mathrm{T}}\boldsymbol{z} \tag{2.4.8}$$

将式(2.4.3)代入式(2.4.8)，可得

$$\boldsymbol{y}=\begin{bmatrix}y_1\\y_2\end{bmatrix}=\begin{bmatrix}127.6\\0.71\end{bmatrix} \tag{2.4.9}$$

此时的预测方程为 $\hat{z}=127.6+0.71x_i$，如图 2.4.2 所示。

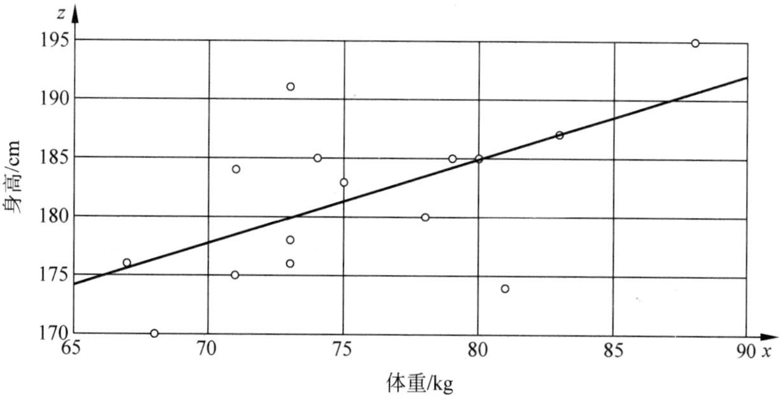

图 2.4.2 球员身高体重散点图与拟合曲线 $\hat{z}=127.6+0.71x_i$

请参考代码 2.2：Linear_regression.m。

2.4.2 梯度下降法

在上述例子中，我们使用了一个自变量 x_i 来预测一个结果 $\hat{z}$，因此也称其为一元线性回归。如果预测值与 m 个自变量相关，则预测方程定义为 $\hat{z}=y_0+y_1x_1+\cdots+y_mx_m$，也被称为多元线性回归。在这样的定义下，使用矩阵可以非常简洁地表达并便于计算机编程。需要特别说明的是，在多元线性回归中，由于矩阵的复杂程度以及维数的增大，往往很难直接求得 $\frac{\partial f(y)}{\partial y}=0$ 的解析解，例如式(2.4.8)中的 $(\boldsymbol{x}^{\mathrm{T}}\boldsymbol{x})^{-1}$，逆矩阵往往不存在。因此在实践中，会使用梯度下降的迭代方法找到数值解，这一方法也是现代机器学习理论的基础。

以上述问题为例，梯度下降法的基本步骤如下。

(1) 初始化参数。首先需要确定优化的目标函数和参数的初始值。在本例中，定义初始值为

$$\boldsymbol{y}_0=\begin{bmatrix} y_{1_0} \\ y_{2_0} \end{bmatrix}=\begin{bmatrix} 120 \\ 1 \end{bmatrix} \tag{2.4.10}$$

(2) 计算梯度。对于给定的参数值，计算目标函数对于每个参数的偏导数，得到梯度向量。梯度向量的每个分量表示函数在对应参数上的变化率。根据式(2.4.8)，本例的梯度方向为

$$\boldsymbol{\nabla}=\frac{\partial f(\boldsymbol{y})}{\partial \boldsymbol{y}}=-2\boldsymbol{x}^{\mathrm{T}}\boldsymbol{z}+2\boldsymbol{x}^{\mathrm{T}}\boldsymbol{x}\boldsymbol{y}=2\boldsymbol{x}^{\mathrm{T}}(-\boldsymbol{z}+\boldsymbol{x}\boldsymbol{y}) \tag{2.4.11}$$

(3) 更新参数。根据学习率和梯度的方向，更新参数的值。学习率是一个常数或常数矩阵，用于控制每次迭代中参数的更新幅度。较小的学习率会使得参数更新较小，收敛速度较慢；较大的学习率可能导致参数在最小值附近振荡或无法收敛。在本例中，选择学习率为一个常数矩阵

$$\boldsymbol{\alpha}=\begin{bmatrix} 0.001 & 0 \\ 0 & 0.00001 \end{bmatrix} \tag{2.4.12}$$

参数更新公式为

$$\boldsymbol{y}_{i+1}=\boldsymbol{y}_i-\boldsymbol{\alpha}\boldsymbol{\nabla} \tag{2.4.13}$$

其中，i 为迭代次数。

> 需要特别说明的是式(2.4.12)中学习率的选择，可以发现针对 y_1 和 y_2 的学习率差了100倍。这是因为通过观察式(2.4.9)可以发现结果中 y_1 和 y_2 相差了100倍。若使用相同的学习率，则会导致 y_1 的学习步长不足而 y_2 的学习步长过大。因此，学习率的选择要根据具体情况进行调整(或者对变量进行归一化处理)。

(4) 重复进行步骤(2)和(3)，直到达到停止条件。停止条件可以是达到预定的迭代次数或函数值的变化小于某个阈值。在本例中，我们选择停止条件为

$$f(\boldsymbol{y}_{i+1})-f(\boldsymbol{y}_i)<10^{-4} \tag{2.4.14}$$

使用以上设定，在经过了13061次迭代之后，计算出最优结果

$$\boldsymbol{y}=\begin{bmatrix}y_1\\y_2\end{bmatrix}=\begin{bmatrix}124.9\\0.75\end{bmatrix} \tag{2.4.15}$$

这与解析解所得的结果非常相似。请各位读者参考代码 2.3 进行分析理解。

请参考代码 2.3：Linear_regression_gradient_descent.m。

2.5 本章重点公式总结

- 连续系统离散化
  - 指数函数：$\frac{\mathrm{d}}{\mathrm{d}t}\mathrm{e}^{\boldsymbol{A}t}=\boldsymbol{A}\mathrm{e}^{\boldsymbol{A}t}$。
    - 若 $\boldsymbol{D}=\begin{bmatrix}\lambda_1 & \cdots & 0\\ \vdots & \ddots & \vdots\\ 0 & \cdots & \lambda_n\end{bmatrix}$，则 $\mathrm{e}^{\boldsymbol{D}t}=\begin{bmatrix}\mathrm{e}^{\lambda_1 t} & \cdots & 0\\ \vdots & \ddots & \vdots\\ 0 & \cdots & \mathrm{e}^{\lambda_n t}\end{bmatrix}$。
    - 若 $\boldsymbol{A}=\boldsymbol{PDP}^{-1}$，则 $\mathrm{e}^{\boldsymbol{A}t}=\boldsymbol{P}\mathrm{e}^{\boldsymbol{D}t}\boldsymbol{P}^{-1}$。
  - $\frac{\mathrm{d}\boldsymbol{x}_{(t)}}{\mathrm{d}t}=\boldsymbol{Ax}_{(t)}+\boldsymbol{Bu}_{(t)}$ 的解为 $\boldsymbol{x}_{(t)}=\mathrm{e}^{\boldsymbol{A}(t-t_0)}\boldsymbol{x}_{(t_0)}+\mathrm{e}^{\boldsymbol{A}t}\int_{t_0}^{t}\mathrm{e}^{-\boldsymbol{A}\tau}\boldsymbol{Bu}_{(\tau)}\mathrm{d}\tau$。
    - $\mathrm{e}^{\boldsymbol{A}(t-t_0)}\boldsymbol{x}_{(t_0)}$ 与初始条件和状态矩阵有关。
    - $\int_{t_0}^{t}\mathrm{e}^{-\boldsymbol{A}\tau}\boldsymbol{Bu}_{(\tau)}\mathrm{d}\tau$ 是输入 $\boldsymbol{u}_{(\tau)}$ 对系统的卷积。
  - $\frac{\mathrm{d}\boldsymbol{x}_{(t)}}{\mathrm{d}t}=\boldsymbol{Ax}_{(t)}+\boldsymbol{Bu}_{(t)}$ 的离散结果为：
    - $\boldsymbol{x}_{[k+1]}=\boldsymbol{Fx}_{[k]}+\boldsymbol{Gu}_{[k]}$。
    - 其中：$\boldsymbol{F}=\mathrm{e}^{\boldsymbol{A}(t_{k+1}-t_k)}=\mathrm{e}^{\boldsymbol{A}T_s}$，$\boldsymbol{G}=\int_{t_k}^{t_{k+1}}\mathrm{e}^{\boldsymbol{A}(t_{k+1}-\tau)}\mathrm{d}\tau\boldsymbol{B}=\boldsymbol{A}^{-1}(\boldsymbol{F}-\boldsymbol{I})\boldsymbol{B}$。
- 矩阵求导法则

矩阵求导公式编号	变量说明			求导公式(分母布局)
	变量	类型	维度	
2.3.1	$\boldsymbol{u}$	向量	$n\times1$	$\frac{\partial(\boldsymbol{u}^{\mathrm{T}}\boldsymbol{f})}{\partial\boldsymbol{u}}=\boldsymbol{f}$
	$\boldsymbol{f}$	向量	$n\times1$	
2.3.2	$\boldsymbol{u}$	向量	$n\times1$	$\frac{\partial(\boldsymbol{Au})}{\partial\boldsymbol{u}}=\boldsymbol{A}^{\mathrm{T}}$
	$\boldsymbol{A}$	矩阵	$n\times n$	
2.3.3	$\boldsymbol{u}$	向量	$n\times1$	$\frac{\partial(\boldsymbol{u}^{\mathrm{T}}\boldsymbol{Au})}{\partial\boldsymbol{u}}=\boldsymbol{Au}+\boldsymbol{A}^{\mathrm{T}}\boldsymbol{u}$
	$\boldsymbol{A}$	矩阵	$n\times n$	
2.3.4	$\boldsymbol{u}$	向量	$n\times1$	$\frac{\partial^2(\boldsymbol{u}^{\mathrm{T}}\boldsymbol{Au})}{\partial\boldsymbol{u}^2}=\boldsymbol{A}^{\mathrm{T}}+\boldsymbol{A}$
	$\boldsymbol{A}$	矩阵	$n\times n$	
矩阵求导的链式法则	$\boldsymbol{u}$	向量	$n\times1$	$\frac{\partial J}{\partial\boldsymbol{u}}=\frac{\partial\boldsymbol{y}(\boldsymbol{u})}{\partial\boldsymbol{u}}\frac{\partial J}{\partial\boldsymbol{y}(\boldsymbol{u})}$
	$\boldsymbol{y}(\boldsymbol{u})=\boldsymbol{Au}$	向量	$m\times1$	
	J	标量	1×1	

续表

矩阵求导公式编号	变量说明			求导公式(分母布局)
	变量	类型	维度	
2.3.5	$\boldsymbol{u}$	向量	$n\times1$	$\frac{\partial J}{\partial \boldsymbol{u}}=\frac{\partial(\boldsymbol{Au})}{\partial \boldsymbol{u}}\frac{\partial(\boldsymbol{y}^{\mathrm{T}}\boldsymbol{By})}{\partial \boldsymbol{y}(\boldsymbol{u})}=2\boldsymbol{A}^{\mathrm{T}}\boldsymbol{By}$
	$\boldsymbol{A}$	矩阵	$m\times n$	
	$\boldsymbol{y}(\boldsymbol{u})=\boldsymbol{Au}$	向量	$m\times1$	
	$\boldsymbol{B}$	对称矩阵	$m\times m$	
	$J=\boldsymbol{y}^{\mathrm{T}}\boldsymbol{By}$	标量	1×1	
2.3.6	$\boldsymbol{K}$	矩阵	$n\times n$	$\frac{\partial \mathrm{Tr}(\boldsymbol{KA})}{\partial \boldsymbol{K}}=\boldsymbol{A}^{\mathrm{T}}$
	$\boldsymbol{A}$	矩阵	$n\times n$	
2.3.7	$\boldsymbol{K}$	矩阵	$n\times n$	$\frac{\partial \mathrm{Tr}(\boldsymbol{KAK}^{\mathrm{T}})}{\partial \boldsymbol{K}}=2\boldsymbol{KA}$
	$\boldsymbol{A}$	矩阵	$n\times n$	

CHAPTER 3 第3章

最优控制的基本概念

在经典控制理论中，通过设计控制器可以改变闭环传递函数的极点（调整动态系统状态矩阵的特征值）。这种控制器设计更加关注系统的稳定性、稳态误差以及基本的瞬态响应指标（如上升时间、超调量等）。然而，对于对精度要求更高的系统或多输入多输出系统，仅仅改变状态矩阵的特征值是远远不够的。最优控制的目标是在可行条件下寻求最佳控制策略，以使控制系统能够最优地达到目标。本章将介绍最优控制的基本概念、最优控制问题的构建、性能指标的选择等。本章的学习目标包括：

- 通过一个例子直观地理解最优控制。
- 掌握性能指标的概念与建立方法。
- 理解性能指标选择的思路与方向。

3.1 引子——独轮车模型

本节将从一个简单的例子入手，分析最优控制的目标与应用场景。

3.1.1 数学模型建立

图 3.1.1 展示了一个**独轮车模型**(**unicycle model**)，这是对车辆模型的简化表示。这一模型被广泛地使用在自动驾驶以及自动导引机器人相关研发中，通过控制车轮的转速和方向，我们可以实现车辆运动控制和对特定轨迹的追踪。在该模型中，车辆在二维平面内运动，可以向前或向后移动，也可以绕着中心进行旋转。这种简化的模型假设车辆在水平面上运动，忽略了车辆的横向运动和细节，以便于进行控制算法的设计和分析。

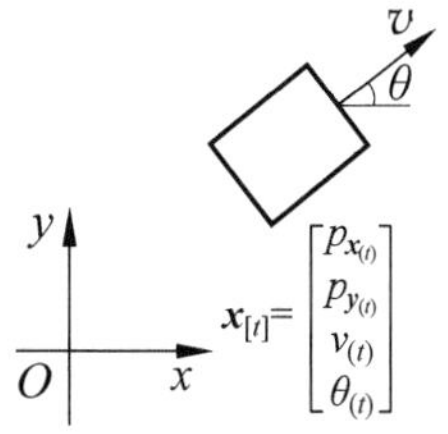

图 3.1.1 独轮车模型

在 t 时刻，其水平方向的位置为 $p_{x_{(t)}}$，垂直方向的位置为 $p_{y_{(t)}}$，其速度 $v_{(t)}$ 沿着与水平方向夹角为 $\theta_{(t)}$ 的直线运动。定义该动态系统的状态变量 $x_{1_{(t)}}=p_{x_{(t)}}$，$x_{2_{(t)}}=p_{y_{(t)}}$，$x_{3_{(t)}}=v_{(t)}$，$x_{4_{(t)}}=\theta_{(t)}$，控制量即系统的输入定义为 $u_{1_{(t)}}=\alpha_{(t)}$，$u_{2_{(t)}}=\omega_{(t)}$，其中 $\alpha_{(t)}$ 为加速度，$\omega_{(t)}$ 为舵机的角速度，定义系统的状态变量和系统输入为：

$$\boldsymbol{x}_{(t)}=\begin{bmatrix}x_{1_{(t)}}\\x_{2_{(t)}}\\x_{3_{(t)}}\\x_{4_{(t)}}\end{bmatrix}=\begin{bmatrix}p_{\boldsymbol{x}_{(t)}}\\p_{\boldsymbol{y}_{(t)}}\\v_{(t)}\\\theta_{(t)}\end{bmatrix} \tag{3.1.1a}$$

$$\boldsymbol{u}_{(t)}=\begin{bmatrix}u_{1_{(t)}}\\u_{2_{(t)}}\end{bmatrix}=\begin{bmatrix}\alpha_{(t)}\\\omega_{(t)}\end{bmatrix} \tag{3.1.1b}$$

状态空间方程可以写成

$$\frac{\mathrm{d}\boldsymbol{x}_{(t)}}{\mathrm{d}t}=\begin{bmatrix}\frac{\mathrm{d}x_{1_{(t)}}}{\mathrm{d}t}\\\frac{\mathrm{d}x_{2_{(t)}}}{\mathrm{d}t}\\\frac{\mathrm{d}x_{3_{(t)}}}{\mathrm{d}t}\\\frac{\mathrm{d}x_{4_{(t)}}}{\mathrm{d}t}\end{bmatrix}=\begin{bmatrix}\frac{\mathrm{d}p_{\boldsymbol{x}_{(t)}}}{\mathrm{d}t}\\\frac{\mathrm{d}p_{\boldsymbol{y}_{(t)}}}{\mathrm{d}t}\\\frac{\mathrm{d}v_{(t)}}{\mathrm{d}t}\\\frac{\mathrm{d}\theta_{(t)}}{\mathrm{d}t}\end{bmatrix}=\begin{bmatrix}v_{(t)}\cos\theta_{(t)}\\v_{(t)}\sin\theta_{(t)}\\0\\0\end{bmatrix}+\begin{bmatrix}0\\0\\\alpha_{(t)}\\\omega_{(t)}\end{bmatrix}=f(\boldsymbol{x}_{(t)},\boldsymbol{u}_{(t)}) \tag{3.1.2}$$

这是一个多输入、多状态变量的非线性系统。选取合适的采样周期,将其离散化后可得

$$\boldsymbol{x}_{[k+1]}=f_{\mathrm{d}}(\boldsymbol{x}_{[k]},\boldsymbol{u}_{[k]}) \tag{3.1.3}$$

其中,$f_{\mathrm{d}}()$是离散化后的 $f()$。将系统离散化可以更加方便地使用数字控制器。假设小车的初始状态为 $\boldsymbol{x}_{[0]}=[p_{x0},p_{y0},v_0,\theta_0]^{\mathrm{T}}$,考虑如下几种场景,并建立其对应的最优化模型。

3.1.2 最优控制场景分析

场景 1:停车问题。如图 3.1.2 所示,我们希望在未来的某一时刻($k=N$),小车可以从初始位置移动到目标车位($p_{x\mathrm{d}},p_{y\mathrm{d}}$),并以水平方向($\theta_{\mathrm{d}}=0$)停在目标点(图中虚线位置),即目标状态为 $\boldsymbol{x}_{\mathrm{d}}=[x_{1\mathrm{d}},x_{2\mathrm{d}},x_{3\mathrm{d}},x_{4\mathrm{d}}]^{\mathrm{T}}=[p_{x\mathrm{d}},p_{y\mathrm{d}},0,0]^{\mathrm{T}}$。(此处的下标 d 代表 desired,即目标值,也称为参考值。)

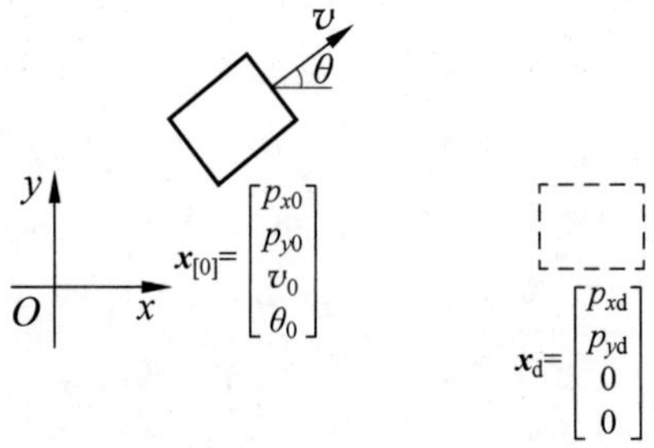

图 3.1.2 场景 1:停车问题

在这样的设定下,从直观理解,控制的目标就是令 $k=N$ 时刻的状态变量 $\boldsymbol{x}_{[N]}$(系统的末端状态变量)尽可能地接近 $\boldsymbol{x}_{\mathrm{d}}$,使用数学模型来描述这一控制目标,引入系统的**性能指标**(**performance measure**)J,令其为

$$J=h(\boldsymbol{x}_{[N]},\boldsymbol{x}_{\mathrm{d}}) \tag{3.1.4a}$$

它是末端状态变量与目标值的函数。一种典型的性能指标可以写成

$$J=(x_{1_{[N]}}-x_{1\mathrm{d}})^2+(x_{2_{[N]}}-x_{2\mathrm{d}})^2+(x_{3_{[N]}}-x_{3\mathrm{d}})^2+(x_{4_{[N]}}-x_{4\mathrm{d}})^2 \tag{3.1.4b}$$

它由四项组成，每一项都是末端状态变量与目标值之间的差的平方，这里取平方是为了避免它们之间的差有正有负，可以保证性能指标是非负的。当然，也可以选择使用差的绝对值构建性能指标函数，但一般情况下平方更容易做数学上的处理以及编程。

式(3.1.4b)中的每一个状态变量与目标值之间的差的平方都作为性能指标的**"代价"**(**cost**)，差距越大，代价就越高。通过求这些差的平方的和，我们得到了整体的代价，因此 J 也被称为**代价函数**(**cost function**)，用于评估系统末端状态与目标状态之间的接近程度。最优控制系统的代价一定是最低的。根据式(3.1.3)，当系统从初始位置开始时($k=0$)，可以得到

$$\boldsymbol{x}_{[1]}=f_{\mathrm{d}}(\boldsymbol{x}_{[0]},\boldsymbol{u}_{[0]}) \tag{3.1.5a}$$

$k=1$ 时

$$\boldsymbol{x}_{[2]}=f_{\mathrm{d}}(\boldsymbol{x}_{[1]},\boldsymbol{u}_{[1]})=f_{\mathrm{d}}(f_{\mathrm{d}}(\boldsymbol{x}_{[0]},\boldsymbol{u}_{[0]}),\boldsymbol{u}_{[1]}) \tag{3.1.5b}$$

$k=2$ 时

$$\boldsymbol{x}_{[3]}=f_{\mathrm{d}}(\boldsymbol{x}_{[2]},\boldsymbol{u}_{[2]})=f_{\mathrm{d}}(f_{\mathrm{d}}(f_{\mathrm{d}}(\boldsymbol{x}_{[0]},\boldsymbol{u}_{[0]}),\boldsymbol{u}_{[1]}),\boldsymbol{u}_{[2]}) \tag{3.1.5c}$$

可以归纳得到

$$\boldsymbol{x}_{[N]}=f_{\mathrm{d}}(\boldsymbol{x}_{[N-1]},\boldsymbol{u}_{[N-1]})=f_{\mathrm{d}}(\cdots(f_{\mathrm{d}}(\boldsymbol{x}_{[0]},\boldsymbol{u}_{[0]}),\cdots),\boldsymbol{u}_{[N-1]}) \tag{3.1.5d}$$

代入式(3.1.4a)，可得

$$J=h(\boldsymbol{x}_{[N]},\boldsymbol{x}_{\mathrm{d}})=h[(f_{\mathrm{d}}(\cdots(f_{\mathrm{d}}(\boldsymbol{x}_{[0]},\boldsymbol{u}_{[0]}),\cdots),\boldsymbol{u}_{[N-1]})),\boldsymbol{x}_{\mathrm{d}}] \tag{3.1.5e}$$

可以发现，性能指标 J 与初始状态 $\boldsymbol{x}_{[0]}$、目标值 $\boldsymbol{x}_{\mathrm{d}}$ 和控制量 $\boldsymbol{u}_{[k]}$($k\in[0,N-1]$)相关。其中，设计的目标就是找到合适的**控制策略**(**control policy**)$\boldsymbol{U}^*=[\boldsymbol{u}_{[0]},\boldsymbol{u}_{[1]},\boldsymbol{u}_{[2]},\cdots,\boldsymbol{u}_{[N-1]}]$，使得性能指标 J 最小。即

$$\boldsymbol{U}^*=\operatorname{argmin}J \tag{3.1.6}$$

$\boldsymbol{U}^*$ 是一组控制序列，由每一个时刻的控制量组成。将式(3.1.4)写成矩阵形式，可以得到

$$J=(\boldsymbol{x}_{[N]}-\boldsymbol{x}_{\mathrm{d}})^{\mathrm{T}}(\boldsymbol{x}_{[N]}-\boldsymbol{x}_{\mathrm{d}})=\|\boldsymbol{x}_{[N]}-\boldsymbol{x}_{\mathrm{d}}\|^2 \tag{3.1.7}$$

其中，$\|\boldsymbol{x}_{[N]}-\boldsymbol{x}_{\mathrm{d}}\|$是 $\boldsymbol{x}_{[N]}-\boldsymbol{x}_{\mathrm{d}}$ 的 2 范数(也称为 Euclidean 范数)。范数是向量空间中的一个重要函数，它具有"距离"的概念。在最优化控制中，用得最多的是 2 范数，对于一个 $n\times 1$ 向量$\boldsymbol{v}\in\mathbf{R}^n$，其 2 范数为$\|\boldsymbol{v}\|=\sqrt{\sum_{i=1}^{n}\boldsymbol{v}_i^2}=\sqrt{\boldsymbol{v}^{\mathrm{T}}\boldsymbol{v}}$。在最优控制代价函数中，会取其平方，这样便于数学分析与程序的编写。

需要注意的是，在实际控制问题中，系统中每个状态变量的重要性是不同的，例如在停车场景中，对于末端速度的要求会比其他状态变量更加严格，因为小车必须要"停"下来，而位置上的小偏差是可以被容忍的。因此，我们可以在式(3.1.7)的基础上加入一个实数对称半正定矩阵 $\boldsymbol{S}$，它可以用来平衡不同状态变量对性能指标的贡献，从而使问题更加灵活且适应实际要求。即

$$J=(\boldsymbol{x}_{[N]}-\boldsymbol{x}_{\mathrm{d}})^{\mathrm{T}}\boldsymbol{S}(\boldsymbol{x}_{[N]}-\boldsymbol{x}_{\mathrm{d}})\triangleq\|\boldsymbol{x}_{[N]}-\boldsymbol{x}_{\mathrm{d}}\|_{\boldsymbol{S}}^2 \tag{3.1.8}$$

> 当 $\boldsymbol{x}^{\mathrm{T}}\boldsymbol{S}\boldsymbol{x}\geqslant 0$ 时，$\boldsymbol{S}$ 矩阵是半正定的，这一要求保证了性能指标不为负数。而对称则确保了每一项状态变量权重的一致性。

在实际应用中，$\boldsymbol{S}$ 多选择为对角矩阵，即 $\boldsymbol{S}=\begin{bmatrix} s_1 & \cdots & 0 \\ \vdots & \ddots & \vdots \\ 0 & \cdots & s_n \end{bmatrix}$，其中 n 是状态变量的维度，本例中 $\boldsymbol{S}=\begin{bmatrix} s_1 & 0 & 0 & 0 \\ 0 & s_2 & 0 & 0 \\ 0 & 0 & s_3 & 0 \\ 0 & 0 & 0 & s_4 \end{bmatrix}$，代入式(3.1.8)，可得

$$
\begin{aligned}
J &= (\boldsymbol{x}_{[N]}-\boldsymbol{x}_{\mathrm{d}})^{\mathrm{T}}\boldsymbol{S}(\boldsymbol{x}_{[N]}-\boldsymbol{x}_{\mathrm{d}}) = (\boldsymbol{x}_{[N]}-\boldsymbol{x}_{\mathrm{d}})^{\mathrm{T}}\begin{bmatrix} s_1 & 0 & 0 & 0 \\ 0 & s_2 & 0 & 0 \\ 0 & 0 & s_3 & 0 \\ 0 & 0 & 0 & s_4 \end{bmatrix}(\boldsymbol{x}_{[N]}-\boldsymbol{x}_{\mathrm{d}}) \\
&= s_1(x_{1_{[N]}}-x_{1\mathrm{d}})^2+s_2(x_{2_{[N]}}-x_{2\mathrm{d}})^2+s_3(x_{3_{[N]}}-x_{3\mathrm{d}})^2+s_4(x_{4_{[N]}}-x_{4\mathrm{d}})^2
\end{aligned} \tag{3.1.9}
$$

式(3.1.9)说明调整权重矩阵中参数 $s_1\sim s_4$ 决定了不同状态变量在性能指标中的重要程度，在实际应用中要根据具体控制要求设定，例如对于本例，速度的权重 s_3 需要大一些，以保证小车能够停下来。需要注意的是，在调整权重系数时，我们还需要考虑每个元素的单位和数量级。这是因为在实际问题中，不同状态变量的单位和数量级可能不同，如果不予考虑，可能会导致权重系数的选择不合理或不准确。为了解决这个问题，我们可以对权重系数进行**规范化**(**normalization**)处理。在实际应用中，规范化的方法可以根据具体情况选择，例如将权重系数缩放到相同的数量级，或者将它们归一化为单位范数。这样可以确保在设定权重系数时，每个状态变量的重要性能够得到合理的考虑。

除了令性能指标最小之外，系统还需要满足一些**约束**(**constraints**)条件，以确保系统行为符合实际要求。在停车问题中，小车的速度可能受到上下限的约束。这意味着在控制过程中，我们需要确保小车的速度始终在允许的范围内。即

$$v_{\min[k]}\leqslant v_{[k]}\leqslant v_{\max[k]} \tag{3.1.10a}$$

这可能是物理上的限制，即小车能够达到的最快速度和最慢速度，这是由小车的动力学性质和机械限制所决定的。另一方面，速度的约束也可以是设计上的限制。这意味着在设计车辆结构时，我们可能会考虑一些安全性和可靠性方面的要求，以确保小车能够在设计的最高速度下正常运行。在这种情况下，约束条件可以用来限制控制策略生成的速度不超过设计限制，以确保系统的稳定性和可靠性。

同时，控制量也存在物理约束，本例中控制量是小车的加速度 $\alpha_{(t)}$ 和角速度 $\omega_{(t)}$，它们分别来自发动机与舵机的动力，可以表达为

$$\boldsymbol{u}_{\min[k]}\leqslant \boldsymbol{u}_{[k]}\leqslant \boldsymbol{u}_{\max[k]} \tag{3.1.10b}$$

式(3.1.8)与式(3.1.10)组合在一起就构成了带有约束的最优控制问题。式(3.1.10)中的限制条件是在系统控制中必须严格满足的约束条件，也被称为**硬约束**(**hard**

constraints)。在实际应用中,硬约束的考虑非常重要,因为它们直接关系到系统的安全性和可行性。

场景 2:在场景 1 的前提下,使用较小的能耗使小车从初始位置移动到目标位置。

当考虑能耗时,可以将输入作为一个重要的因素加入性能指标,修改式(3.1.8)为

$$J=\|\boldsymbol{x}_{[N]}-\boldsymbol{x}_{\mathrm{d}}\|_{\boldsymbol{S}}^{2}+\sum_{k=0}^{N-1}\|\boldsymbol{u}_{[k]}\|_{\boldsymbol{R}_{[k]}}^{2} \tag{3.1.11}$$

它由两部分组成,第一部分与式(3.1.8)一致;第二部分则是控制区间内系统输入 $\boldsymbol{u}_{[k]}$ 平方的加和,其中下标 $\boldsymbol{R}_{[k]}$ 表示控制量的权重系数矩阵,是一个正定的对称矩阵,它可以随着时间 k 进行变化。在本例中,它是一个二维的方阵,可以设计为对角矩阵 $\boldsymbol{R}_{[k]}=\begin{bmatrix} r_{1_{[k]}} & 0 \\ 0 & r_{2_{[k]}} \end{bmatrix}$。在本例中,由于舵机相比于驱动电机的能耗要少很多,因此在设计过程中 $r_{1_{[k]}}$ 要大于 $r_{2_{[k]}}$。同时,权重系数的选择不仅要考虑在同一矩阵之内,还要和其他权重矩阵进行综合分析比较。如果 $\boldsymbol{S}$ 的设置大于 $\boldsymbol{R}_{[k]}$,那么控制算法就会更加侧重于末端的状态而忽略能耗,在其极限条件下 $\boldsymbol{S}\gg\boldsymbol{R}_{[k]}$,与场景 1 相同。从另一个角度考虑式(3.1.11)中的 $\|\boldsymbol{u}_{[k]}\|_{\boldsymbol{R}_{[k]}}^{2}$ 项,它体现了对系统输入"**软约束**"(**soft constraints**)的概念。这一项引入了对控制输入的约束,但不是严格的约束。软约束的引入可以使控制策略更加灵活并增强适应性,允许在满足主要约束的前提下,对输入的变动和调整有一定的容忍度。

> 对比硬约束与软约束,也可以理解为"硬件"约束(物理限制或设计限制)与"软件"约束(算法限制)。当然,通过调整权重系数可以令一些软约束转化为硬约束,例如在上述场景中,若令 $\boldsymbol{S}=\mathbf{0}$,那么节能就成了这一性能指标的唯一代价,如果没有其他的条件,小车就会停在原地不动。

场景 3:如图 3.1.3 所示,在场景 1、场景 2 的前提下,小车沿一条指定轨迹运动到目标点并停下来。

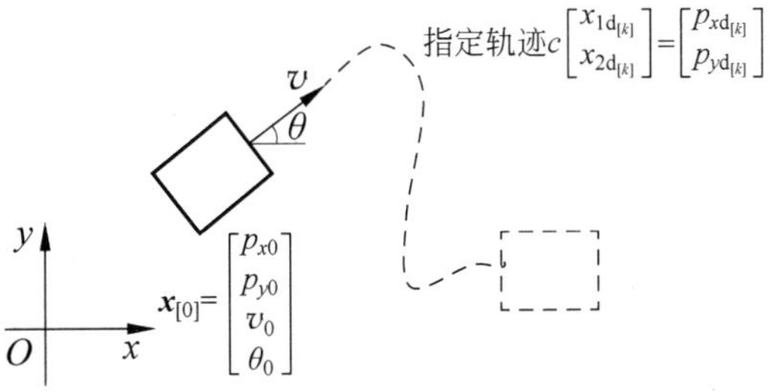

图 3.1.3 场景 3:轨迹追踪

这类问题多应用于仓储运输车中,每一辆小车都按照预先规划好的轨道运动,以最大限度地减少拥堵,提高效率。轨迹规划问题不在本书的讨论范围内,我们只考虑小车沿着指定轨道运行的问题。假设现在已知一条目标轨迹,即 $\begin{bmatrix} x_{1\mathrm{d}_{[k]}} \\ x_{2\mathrm{d}_{[k]}} \end{bmatrix}=\begin{bmatrix} p_{x\mathrm{d}_{[k]}} \\ p_{y\mathrm{d}_{[k]}} \end{bmatrix}$。对比之前的场景,目标是实时变化的。此时的代价函数可以设计为

$$J=\|\boldsymbol{x}_{[N]}-\boldsymbol{x}_{\mathrm{d}_{[N]}}\|_{\boldsymbol{S}}^{2}+\sum_{k=0}^{N-1}(\|\boldsymbol{x}_{[k]}-\boldsymbol{x}_{\mathrm{d}_{[k]}}\|_{\boldsymbol{Q}_{[k]}}^{2}+\|u_{[N]}\|_{\boldsymbol{R}_{[k]}}^{2}) \tag{3.1.12}$$

其中，$\|\boldsymbol{x}_{[N]}-\boldsymbol{x}_{\mathrm{d}_{[N]}}\|_{\boldsymbol{S}}^{2}$ 项、$\sum_{k=0}^{N-1}\|\boldsymbol{u}_{[N]}\|_{\boldsymbol{R}_{[k]}}^{2}$ 项和式(3.1.11)相同，分别表示末端状态和输入的代价；$\sum_{k=0}^{N-1}\|\boldsymbol{x}_{[k]}-\boldsymbol{x}_{\mathrm{d}_{[k]}}\|_{\boldsymbol{Q}_{[k]}}^{2}$ 表示状态变量的**运行代价**(**stage cost**)，用来衡量每个时间步的状态变量与目标轨迹之间的差异，其中 $\boldsymbol{Q}_{[k]}=\begin{bmatrix}q_{1_{[k]}} & \cdots & 0\\ \vdots & \ddots & \vdots\\ 0 & \cdots & q_{n_{[k]}}\end{bmatrix}$ 表示运行代价的权重矩阵，为半正定的对称矩阵。在本例中，$\boldsymbol{Q}_{[k]}=\begin{bmatrix}q_{1_{[k]}} & 0 & 0 & 0\\ 0 & q_{2_{[k]}} & 0 & 0\\ 0 & 0 & q_{3_{[k]}} & 0\\ 0 & 0 & 0 & q_{4_{[k]}}\end{bmatrix}$，同时根据要求，如果只关心小车移动的轨迹而非在每个位置时的速度与角度，可以设置 $q_{3_{[k]}}=q_{4_{[k]}}=0$，这样可以忽略速度和角度的影响，而将注意力集中在位置差异最小化上。

场景4：如图3.1.4所示，在场景3的前提下，小车在沿着轨迹运行的过程中要避开障碍。

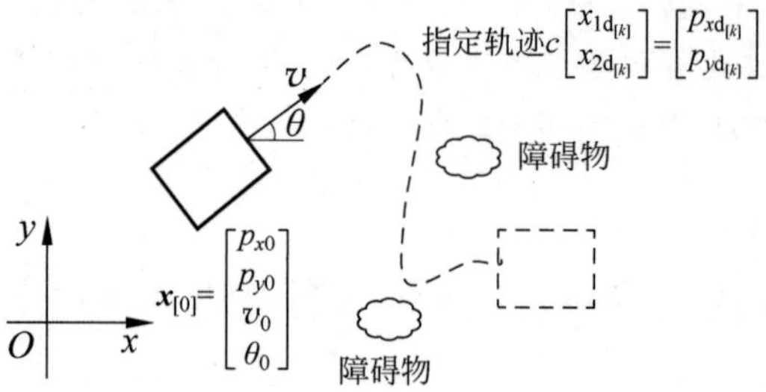

图3.1.4　场景4：避障问题

在二维空间中，障碍物的位置是由一系列的坐标点来表示的，即($p_{x\_\mathrm{obstacle}}, p_{y\_\mathrm{obstacle}}$)。在建立性能指标时，可以考虑两种方法。第一种方法是使用式(3.1.12)的性能指标，同时增加约束条件

$$(p_{x_{[k]}}, p_{y_{[k]}}) \notin (p_{x\_\mathrm{obstacle}}, p_{y\_\mathrm{obstacle}}) \tag{3.1.13}$$

这个约束条件严格限制小车在每个时间步的位置不能落在障碍物的位置上。

另一种方法是通过软约束来限制小车轨迹与障碍物之间的距离。可以将其代价函数设为

$$\begin{aligned}J=&\|\boldsymbol{x}_{[N]}-\boldsymbol{x}_{\mathrm{d}_{[N]}}\|_{\boldsymbol{S}}^{2}+\sum_{k=0}^{N-1}(\|\boldsymbol{x}_{[k]}-\boldsymbol{x}_{\mathrm{d}_{[k]}}\|_{\boldsymbol{Q}_{[k]}}^{2}+\|\boldsymbol{u}_{[N]}\|_{\boldsymbol{R}_{[k]}}^{2})+\\&\boldsymbol{D}^{-1}((p_{x_{[k]}}, p_{y_{[k]}}),(p_{x\_\mathrm{obstacle}}, p_{y\_\mathrm{obstacle}}))_{\boldsymbol{P}_{[k]}}\end{aligned} \tag{3.1.14}$$

其中，$\boldsymbol{D}()$表示小车在运动过程中每个点到障碍物之间的距离，$\boldsymbol{D}^{-1}()$则是其倒数，$\boldsymbol{P}_{[k]}$是

它的权重矩阵。这个代价函数综合考虑了末端状态、输入、状态变量的运行代价以及小车轨迹与障碍物之间的距离。通过最小化这个代价函数，控制算法可以在追求性能指标的同时，尽量保持小车与障碍物之间的安全距离。可以预见的是，当 $\boldsymbol{P}_{[k]}$ 足够大时，控制算法为了使性能指标最小，必将选择合适的控制策略使得 $\boldsymbol{D}^{-1}()$ 很小，也就是令小车与障碍物之间的距离很大。

3.2　最优控制问题的组成与性能指标

3.2.1　最优控制问题的组成

从上节的例子可以得出，一个最优控制问题包含以下几个方面。

1）系统的数学模型

在最优控制中，系统的数学模型多使用状态空间方程表示，系统的运行过程是其状态变量转移的过程，状态变量的转移在状态空间中形成了一条**轨迹**(**trajectory**)，控制算法所做的就是规范这条轨迹。状态空间方程可以是连续或者离散形式的，其中离散系统的应用更广泛，这是因为很多最优化系统涉及多个状态变量且包含复杂的约束条件，使用连续系统的表达往往不容易得到解析解。因此使用离散系统可以利用计算机求得数值解，从而找到最优的控制策略。

2）目标值(参考值)

根据不同的应用场景，目标值可能是固定的数值，也可能是一个集合，或者是一个动态变化的轨迹。在上述场景 1、场景 2 中，目标值是固定的数值向量；而在场景 3、场景 4 中则为轨迹。如果控制的目标是将小车停在某一个区域内，那么目标值就是一个集合。

3）性能指标(代价函数)

性能指标(也称为代价函数)是最优控制的关键，它用于衡量系统表现的优劣。性能指标通常是一个标量函数，它量化了系统的性能、效率或质量等方面的表现。不同的最优控制问题可能需要不同的性能指标。对于同样的控制系统，也可以设计不同的性能指标以满足不同的操作要求。同时，权重是性能指标中的重要参数，通过调整权重系数，最优控制算法会平衡不同状态变量和控制量之间的重要性。

4）约束条件

在最优控制中，约束可以施加在状态变量上，例如式(3.1.10a)中对于小车速度的限制，又如场景 4 中对于位置的限制。在约束条件下，$\boldsymbol{x}_{[k]}\in\boldsymbol{X}$，其中 $\boldsymbol{X}$ 被称为状态变量的**容许轨迹**(**admissible trajectory**)。约束也可以施加在控制量上，即 $\boldsymbol{u}_{[k]}\in\boldsymbol{\Omega}$，其中 $\boldsymbol{\Omega}$ 被称为**容许控制域**(**set of admissible control**)。需要注意的是，在考虑约束条件时，需要保证最优控制算法能够在约束范围内找到可行的解，避免过于严格的约束导致问题无解。

综上所述，给出最优控制的一个更为严谨的定义，对于一个离散型控制系统

$$\boldsymbol{x}_{[k+1]}=f_{\mathrm{d}}(\boldsymbol{x}_{[k]},\boldsymbol{u}_{[k]},k) \tag{3.2.1a}$$

最优控制的目标是找到满足容许控制域的控制策略 $\boldsymbol{u}^{*}_{[k]}\in\boldsymbol{\Omega}$，使系统的状态变量在容许轨迹内($\boldsymbol{x}_{[k]}\in\boldsymbol{X}$)从初始状态转移到末端状态，并令性能指标

$$J=h(\boldsymbol{x}_{[N]},\boldsymbol{x}_{\mathrm{d}_{[N]}},N)+\sum_{k=0}^{N-1}g(\boldsymbol{x}_{[k]},\boldsymbol{x}_{\mathrm{d}_{[k]}},\boldsymbol{u}_{[k]},k) \tag{3.2.1b}$$

最小。

连续型系统的表达式为

$$\frac{\mathrm{d}\boldsymbol{x}_{(t)}}{\mathrm{d}t}=f(\boldsymbol{x}_{(t)},\boldsymbol{u}_{(t)},t) \tag{3.2.2a}$$

$$J=h(\boldsymbol{x}_{(t_\mathrm{f})},\boldsymbol{x}_{\mathrm{d}(t_\mathrm{f})},\boldsymbol{u}_{(t_\mathrm{f})},t_\mathrm{f})+\int_{t_0}^{t_\mathrm{f}}g(\boldsymbol{x}_{(\tau)},\boldsymbol{u}_{(\tau)},\boldsymbol{x}_{\mathrm{d}(\tau)},t)\mathrm{d}\tau \tag{3.2.2b}$$

其中，t_f 为末端时间。

3.2.2 常见的最优控制问题

下面介绍几个常见的最优控制问题。

1）最短时间问题

在规定的起点状态和终点状态之间，找到一条最短时间的轨迹。当式(3.2.2b)中 $h(\boldsymbol{x}_{(t_\mathrm{f})},\boldsymbol{x}_{\mathrm{d}(t_\mathrm{f})},\boldsymbol{u}_{(t_\mathrm{f})},t_\mathrm{f})=0$ 且 $g(\boldsymbol{x}_{(\tau)},\boldsymbol{u}_{(\tau)},\boldsymbol{x}_{\mathrm{d}(\tau)},t)=1$ 时，式(3.2.2b)简化为

$$J=\int_{t_0}^{t_\mathrm{f}}\mathrm{d}t=t_\mathrm{f}-t_0 \tag{3.2.3a}$$

其中，t_0 是系统开始的时间；t_f 是第一次状态变量达到目标值的时间。取它的最小值，就是令系统的状态变量在最短时间内转移到目标值。其离散化表达式为

$$J=\sum^{N}1=N \tag{3.2.3b}$$

需要注意的是，针对式(3.2.3a)及式(3.2.3b)描述的最短时间问题，在实际操作中往往需要找到性能指标与系统输入(控制量)的关系式并代入求解，因为控制系统中最终需要调整的参数仅为控制量。其原理与式(3.1.5)以及如下表述的末端控制问题类似，需要将控制量体现在性能指标函数中。

2）末端控制问题

如3.1节中场景1所示，控制的目标是令系统的状态变量在控制区间末端靠近参考位置。其离散形式性能指标为

$$J=\|\boldsymbol{x}_{[N]}-\boldsymbol{x}_{\mathrm{d}_{[N]}}\|_{\boldsymbol{S}}^{2} \tag{3.2.4a}$$

连续形式性能指标为

$$J=\|\boldsymbol{x}_{(t_\mathrm{f})}-\boldsymbol{x}_{\mathrm{d}(t_\mathrm{f})}\|_{\boldsymbol{S}}^{2} \tag{3.2.4b}$$

其中，$\boldsymbol{S}$ 为半正定矩阵。

3）最小控制量问题

控制的目标是令系统从初始状态转移到末端状态的控制量(系统输入)最小，其离散形式与连续形式的性能指标可分别设为

$$J=\sum_{k=0}^{N}\|\boldsymbol{u}_{[k]}\|_{\boldsymbol{R}_{[k]}}^{2} \tag{3.2.5a}$$

$$J=\int_{t_0}^{t_\mathrm{f}}\|\boldsymbol{u}_{(t)}\|_{\boldsymbol{R}_{(t)}}^{2}\mathrm{d}t \tag{3.2.5b}$$

其中，$\boldsymbol{R}_{[k]}$ 和 $\boldsymbol{R}_{(t)}$ 为正定矩阵。

需要特别注意的是，在大多数情况下，最小控制量问题等价于最低能耗问题。例如3.1节中的$\boldsymbol{u}_{(t)}=[\alpha_{(t)},\omega_{(t)}]^{\mathrm{T}}$，$\alpha_{(t)}$、$\omega_{(t)}$分别是小车的加速度与角速度，它们都直接和能耗相关，$\boldsymbol{u}_{(t)}$最小即意味着能耗最小。但是在某些情况下，控制量并不直接反映能耗，最低的控制量不代表最低的能耗。同时绝对的最小能耗问题往往没有现实意义，例如控制小车移动到目标位置，绝对的最小能耗意味着小车完全不动。

4）轨迹追踪问题

控制的目标是令状态变量追踪某一条目标轨迹，其离散形式性能指标为

$$J=\sum_{k=0}^{N}\|\boldsymbol{x}_{[k]}-\boldsymbol{x}_{\mathrm{d}_{[k]}}\|_{\boldsymbol{Q}_{[k]}}^{2} \tag{3.2.6a}$$

连续形式性能指标为

$$J=\int_{t_0}^{t_f}\|\boldsymbol{x}_{(t)}-\boldsymbol{x}_{\mathrm{d}(t)}\|_{\boldsymbol{Q}_{(t)}}^{2}\mathrm{d}t \tag{3.2.6b}$$

其中，$\boldsymbol{Q}_{[k]}$和$\boldsymbol{Q}_{(t)}$为半正定矩阵。

5）综合问题

将上述几种问题结合起来，即

$$J=\|\boldsymbol{x}_{[N]}-\boldsymbol{x}_{\mathrm{d}_{[N]}}\|_{\boldsymbol{S}}^{2}+\sum_{k=0}^{N-1}(\|\boldsymbol{x}_{[k]}-\boldsymbol{x}_{\mathrm{d}_{[k]}}\|_{\boldsymbol{Q}_{[k]}}^{2}+\|\boldsymbol{u}_{[k]}\|_{\boldsymbol{R}_{[k]}}^{2}) \tag{3.2.7a}$$

其连续形式为

$$J=\|\boldsymbol{x}_{(t_f)}-\boldsymbol{x}_{\mathrm{d}(t_f)}\|_{\boldsymbol{S}}^{2}+\int_{t_0}^{t_f}(\|\boldsymbol{x}_{(t)}-\boldsymbol{x}_{\mathrm{d}(t)}\|_{\boldsymbol{Q}_{(t)}}^{2}+\|\boldsymbol{u}_{(t)}\|_{\boldsymbol{R}_{(t)}}^{2})\mathrm{d}t \tag{3.2.7b}$$

一般情况下，式(3.2.7)可以作为默认性能指标的选项，通过改变权重矩阵或令其中某一些元素为零来改变最优问题的类型。

6）调节问题

当目标状态值为零（$\boldsymbol{x}_{\mathrm{d}_{[k]}}=\mathbf{0}$）时，此类问题被称为**调节控制**（**regulator problem**）问题。式(3.2.7)变成

$$J=\|\boldsymbol{x}_{[N]}\|_{\boldsymbol{S}}^{2}+\sum_{k=0}^{N-1}(\|\boldsymbol{x}_{[k]}\|_{\boldsymbol{Q}_{[k]}}^{2}+\|\boldsymbol{u}_{[k]}\|_{\boldsymbol{R}_{[k]}}^{2}) \tag{3.2.8a}$$

$$J=\|\boldsymbol{x}_{(t_f)}\|_{\boldsymbol{S}}^{2}+\int_{t_0}^{t_f}(\|\boldsymbol{x}_{(t)}\|_{\boldsymbol{Q}_{(t)}}^{2}+\|\boldsymbol{u}_{(t)}\|_{\boldsymbol{R}_{(t)}}^{2})\mathrm{d}t \tag{3.2.8b}$$

对于一般的轨迹追踪问题，在条件允许的情况下，可以引入误差$\boldsymbol{e}_{[k]}=\boldsymbol{x}_{[k]}-\boldsymbol{x}_{\mathrm{d}_{[k]}}$并建立关于误差$\boldsymbol{e}_{[k]}$的状态空间方程，此时误差的目标值自然是$\boldsymbol{e}_{\mathrm{d}_{[k]}}=\mathbf{0}$。这样就可以将非调节控制问题转化为调节控制问题。非零参考值问题将在本书的第4章、第5章中详细讨论。

在分析求解最优化问题的过程中，需要注意以下几点。

(1) 最优控制策略的存在性：并非所有的最优化问题都能找到最优解。在某些情况下，系统可能无法在满足约束条件的前提下找到最优解。以场景4中小车轨迹追踪为例，如

果障碍物设计在轨迹当中，或者要求小车以极高的速度运行，都将无法找到最优解。

(2) 最优策略的多样性：在某些情况下，最优控制问题可能存在多个最优解。这是因为性能指标和约束条件的不同选择可能导致不同的最优解。以场景1为例，由于性能指标只关注最终位置而不关心轨迹和运动过程，因此可能存在多组控制策略达到相同的目标。

(3) 在最优化问题的建模过程中，尽量将性能指标与约束条件设计为**凸函数(convex function)**。凸函数具有良好的性质，可以利用现有的凸优化技术找到其全局最优解。凸函数的使用可以提高问题的求解效率和可行性。

在实际应用中，需要根据具体问题的特性和要求进行最优化问题的建模和求解。同时，也需要考虑问题的复杂性和可行性，以便选择适当的算法和方法来解决最优化问题。

3.3 控制问题构建以及性能指标的选择

性能指标的选择是最优控制问题中的关键部分，它表明了我们希望控制系统如何被优化。本节将通过两个具体案例详细讲解性能指标的选择以及最优化问题的建立。

3.3.1 平衡车控制

平衡车可以通过人体的姿态自动调整前后平衡，使驾驶者可以在不失去平衡的情况下行驶。当只考虑它在二维平面移动时，可以将其简化为一个倒立摆的数学模型。

如图3.3.1所示，简化后的模型包括一个质量为 m 的小球，一个长度为 d、质量忽略不计的连杆，以及一个可以水平移动的小车，其质量同样忽略不计。系统的受力分析已在图中标出。其中，$\phi_{(t)}$ 是连杆小球与竖直方向的夹角，$\xi_{(t)}$ 是小车的位移。下面对连杆小球进行受力分析。

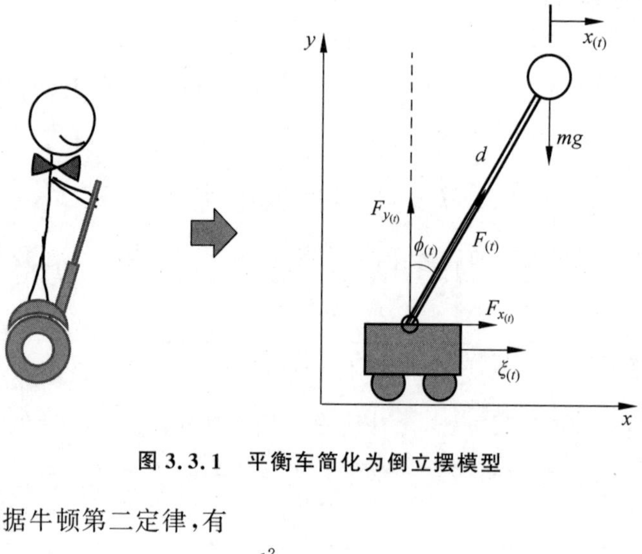

图 3.3.1 平衡车简化为倒立摆模型

在 x 方向，根据牛顿第二定律，有

$$m\,\frac{\mathrm{d}^2 x_{(t)}}{\mathrm{d}t^2}=F_{x_{(t)}} \tag{3.3.1}$$

其中，$x_{(t)}$ 是小球沿 x 方向的相对地面的全局位移，它由小车的位移与小球相对于小车的位

移组成，可以表达为

$$x_{(t)}=\xi_{(t)}+d\sin\phi_{(t)} \tag{3.3.2}$$

对其进行线性化处理，当 $\phi_{(t)}$ 较小时，$\sin\phi_{(t)}\approx\phi_{(t)}$。代入式(3.3.2)，并对等号两边取二次微分，可以得到

$$\frac{\mathrm{d}^2x_{(t)}}{\mathrm{d}t^2}=\frac{\mathrm{d}^2\xi_{(t)}}{\mathrm{d}t^2}+d\,\frac{\mathrm{d}^2\phi_{(t)}}{\mathrm{d}t^2} \tag{3.3.3}$$

代入式(3.3.1)，得到

$$m\,\frac{\mathrm{d}^2\xi_{(t)}}{\mathrm{d}t^2}+md\,\frac{\mathrm{d}^2\phi_{(t)}}{\mathrm{d}t^2}=F_{x_{(t)}} \tag{3.3.4}$$

等号右边的 $F_{x_{(t)}}$ 是平衡车对连杆在 x 方向的分力，即 $F_{x_{(t)}}=F_{(t)}\sin\phi_{(t)}$，当 $\phi_{(t)}$ 较小时，$\sin\phi_{(t)}\approx\phi_{(t)}$，即 $F_{x_{(t)}}=F_{(t)}\phi_{(t)}$，代入式(3.3.4)，得到 x 方向的动态方程

$$m\,\frac{\mathrm{d}^2\xi_{(t)}}{\mathrm{d}t^2}+md\,\frac{\mathrm{d}^2\phi_{(t)}}{\mathrm{d}t^2}=F_{(t)}\phi_{(t)} \tag{3.3.5}$$

在 y 方向，小球的重力与连杆力在 y 方向的分力相等，即 $mg=F_{y_{(t)}}=F_{(t)}\cos\phi_{(t)}$，当 $\phi_{(t)}$ 较小时，$\cos\phi_{(t)}\approx1$，即在 y 方向

$$mg=F_{(t)}\cos\phi_{(t)}=F_{(t)} \tag{3.3.6}$$

将式(3.3.6)代入式(3.3.5)，整理后可以得到连杆小球关于角度 $\phi_{(t)}$ 的动态方程，即

$$\frac{\mathrm{d}^2\phi_{(t)}}{\mathrm{d}t^2}-\frac{g}{d}\phi_{(t)}=-\frac{1}{d}\,\frac{\mathrm{d}^2\xi_{(t)}}{\mathrm{d}t^2} \tag{3.3.7}$$

构建系统的状态空间方程，定义状态变量 $\boldsymbol{x}_{(t)}=\begin{bmatrix}x_{1_{(t)}} & x_{2_{(t)}}\end{bmatrix}^{\mathrm{T}}$，则

$$x_{1_{(t)}}=\phi_{(t)} \tag{3.3.8a}$$

$$x_{2_{(t)}}=\frac{\mathrm{d}x_{1_{(t)}}}{\mathrm{d}t}=\frac{\mathrm{d}\phi_{(t)}}{\mathrm{d}t} \tag{3.3.8b}$$

定义系统输入为

$$\boldsymbol{u}_{(t)}=-\frac{1}{d}\,\frac{\mathrm{d}^2\xi_{(t)}}{\mathrm{d}t^2} \tag{3.3.8c}$$

其中，$\dfrac{\mathrm{d}^2\xi_{(t)}}{\mathrm{d}t^2}$是平衡车沿水平方向的加速度，它与平衡车电动机的转速相关。将其乘以$-\dfrac{1}{d}$使其单位化。

取 $x_{2_{(t)}}$ 对时间的导数并结合式(3.3.8c)，共同代入式(3.3.7)可得

$$\frac{\mathrm{d}x_{2_{(t)}}}{\mathrm{d}t}=\frac{\mathrm{d}^2\phi_{(t)}}{\mathrm{d}t^2}=\frac{g}{d}\phi_{(t)}+\boldsymbol{u}_{(t)}=\frac{g}{d}x_{1_{(t)}}+\boldsymbol{u}_{(t)} \tag{3.3.9}$$

将式(3.3.8b)和式(3.3.9)写成一个紧凑的矩阵表达形式，可以得到系统的状态空间方程

$$\begin{bmatrix}\dfrac{\mathrm{d}x_{1_{(t)}}}{\mathrm{d}t}\\[2ex]\dfrac{\mathrm{d}x_{2_{(t)}}}{\mathrm{d}t}\end{bmatrix}=\frac{\mathrm{d}\boldsymbol{x}_{(t)}}{\mathrm{d}t}=\begin{bmatrix}0 & 1\\ \dfrac{g}{d} & 0\end{bmatrix}\boldsymbol{x}_{(t)}+\begin{bmatrix}0\\1\end{bmatrix}\boldsymbol{u}_{(t)} \tag{3.3.10}$$

系统的控制目标是当连杆小球的位置受到扰动偏离中心时，通过控制小车的加速度使其回到平衡位置。因此本系统的目标状态量 $\boldsymbol{x}_{\mathrm{d}}=[x_{1\mathrm{d}} \quad x_{2\mathrm{d}}]^{\mathrm{T}}=[0 \quad 0]^{\mathrm{T}}$。这是一个**调节控制问题**。

其性能指标可以定义为

$$J=\int_{t_0}^{t_{\mathrm{f}}}(\|\boldsymbol{x}_{(t)}\|_{\boldsymbol{Q}}^2+\|\boldsymbol{u}_{(t)}\|_{\boldsymbol{R}}^2)\mathrm{d}t \tag{3.3.11}$$

式(3.3.11)选取了运行代价与系统输入的组合。其中运行代价选择的是状态变量 $\boldsymbol{x}_{(t)}$ 与目标 $\mathbf{0}$ 的差值，这样的设定可以使系统在运行过程中状态变量 $\boldsymbol{x}_{(t)}$ 始终向 $\mathbf{0}$ 靠拢。权重矩阵 $\boldsymbol{Q}$ 是一个常数矩阵 $\boldsymbol{Q}=\begin{bmatrix} q_1 & 0 \\ 0 & q_2 \end{bmatrix}$。在本例中输入只有一个变量，因此 $\boldsymbol{R}$ 是一个一维的权重矩阵。当系统偏离平衡位置后，输入会作用在系统上直到它回到平衡位置，之后则保持为零。因此输入 $\boldsymbol{u}_{(t)}$ 的代价直接体现了能耗的大小。末端时间 t_{f} 的选择也非常重要，在判断性能指标时，t_{f} 需要足够长以保证系统已经回到平衡点位置。至此，我们成功建立了平衡车控制问题的性能指标函数，问题的求解会在第4章进行介绍和分析。

3.3.2 无人机高度控制

本小节讨论图3.3.2中的无人机高度控制问题，这一案例还将出现在第4章至第6章。为简化分析，仅考虑其高度变化，使用离散系统进行分析。无人机质量为 m，高度为时间的函数 $h_{(t)}$，以向上为正方向。其受到向下的重力 mg 以及向上的动力 $f_{(t)}$，动力来源于螺旋桨的旋转马达。根据牛顿第二定律，得到无人机在竖直方向的动态方程

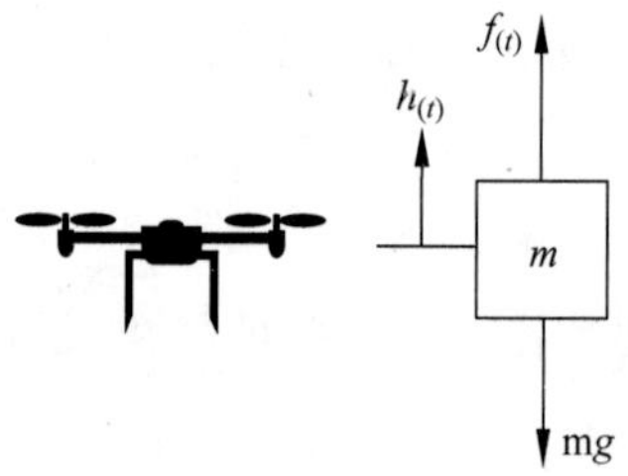

图 3.3.2 无人机高度控制问题

$$m\frac{\mathrm{d}^2 h_{(t)}}{\mathrm{d}t^2}=f_{(t)}-mg \tag{3.3.12}$$

使用状态空间方程表达这个系统，定义状态变量和系统输入控制量分别为

$$\boldsymbol{x}_{(t)}=\begin{bmatrix} x_{1_{(t)}} \\ x_{2_{(t)}} \end{bmatrix}=\begin{bmatrix} h_{(t)} \\ \dfrac{\mathrm{d}h_{(t)}}{\mathrm{d}t} \end{bmatrix} \tag{3.3.13a}$$

$$\boldsymbol{u}_{(t)}=\frac{f_{(t)}}{m} \tag{3.3.13b}$$

在上述定义下，系统的状态变量是无人机的高度与移动速度；输入是动力，将其除以质量使其单位化。由此可得系统的状态空间方程

$$\frac{\mathrm{d}\boldsymbol{x}_{(t)}}{\mathrm{d}t}=\begin{bmatrix} 0 & 1 \\ 0 & 0 \end{bmatrix}\boldsymbol{x}_{(t)}+\begin{bmatrix} 0 \\ 1 \end{bmatrix}\boldsymbol{u}_{(t)}+\begin{bmatrix} 0 \\ -g \end{bmatrix} \tag{3.3.14a}$$

这并不是一个标准的状态空间方程，因此需要一些技巧将偏移量 $\begin{bmatrix} 0 \\ -g \end{bmatrix}$ 消除。令 $x_{3_{(t)}}=-g$，它是一个常数，因此 $\dfrac{\mathrm{d}x_{3_{(t)}}}{\mathrm{d}t}=0$。将其作为第三个状态量加入式(3.3.14a)，可得

$$\frac{\mathrm{d}\boldsymbol{x}_{(t)}}{\mathrm{d}t}=\begin{bmatrix}\frac{\mathrm{d}x_{1_{(t)}}}{\mathrm{d}t}\\ \frac{\mathrm{d}x_{2_{(t)}}}{\mathrm{d}t}\\ \frac{\mathrm{d}x_{3_{(t)}}}{\mathrm{d}t}\end{bmatrix}=\begin{bmatrix}0&1&0\\0&0&1\\0&0&0\end{bmatrix}\begin{bmatrix}x_{1_{(t)}}\\x_{2_{(t)}}\\x_{3_{(t)}}\end{bmatrix}+\begin{bmatrix}0\\1\\0\end{bmatrix}\boldsymbol{u}_{(t)} \tag{3.3.14b}$$

其中，$\boldsymbol{x}_{(t)}=\begin{bmatrix}x_{1_{(t)}} & x_{2_{(t)}} & x_{3_{(t)}}\end{bmatrix}^{\mathrm{T}}$ 是**增广**（**augmented**）状态变量，通过矩阵的变换将式(3.3.14a)转化为标准的状态空间方程。注：为简化参数表达，这里的增广矩阵仍使用 $\boldsymbol{x}_{(t)}$ 作为其参数，并将在后续沿用此写法。使用数字控制系统，定义采样时间 $T_{\mathrm{s}}=0.1\mathrm{s}$，离散后的系统为

$$\boldsymbol{x}_{[k+1]}=\begin{bmatrix}1&0.1&0.005\\0&1&0.1\\0&0&1\end{bmatrix}\boldsymbol{x}_{[k]}+\begin{bmatrix}0.005\\0.1\\0\end{bmatrix}\boldsymbol{u}_{[k]} \tag{3.3.15}$$

需要注意的是，式(3.3.14b)中的状态矩阵不可逆，因此无法使用式(2.2.5)进行离散化。式(3.3.15)是使用了 Matlab/Octave 的 c2d 指令得到的近似结果。

请注意状态矩阵的第三行，可以发现在这样的定义下，散后的系统 $x_{3_{[k+1]}}=x_{3_{[k]}}$，它将始终保持为常数，因为 x_3 代表的就是重力加速度，是一个常数。

通过选取不同的系统性能指标，我们可以建立不同的最优控制问题，并求解得到相应的控制策略影响系统的表现。一个综合的性能指标可以定义为

$$J=\|\boldsymbol{x}_{[N]}-\boldsymbol{x}_{\mathrm{d}_{[N]}}\|_{\boldsymbol{S}}^{2}+\sum_{k=0}^{N-1}(\|\boldsymbol{x}_{[k]}-\boldsymbol{x}_{\mathrm{d}_{[k]}}\|_{\boldsymbol{Q}_{[k]}}^{2}) \tag{3.3.16}$$

其中，第一项中 $\boldsymbol{x}_{\mathrm{d}_{[N]}}$ 是末端的目标，$\boldsymbol{S}=\begin{bmatrix}s_1&0&0\\0&s_2&0\\0&0&s_3=0\end{bmatrix}$ 是末端代价的权重矩阵，这一项可以优化无人机的末端状态，可以使它飞到一个目标的高度并达到一定速度。设置 $s_3=0$ 是因为这一项属于状态变量 $x_{3_{[k]}}=-g$，它是常数，不会发生变化，因此无须对其进行控制。第二项中 $\boldsymbol{Q}_{[k]}=\begin{bmatrix}q_{1_{[k]}}&0&0\\0&q_{2_{[k]}}&0\\0&0&q_3=0\end{bmatrix}$ 是运行代价的权重矩阵。这一项可以使得无人机追随某一设定好的高度轨迹运行，若要同时考虑控制量的大小，则可以在式(3.3.16)中增加控制量的代价

$$J=\|\boldsymbol{x}_{[N]}-\boldsymbol{x}_{\mathrm{d}_{[N]}}\|_{\boldsymbol{S}}^{2}+\sum_{k=0}^{N-1}(\|\boldsymbol{x}_{[k]}-\boldsymbol{x}_{\mathrm{d}_{[k]}}\|_{\boldsymbol{Q}_{[k]}}^{2}+\|\boldsymbol{u}_{[k]}\|_{\boldsymbol{R}_{[k]}}^{2}) \tag{3.3.17}$$

> 需要注意的是，对于这一案例，式(3.3.17)所表达的性能指标存在一定的矛盾。假如无人机的控制目标是悬停在某一高度，此时的动力应该与重力相同，即 $\boldsymbol{u}_{[k]}=g$。而式(3.3.17)中以 $\|\boldsymbol{u}_{[k]}\|_{\boldsymbol{R}_{[k]}}^{2}$ 作为代价则会将输入 $\boldsymbol{u}_{[k]}$ 推向 0。因此在选取控制量代价时要具体问题具体分析。详细分析请参考第 4 章 4.5 节。

3.4 本章重点公式总结

常见二次型性能指标与符号说明

<table>
<tr><th rowspan="2">类型</th><th colspan="2">二次型性能指标</th><th rowspan="2">符号说明</th></tr>
<tr><th>离散型</th><th>连续型</th></tr>
<tr><td>最短时间</td><td>$J=\sum_{k=0}^{N}1=N$</td><td>$J=\int_{t_0}^{t_\mathrm{f}}\mathrm{d}t=t_\mathrm{f}-t_0$</td><td rowspan="6">$N$：末端时刻
t_f：末端时间
t_0：初始时间
$\boldsymbol{x}$：状态变量
$\boldsymbol{x}_\mathrm{d}$：目标变量
$\boldsymbol{S}$：末端状态权重矩阵，半正定
$\boldsymbol{Q}$：运行状态权重矩阵，半正定
$\boldsymbol{R}$：输入量权重矩阵，正定</td></tr>
<tr><td>末端控制</td><td>$J=\Vert\boldsymbol{x}_{[N]}-\boldsymbol{x}_{\mathrm{d}_{[N]}}\Vert_{\boldsymbol{S}}^2$</td><td>$J=\Vert\boldsymbol{x}_{(t_\mathrm{f})}-\boldsymbol{x}_{\mathrm{d}(t_\mathrm{f})}\Vert_{\boldsymbol{S}}^2$</td></tr>
<tr><td>最小控制量</td><td>$J=\sum_{k=0}^{N}\Vert\boldsymbol{u}_{[k]}\Vert_{\boldsymbol{R}_{[k]}}^2$</td><td>$J=\int_{t_0}^{t_\mathrm{f}}\Vert\boldsymbol{u}_{(t)}\Vert_{\boldsymbol{R}_{(t)}}^2\mathrm{d}t$</td></tr>
<tr><td>轨迹追踪</td><td>$J=\sum_{k=0}^{N}\Vert\boldsymbol{x}_{[k]}-\boldsymbol{x}_{\mathrm{d}_{[k]}}\Vert_{\boldsymbol{Q}_{[k]}}^2$</td><td>$J=\int_{t_0}^{t_\mathrm{f}}\Vert\boldsymbol{x}_{(t)}-\boldsymbol{x}_{\mathrm{d}(t)}\Vert_{\boldsymbol{Q}_{(t)}}^2\mathrm{d}t$</td></tr>
<tr><td>综合问题</td><td>$J=\Vert\boldsymbol{x}_{[N]}-\boldsymbol{x}_{\mathrm{d}_{[N]}}\Vert_{\boldsymbol{S}}^2+\sum_{k=0}^{N-1}(\Vert\boldsymbol{x}_{[k]}-\boldsymbol{x}_{\mathrm{d}_{[k]}}\Vert_{\boldsymbol{Q}_{[k]}}^2+\Vert\boldsymbol{u}_{[k]}\Vert_{\boldsymbol{R}_{[k]}}^2)$</td><td>$J=\Vert\boldsymbol{x}_{(t_\mathrm{f})}-\boldsymbol{x}_{\mathrm{d}(t_\mathrm{f})}\Vert_{\boldsymbol{S}}^2+\int_{t_0}^{t_\mathrm{f}}(\Vert\boldsymbol{x}_{(t)}-\boldsymbol{x}_{\mathrm{d}(t)}\Vert_{\boldsymbol{Q}_{(t)}}^2+\Vert\boldsymbol{u}_{(t)}\Vert_{\boldsymbol{R}_{(t)}}^2)\mathrm{d}t$</td></tr>
<tr><td>调节问题</td><td>$J=\Vert\boldsymbol{x}_{[N]}\Vert_{\boldsymbol{S}}^2+\sum_{k=0}^{N-1}(\Vert\boldsymbol{x}_{[k]}\Vert_{\boldsymbol{Q}_{[k]}}^2+\Vert\boldsymbol{u}_{[k]}\Vert_{\boldsymbol{R}_{[k]}}^2)$</td><td>$J=\Vert\boldsymbol{x}_{(t_\mathrm{f})}\Vert_{\boldsymbol{S}}^2+\int_{t_0}^{t_\mathrm{f}}(\Vert\boldsymbol{x}_{(t)}\Vert_{\boldsymbol{Q}_{(t)}}^2+\Vert\boldsymbol{u}_{(t)}\Vert_{\boldsymbol{R}_{(t)}}^2)\mathrm{d}t$</td></tr>
</table>

动态规划与线性二次型调节器

本章将讨论基于贝尔曼最优化理论的动态规划方法以及线性二次型调节器。动态规划是一种针对最优控制问题的优化方法，它将问题分解为一系列子问题，并使用递归的方式求解这些子问题，最终得到最优解。本章将首先介绍动态规划的基本原理和贝尔曼最优化理论的核心概念，然后讨论如何使用数值方法求解动态规划问题。

在讨论动态规划方法的同时，本章还将专注于线性系统和使用二次型作为性能指标的最优控制问题。我们将介绍连续型以及离散型系统解析解的求解方法，通过计算系统的状态反馈增益矩阵，实现对系统性能的优化控制。同时，本章也会详细讨论如何实现非零参考点控制，即轨迹追踪控制。最后，将以无人机高度控制作为案例详细说明线性二次型调节器的构建与使用。

本章的学习目标包括：

- 理解动态规划的概念。
- 掌握动态规划的数值求解方法。
- 掌握线性二次型调节器的控制方法，学习线性二次型调节器的设计原理和应用方法，包括离散形式和连续形式的线性二次型调节器。
- 掌握轨迹追踪问题的控制方法，学习如何通过矩阵变换将轨迹追踪控制问题转换为调节控制问题，并了解不同参数对控制表现的影响。

4.1 贝尔曼最优化理论

动态规划（dynamic programming）的名字里面有一个 programming，虽然在这里并非指编程（而是指规划），但是可以从编程的思路来理解它。此方法是建立在理查德·贝尔曼（Richard Bellman）于 20 世纪 50 年代提出的最优化理论的基础上的，并应用于多个领域，包括航空工程和经济学等。贝尔曼最优化理论的英文原文是这样描述的：

An optimal policy has the property that whatever the initial state and initial decision are, the remaining decisions must constitute an optimal policy with regard to the state resulting from the first decision.

这段话主要包含两个重要部分：第一，不管初始状态是什么，也不管初始控制决策是什么；第二，剩余的决策一定要符合最优策略。

动态规划就是贝尔曼最优化控制的一个方法。下面通过一个最短路径的例子来直观地讲解动态规划。如图 4.1.1 所示，图中的起点是 A 点，目的地是 C 点，在 A、C 两点之间存在一个正方形的障碍物。线段上的数字表示距离，目标是找到一条从起点出发到终点的最短路径。

从 A 点到 C 点有两条最短路径，分别为路径一 $A-B-D-E-C(1+2+1+2=6)$ 和路径二 $A-B-F-G-C(1+2+1+2=6)$。由贝尔曼最优化理论可知，从这两条最短路径的任意一点出发，后续的路径都是最优的。例如初始点的位置在 D 点，从 D 点到 C 点的最优路径必然与路径一的后半段重合，即 $D-E-C(1+2=3)$，而不会是一条新的路径，如 $D-E-G-C(1+1+2=4)$。同理，如果初始位置在 F 点，则它到 C 点的最优路径必定与路径二的后半段重合，即 $F-G-C(1+2=3)$。

如果由于某种原因，从 A 点出发后走到了 H 点，那么此刻的最优路径就是 $A-B-H-E-C(1+5+2+2=10)$，它也与路径一中的最后一段 $E-C$ 重合。虽然 $A-B-H-E-C$ 并不是全局的最优解，但是当初始位置在 H 点时，这条路径便是当前初始位置条件下的最优解。

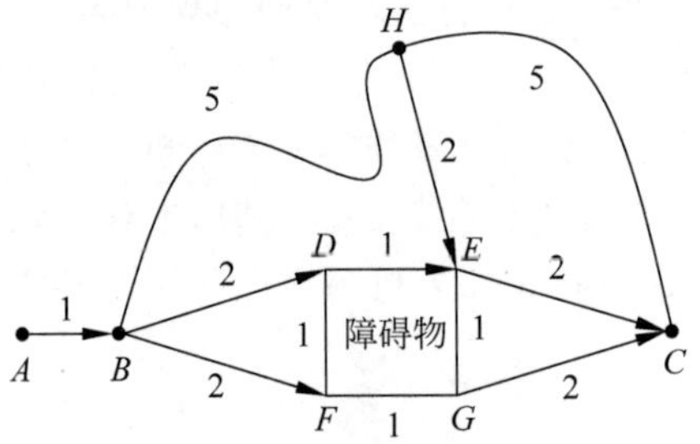

图 4.1.1 最短路径图例

> 贝尔曼最优化理论充分体现了“动态”的概念，动态规划是面向未来的。这意味着不论前面的选择是否为最优，在以当下时刻为初始状态时，后续的决策一定都是最优的决策。最优路径在最后的阶段总会“殊途同归”。

4.2 数值方法

本节将通过一个例子深入分析并详细讲解如何将动态规划的理念运用在控制问题中，并且使用数值求解的方法得到最优控制解。

4.2.1 问题提出——无人机高度控制

考虑图 4.2.1 所示的无人机高度控制案例。在第 3 章 3.3 节中已经得到其动态方程为

$$m\frac{\mathrm{d}^2 h_{(t)}}{\mathrm{d}t^2}=f_{(t)}-mg \tag{4.2.1a}$$

其输入与状态变量分别为：

$$\boldsymbol{u}_{(t)}=\frac{f_{(t)}}{m} \tag{4.2.1b}$$

$$\boldsymbol{x}_{(t)}=\begin{bmatrix}x_{1_{(t)}}\\x_{2_{(t)}}\end{bmatrix}=\begin{bmatrix}h_{(t)}\\\dfrac{\mathrm{d}h_{(t)}}{\mathrm{d}t}\end{bmatrix} \tag{4.2.1c}$$

其中，$x_{1_{(t)}}$ 表示高度；$x_{2_{(t)}}=\dfrac{\mathrm{d}h_{(t)}}{\mathrm{d}t}=v_{(t)}$ 表示速度。假设无人机的质量为 $m=1\mathrm{kg}$，重力加速度为 $g=10\mathrm{m/s^2}$，代入式(4.2.1a)可得无人机的加速度

$$\frac{\mathrm{d}^2h_{(t)}}{\mathrm{d}t^2}=a_{(t)}=(\boldsymbol{u}_{(t)}-g)=(\boldsymbol{u}_{(t)}-10) \tag{4.2.1d}$$

为了简化分析，在本节中设本系统的输入为

$$u_{a_{(t)}}=(\boldsymbol{u}_{(t)}-10) \tag{4.2.1e}$$

在本例中，u_a 作为标量处理，即无人机的加速度。

考虑以下控制场景：控制无人机在**最短的时间**内从地面 $x_{1_{(t_0)}}=0\mathrm{m}$ 上升到 $x_{1_{(t_f)}}=10\mathrm{m}$ 的高度，并且保证无人机在静止位置出发，在达到目标高度的同时速度降为 $0\mathrm{m/s}$，即 $x_{2_{(t_0)}}=x_{2_{(t_f)}}=0\mathrm{m/s}$。$t_0$ 为初始时间，t_f 为末端时间。

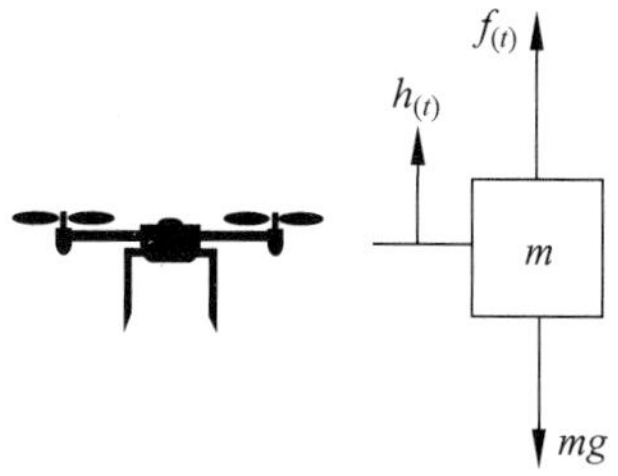

图 4.2.1 无人机高度控制案例

同时为无人机设置约束条件为：

$$-3\mathrm{m/s^2}\leqslant u_{a_{(t)}}\leqslant 2\mathrm{m/s^2} \tag{4.2.2a}$$

$$0\mathrm{m/s}\leqslant x_{2_{(t)}}\leqslant 3\mathrm{m/s} \tag{4.2.2b}$$

这一约束条件限制了无人机的加速度和速度。综合起来便构成了带有约束的最优控制问题。

4.2.2 暴力算法

对于求解最短时间的最优化问题，其性能指标可以定义为

$$J=\int_{t_0}^{t_f}\mathrm{d}t=t_f-t_0 \tag{4.2.3}$$

其中，t_0 为初始时间，t_f 为末端时间。此时的控制目标是找到合适的 $u_{(t)}$，使得性能指标 J 最小且满足式(4.2.2)的约束条件。这个看似简单的问题处理起来并不容易，这是因为“时间”并不是系统的状态变量(不能够简单地使用控制量来表达)。为了解决这个问题，我们可以从动态规划的本质入手，通过数值模拟的方法找到最优解。

首先将该系统进行离散化分析，如图 4.2.2(a)所示，横轴是速度的离散，纵轴是高度的离散。在本小节中，为了便于分析讲解，高度 $x_{1_{(t)}}$ 将以 2m 的间隔划分(离散)为 5 个区间，因此离散后的高度有 $n_{x_1}=6$ 个节点；速度 $x_{2_{(t)}}$ 将以 1m/s 划分(离散)为 3 个区间，因此离散后的速度有 $n_{x_2}=4$ 个节点。无人机起点与终点的位置是固定的，在图中显示为两个实心的节点 $[0\quad 0]^{\mathrm{T}}$ 与 $[10\quad 0]^{\mathrm{T}}$。图中的空心圆圈则表示了无人机所有的可能状态，可以预见，如果离散区间更小，就会有更多的可能状态。

图 4.2.2(a)中的虚线显示了一条无人机可能的行进轨迹，如果按照这一轨迹运行，它

(a) 离散化　　　　　　　　　(b) 暴力算法（穷举法）

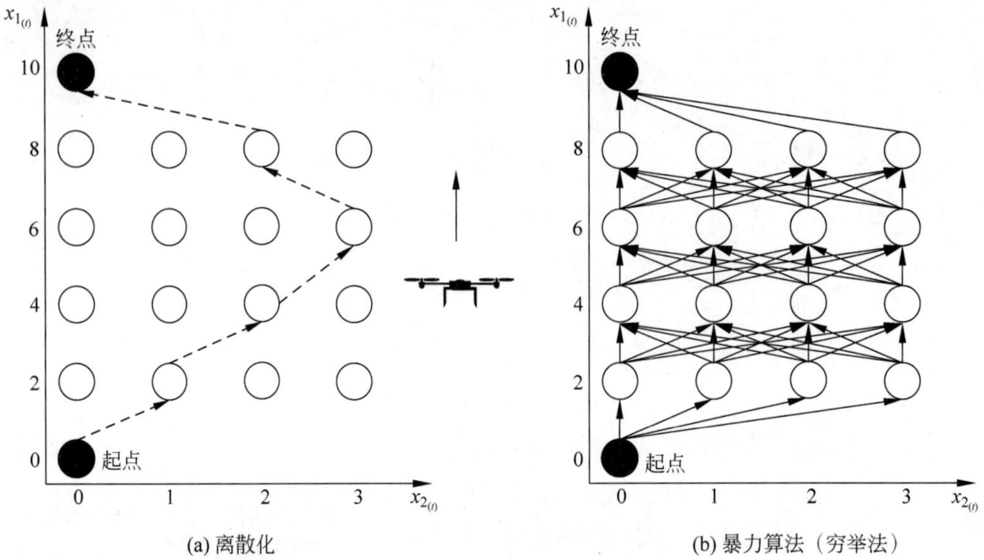

图 4.2.2　无人机高度控制案例离散图

将从起点 $[0\ \ 0]^\mathrm{T}$ 出发,在高度 2m 的时候速度为 1m/s;接着上升到 4m 的位置,此时速度为 2m/s。以此类推,完整的运行轨迹为 $[0\ \ 0]^\mathrm{T}\to[2\ \ 1]^\mathrm{T}\to[4\ \ 2]^\mathrm{T}\to[6\ \ 3]^\mathrm{T}\to[8\ \ 2]^\mathrm{T}\to$ $[10\ \ 0]^\mathrm{T}$。为了找到时间最短的一条路径,最简单的办法就是将所有可能的路径都标注出来,采用暴力求解的算法(穷举法)计算每一条路径所需的时间。如图 4.2.2(b)所示,在不考虑约束的条件下,从起点到 2m 的高度时有 $n_{x_2}=4$ 条可行路径。之后每一个高度区间的每一个节点都有 $n_{x_2}=4$ 条可行路径。因此,使用穷举法,从起点到终点一共存在

$$n_{x_2}^{(n_{x_1}-2)}=4^{(6-2)}=256 \tag{4.2.4}$$

条可行的路径。这意味着暴力算法需要计算并存储 256 组结果,之后将其中不满足约束条件的路径过滤掉,再对所有可行路径所需的时间进行比较,选择最短的时间作为最优结果。观察式(4.2.4)可以发现,随着高度离散区间(在动态规划里也称为**级(stage)**)的增加,运算的次数呈指数增长,对于本例,如果将总长度离散为 $n_{x_1}=100$ 个区间(高度控制分辨率为 0.1m),速度离散为 $n_{x_2}=500$ 个区间,使用穷举法将需要分析惊人的 1.9×10^{267} 条路经,因此暴力算法很难应用在实时控制中。

4.2.3　逆向分级求解方法

使用动态规划的算法可以有效地提高运算效率,如 4.1 节中的例子所说明的,最优路径在最后的阶段总会殊途同归。根据这一思想,可以采用**逆向分级(backward multi stages)**的分析方法,将原问题分解为若干子问题(级)进行求解,可以有效地避免重复的计算。在本例中,级是通过高度 $x_{1_{(t)}}$ 划分的,每一级之间的距离为 $\Delta x_1=2\mathrm{m}$。在离散系统中,控制量 $u_{a_{(t)}}$ 在两级之间保持不变,即无人机加速度保持不变,因此速度的变化是线性的,在两级之间的平均速度为

$$v_{\text{avg}_{[k\to k+1]}}=\frac{1}{2}(v_{[k]}+v_{[k+1]})=\frac{1}{2}(x_{2_{[k]}}+x_{2_{[k+1]}}) \tag{4.2.5a}$$

其中，$x_{2_{[k]}}$ 和 $x_{2_{[k+1]}}$ 是无人机在 k 级和 $k+1$ 级的速度，使用方括号代表离散变量。因此无人机从 k 级到 $k+1$ 级所需要的时间为

$$\Delta t_{[k\to k+1]}=\frac{\Delta x_1}{v_{\text{avg}_{[k\to k+1]}}}=\frac{2\Delta x_1}{x_{2_{[k]}}+x_{2_{[k+1]}}} \tag{4.2.5b}$$

k 级到 $k+1$ 级系统的控制量即加速度为

$$u_{a_{[k\to k+1]}}=\frac{v_{[k+1]}-v_{[k]}}{\Delta t_{[k\to k+1]}}=\frac{x_{2_{[k+1]}}-x_{2_{[k]}}}{\dfrac{2\Delta x_1}{x_{2_{[k]}}+x_{2_{[k+1]}}}}=\frac{x_{2_{[k+1]}}^2-x_{2_{[k]}}^2}{2\Delta x_1} \tag{4.2.5c}$$

对于本例，一共有 $n_{x_1}=6$ 级。从最后一级($k=6$)开始入手分析，此时无人机的状态变量 $\boldsymbol{x}_{[6]}=\begin{bmatrix}x_{1_{[6]}} & x_{2_{[6]}}\end{bmatrix}^{\mathrm{T}}=[10\quad 0]^{\mathrm{T}}$。当 $k=5$ 时，系统的状态变量有 4 种选择，分别为 $\boldsymbol{x}_{[5\_1]}=[8\quad 0]^{\mathrm{T}}$、$\boldsymbol{x}_{[5\_2]}=[8\quad 1]^{\mathrm{T}}$、$\boldsymbol{x}_{[5\_3]}=[8\quad 2]^{\mathrm{T}}$、$\boldsymbol{x}_{[5\_4]}=[8\quad 3]^{\mathrm{T}}$。下面可以计算出每一条路径所需的时间 $\Delta t_{[5\_i\to 6]}$ 以及控制量 $u_{a_{[5\_i\to 6]}}$。首先分析从 $\boldsymbol{x}_{[5\_1]}$ 出发到 $\boldsymbol{x}_{[6]}$，根据式(4.2.5b)与式(4.2.5c)，可得

$$\Delta t_{[5\_1\to 6]}=\frac{2\Delta x_1}{x_{2_{[5\_1]}}+x_{2_{[6]}}}=\frac{4}{0+0}=\infty \tag{4.2.6a}$$

$$u_{a_{[5\_1\to 6]}}=\frac{x_{2_{[6]}}^2-x_{2_{[5\_1]}}^2}{2\Delta x_1}=\frac{0-0}{4}=0 \tag{4.2.6b}$$

同理，其他 3 个节点到终点的时间以及控制量分别为：

$$\Delta t_{[5\_2\to 6]}=\frac{2\Delta x_1}{x_{2_{[5\_2]}}+x_{2_{[6]}}}=\frac{4}{1+0}=4 \tag{4.2.6c}$$

$$u_{a_{[5\_2\to 6]}}=\frac{x_{2_{[6]}}^2-x_{2_{[5\_2]}}^2}{2\Delta x_1}=\frac{0-1}{4}=-\frac{1}{4} \tag{4.2.6d}$$

$$\Delta t_{[5\_3\to 6]}=\frac{2\Delta x_1}{x_{2_{[5\_3]}}+x_{2_{[6]}}}=\frac{4}{2+0}=2 \tag{4.2.6e}$$

$$u_{a_{[5\_3\to 6]}}=\frac{x_{2_{[6]}}^2-x_{2_{[5\_3]}}^2}{2\Delta x_1}=\frac{0-4}{4}=-1 \tag{4.2.6f}$$

$$\Delta t_{[5\_4\to 6]}=\frac{2\Delta x_1}{x_{2_{[5\_4]}}+x_{2_{[6]}}}=\frac{4}{3+0}=\frac{4}{3} \tag{4.2.6g}$$

$$u_{a_{[5\_4\to 6]}}=\frac{x_{2_{[6]}}^2-x_{2_{[5\_4]}}^2}{2\Delta x_1}=\frac{0-9}{4}=-\frac{9}{4} \tag{4.2.6h}$$

检查式(4.2.2)的约束条件，式(4.2.6)中的控制量都在约束范围内，因此都可以实现。对于这个系统，根据式(4.2.3)所表达的性能指标，从每一个 $k=5$ 级节点到终点的性能指标

如下：

$$J^*_{[5\_1\to6]}=\Delta t_{[5\_1\to6]}=\infty \tag{4.2.7a}$$

$$J^*_{[5\_2\to6]}=\Delta t_{[5\_2\to6]}=4 \tag{4.2.7b}$$

$$J^*_{[5\_3\to6]}=\Delta t_{[5\_3\to6]}=2 \tag{4.2.7c}$$

$$J^*_{[5\_4\to6]}=\Delta t_{[5\_4\to6]}=\frac{4}{3} \tag{4.2.7d}$$

J^* 被称为**剩余代价**(cost to go)，表示从某一节点到终点的最小代价值。其对应的控制量也可以写成 $u^*_{a_{[5\_i\to6]}}$，即最优控制量(称其为最优是因为从这一节点出发到终点的路径没有其他的选择)。将剩余代价与最优控制量标在图中，如图 4.2.3 所示。

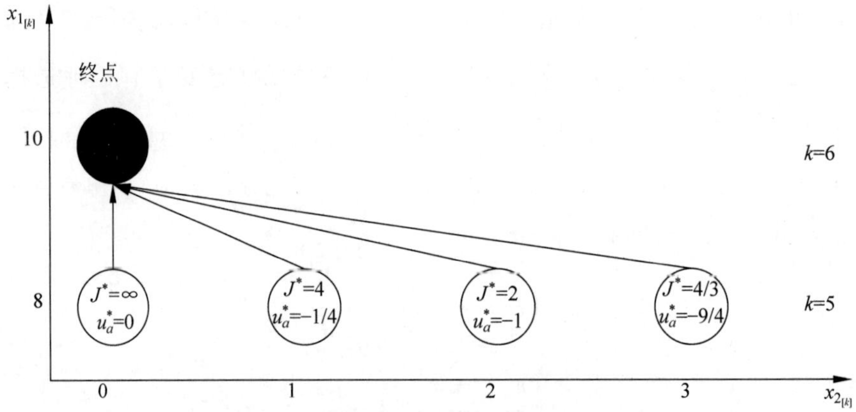

图 4.2.3　第 5 级到第 6 级的剩余代价和控制量

继续逆向从 $k=5$ 级到 $k=4$ 级进行分析，这一级将比上一级的分析复杂很多。当 $k=4$ 时，系统的状态变量有 4 种选择，分别为 $\boldsymbol{x}_{[4\_1]}=[6\quad 0]^{\mathrm{T}}$、$\boldsymbol{x}_{[4\_2]}=[6\quad 1]^{\mathrm{T}}$、$\boldsymbol{x}_{[4\_3]}=[6\quad 2]^{\mathrm{T}}$、$\boldsymbol{x}_{[4\_4]}=[6\quad 3]^{\mathrm{T}}$。以第 1 个节点 $\boldsymbol{x}_{[4\_1]}$ 为例进行计算，从它出发到 $\boldsymbol{x}_{[5\_i]}$ 节点的时间和控制量分别为：

$$\Delta t_{[4\_1\to5\_1]}=\frac{2\Delta x_1}{x_{2_{[4\_1]}}+x_{2_{[5\_1]}}}=\frac{4}{0+0}=\infty \tag{4.2.8a}$$

$$u_{a_{[4\_1\to5\_1]}}=\frac{x^2_{2_{[5\_1]}}-x^2_{2_{[4\_1]}}}{2\Delta x_1}=\frac{0-0}{4}=0 \tag{4.2.8b}$$

$$\Delta t_{[4\_1\to5\_2]}=\frac{2\Delta x_1}{x_{2_{[4\_1]}}+x_{2_{[5\_2]}}}=\frac{4}{1+0}=4 \tag{4.2.8c}$$

$$u_{a_{[4\_1\to5\_2]}}=\frac{x^2_{2_{[5\_2]}}-x^2_{2_{[4\_1]}}}{2\Delta x_1}=\frac{1-0}{4}=\frac{1}{4} \tag{4.2.8d}$$

$$\Delta t_{[4\_1\to5\_3]}=\frac{2\Delta x_1}{x_{2_{[4\_1]}}+x_{2_{[5\_3]}}}=\frac{4}{0+2}=2 \tag{4.2.8e}$$

$$u_{a_{[4\_1\to5\_3]}}=\frac{x_{2_{[5\_3]}}^2-x_{2_{[4\_1]}}^2}{2\Delta x_1}=\frac{4-0}{4}=1 \tag{4.2.8f}$$

$$\Delta t_{[4\_1\to5\_4]}=\frac{2\Delta x_1}{x_{2_{[4\_1]}}+x_{2_{[5\_4]}}}=\frac{4}{3+0}=\frac{4}{3} \tag{4.2.8g}$$

$$u_{a_{[4\_1\to5\_4]}}=\frac{x_{2_{[5\_4]}}^2-x_{2_{[4\_1]}}^2}{2\Delta x_1}=\frac{9-0}{4}=\frac{9}{4} \tag{4.2.8h}$$

结合式(4.2.7),从 $\boldsymbol{x}_{[4\_1]}$ 这一节点出发到终点 $\boldsymbol{x}_{[6]}$ 的总代价为:

$$J_{[4\_1\to5\_1\to6]}=\Delta t_{[4\_1\to5\_1]}+J_{[5\_1\to6]}^*=\infty+\infty=\infty \tag{4.2.9a}$$

$$J_{[4\_1\to5\_2\to6]}=\Delta t_{[4\_1\to5\_2]}+J_{[5\_2\to6]}^*=4+4=8 \tag{4.2.9b}$$

$$J_{[4\_1\to5\_3\to6]}=\Delta t_{[4\_1\to5\_3]}+J_{[5\_3\to6]}^*=2+2=4 \tag{4.2.9c}$$

$$J_{[4\_1\to5\_4\to6]}=\Delta t_{[4\_1\to5\_4]}+J_{[5\_4\to6]}^*=\frac{4}{3}+\frac{4}{3}=\frac{8}{3} \tag{4.2.9d}$$

其中代价最小的是式(4.2.9d),但是其对应的控制量为式(4.2.8h)中的 $u_{a_{[4\_1\to5\_4]}}=\frac{9}{4}>2$,不满足式(4.2.2a)的约束条件,因此不可以选用。综上分析,从第 4 级节点 $\boldsymbol{x}_{[4\_1]}$ 到终点的剩余代价为

$$J_{[4\_1\to5\_3\to6]}^*=\Delta t_{[4\_1\to5\_3]}+J_{[5\_3\to6]}^*=4 \tag{4.2.9e}$$

从 $\boldsymbol{x}_{[4\_1]}$ 节点到第 5 级的最优控制量为

$$u_{a_{[4\_1\to5\_3]}}^*=u_{a_{[4\_1\to5\_3]}}^*=1 \tag{4.2.9f}$$

将最优的剩余代价与最优控制量标在相对应的节点中,对于 $\boldsymbol{x}_{[4\_1]}$ 节点,我们分析了 4 条路径,但只保留其中 1 条最优的结果,存入图 4.2.4(a)中。用同样的方法,可以计算出第 4 级其他节点中的剩余代价与最优控制量,如图 4.2.4(b)~(d)所示(实线箭头为保存的最优路径)。

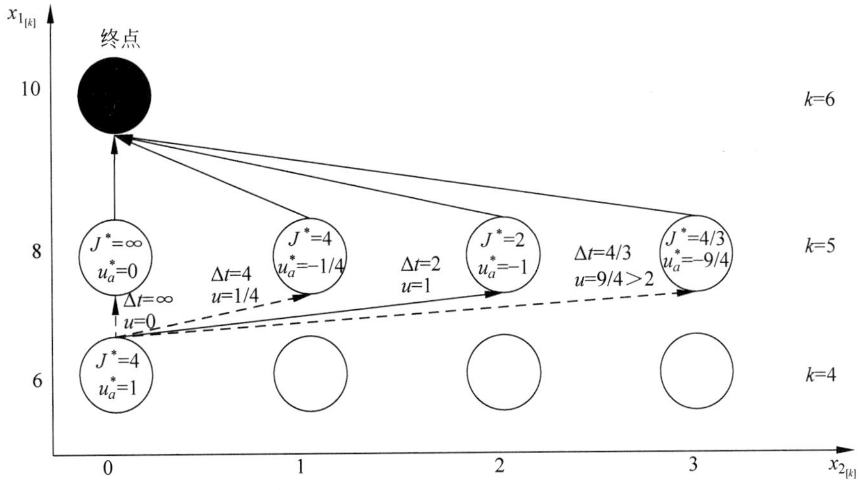

(a) 状态变量初始位置为 $\boldsymbol{x}_{[4\_1]}=[6\ \ 0]^{\mathrm{T}}$

图 4.2.4 第 4 级到第 5 级的剩余代价和控制量

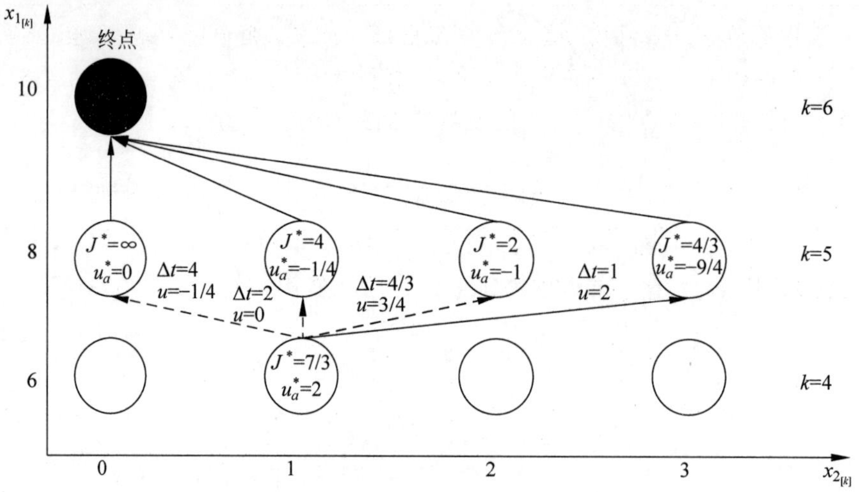

(b) 状态变量初始位置为$\boldsymbol{x}_{[4_2]}=[6\ \ 1]^{\mathrm{T}}$

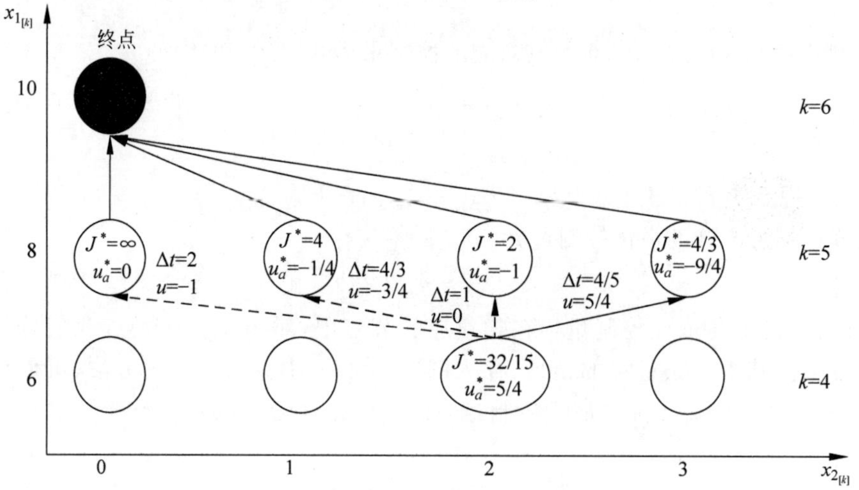

(c) 状态变量初始位置为$\boldsymbol{x}_{[4_3]}=[6\ \ 2]^{\mathrm{T}}$

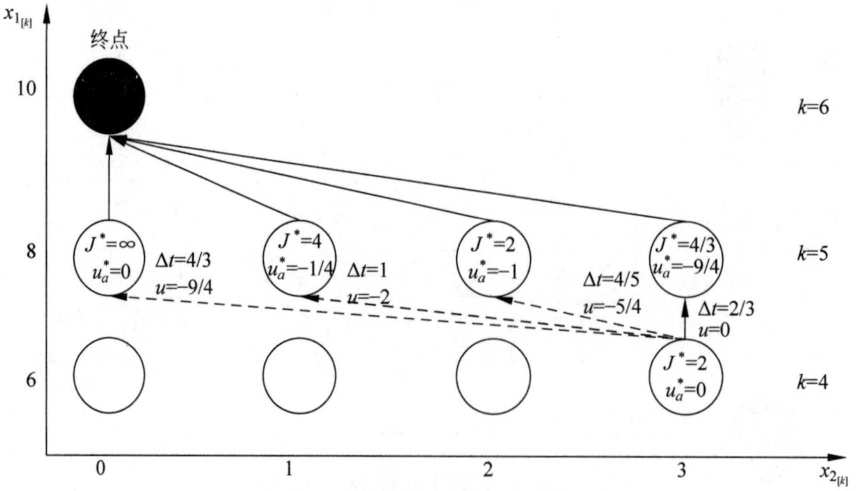

(d) 状态变量初始位置为$\boldsymbol{x}_{[4_4]}=[6\ \ 3]^{\mathrm{T}}$

图 4.2.4 （续）

以上操作是动态规划的核心算法。计算出每一个节点所有的可能性，但只保留下最优的一组作为剩余代价。在下一级的计算中，只需要考虑上一级的剩余代价，因为无论前面发生了什么，这一特定节点到终点的最优路径已经确定了。

以此类推，可以计算得到每一级的最优剩余代价以及其对应的最优控制量，系统的最终解如图 4.2.5 所示，其中实线为从起点到终点的最优路径。与暴力算法相比，可以发现动态规划在两极之间需要计算 $n_{x_2}^2$ 条路径，增加一级计算量就会增加 $n_{x_2}^2$ 条，对于本例，因为其初始状态与终点状态是固定的，所以一共需要计算

$$(n_{x_1}-2)n_{x_2}^2+2\times n_{x_2}=(6-2)\times 4^2+2\times 4=72 \tag{4.2.10}$$

条路径，与式(4.2.4)的暴力算法相比，它与级数 n_{x_1} 呈线性关系，因此计算效率和存储空间都会得到很大的改进。例如在本例中，将总长度离散为 $n_{x_1}=100$ 个区间(高度控制分辨率为 0.1m)，速度离散为 $n_{x_2}=500$ 个区间，使用动态规划需要计算 2.4×10^7 条路经，相比于暴力算法(1.9×10^{267} 条路径)，运算效率得到了极大的优化。

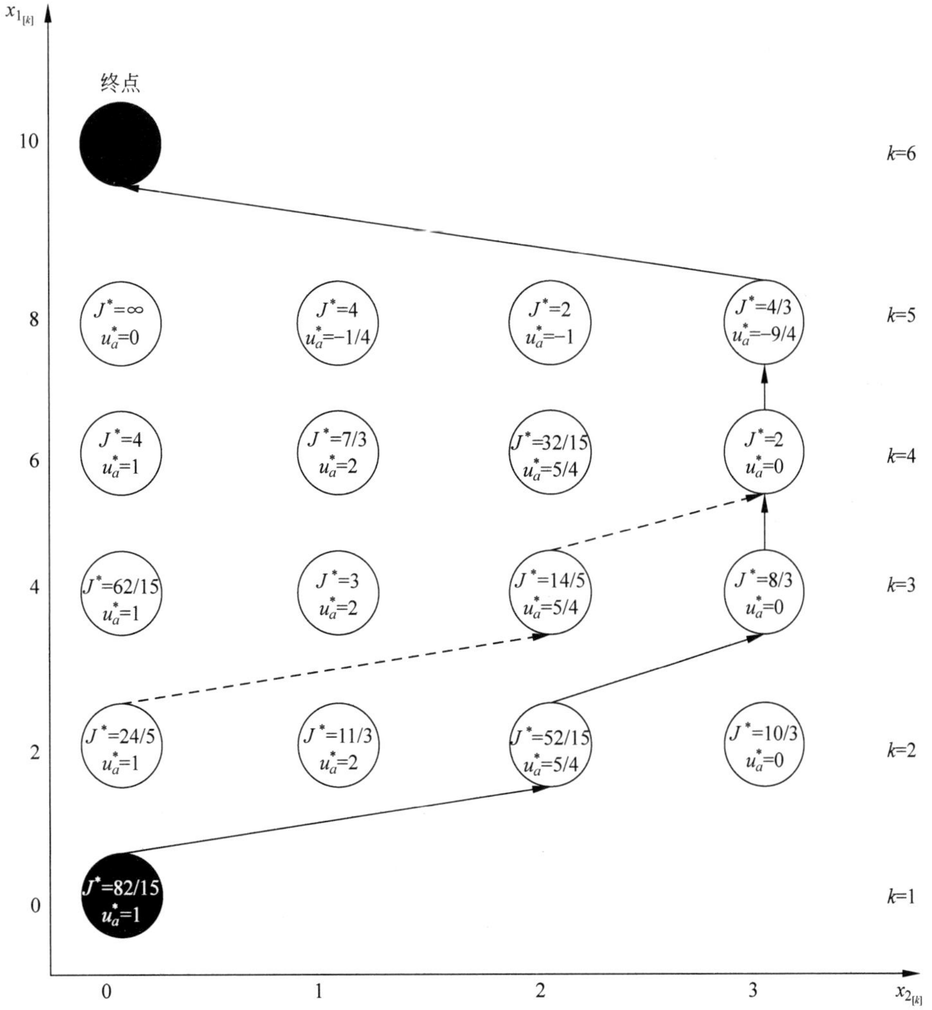

图 4.2.5 无人机系统离散化(最短时间路径)

4.2.4 动态规划查表法

在上述分析中,所有的计算都是可以提前离线完成的。将计算的结果列在图 4.2.5 中就构建了一个 6×4 的表格。在这个表格建立好之后,控制算法就可以通过实时查表来实现。查找状态变量在表格中所对应的位置就可以得到其最优的控制量。当无人机从起点 $[0\quad 0]^{\mathrm{T}}$ 出发时,它将迅速加速到 $[2\quad 2]^{\mathrm{T}}$ 的节点,继续加速并升到 $[4\quad 3]^{\mathrm{T}}$ 后保持 3m/s 的速度直到高度达到 8m,最后减速并停在 $[10\quad 0]^{\mathrm{T}}$ 这一位置。可以观察到在当前的离散步长下,系统的最优时间为 82/15≈5.47 秒。如果无人机由于某种原因在 2m 的位置突然失速(状态变量为 $[2\quad 0]^{\mathrm{T}}$),那么从这一节点开始的最优路径如图 4.2.5 中虚线所示,可以发现经过两级之后,它还是会与最优路径重合。

> 在一些参数固定的应用中,可以利用这个方法提前将表格计算好并存入控制器中。在实时控制时只需读取表格中的内容即可选择最优的控制策略。

希望通过上述分析,读者能够更好地理解动态规划的计算分析过程。当然,本场景为了方便通过手动计算来分析最优化理论并体现动态规划的过程,选择了较大的离散区间。我们可以利用计算机软件,选取更加精细的离散分级,从而得到更加精确的结果。图 4.2.6 显示了利用计算机编程仿真选取更加精细的离散步长(高度离散为 $n_{x_1}=100$,速度离散为 $n_{x_2}=500$)时系统的表现。

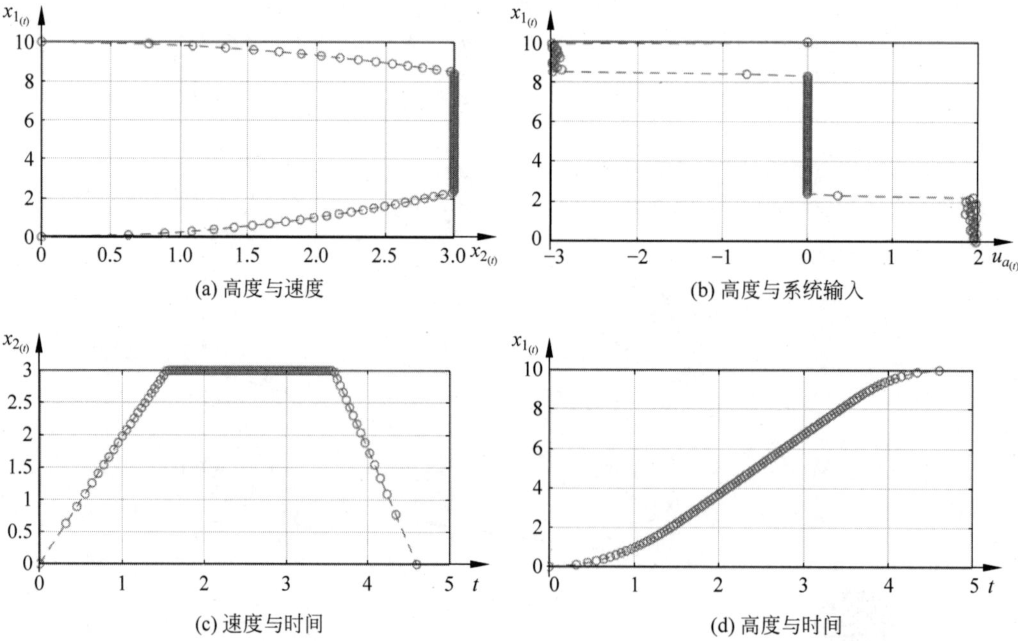

(a) 高度与速度　(b) 高度与系统输入

(c) 速度与时间　(d) 高度与时间

图 4.2.6 无人机最短用时仿真结果

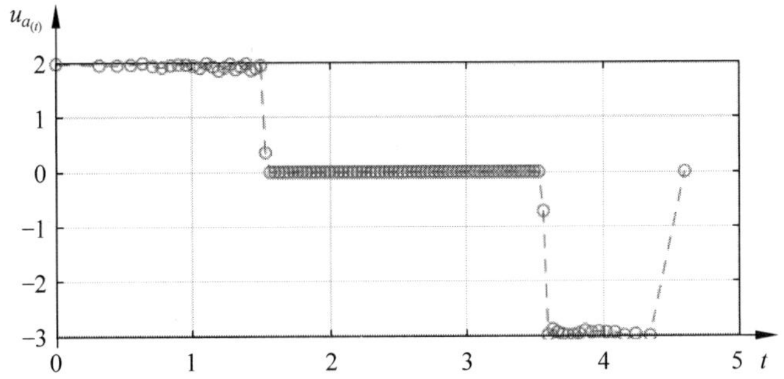

(e) 系统输入与时间

图 4.2.6 （续）

图 4.2.6(c)、(d)展示了以时间为横轴的结果，这样就可以更直观地看到无人机速度以及高度随时间的变化。图 4.2.6(c)所展示的加速、减速斜率说明无人机的减速能力强于加速能力，这是由系统约束式(4.2.2a)决定的。如图 4.2.6(d)所示，无人机的高度一直在上升，也显示了整个过程中无人机为了尽快达到目标高度，没有停止或者下降。同时，可以看到无人机达到 10m 高度的用时控制在了 5s 以内，这要比利用大的离散步计算得到的结果(5.47s)更加精确。

> 请参考代码 4.1：DP_Numerical_Test.m。

4.2.5 代码分析与编程技巧

本小节将简单讨论上述案例的编程技巧，在程序的编写过程中建议各位读者尽量使用矩阵运算代替循环运算，这样可以提高系统的运行效率，并且使程序更加简洁。根据上一小节的分析，在两级之间的所有路径共有 16 条。若使用循环语句，则需要循环计算 16 次。以无人机的速度为例，在编程中可以建立一个方阵来简化运算，令$\boldsymbol{v}_{\mathrm{d}}=[0 \quad 1 \quad 2 \quad 3]$，代表速度的离散。之后创建两个互为转置的矩阵：

$$\boldsymbol{v}_{\mathrm{d}x}=\begin{bmatrix}0&1&2&3\\0&1&2&3\\0&1&2&3\\0&1&2&3\end{bmatrix},\quad \boldsymbol{v}_{\mathrm{dy}}=\begin{bmatrix}0&0&0&0\\1&1&1&1\\2&2&2&2\\3&3&3&3\end{bmatrix} \tag{4.2.11}$$

根据式(4.2.5a)，此时的平均速度可以写成

$$\boldsymbol{v}_{\mathrm{avg}_{[k\to k+1]}}=\frac{1}{2}(\boldsymbol{v}_{\mathrm{d}x}+\boldsymbol{v}_{\mathrm{dy}})=\begin{bmatrix}0&1/2&1&3/2\\1/2&1&3/2&2\\1&3/2&2&5/2\\3/2&2&5/2&3\end{bmatrix} \tag{4.2.12a}$$

两个节点之间的移动时间为

$$\boldsymbol{\Delta t}_{[k\to k+1]}=\frac{\Delta x_1}{\boldsymbol{v}_{\mathrm{avg}_{[k\to k+1]}}}=\frac{2}{\begin{bmatrix}0 & 1/2 & 1 & 3/2\\ 1/2 & 1 & 3/2 & 2\\ 1 & 3/2 & 2 & 5/2\\ 3/2 & 2 & 5/2 & 3\end{bmatrix}}$$

$$=\begin{bmatrix}\infty & 4 & 2 & 4/3\\ 4 & 2 & 4/3 & 1\\ 2 & 4/3 & 1 & 4/5\\ 4/3 & 1 & 4/5 & 2/3\end{bmatrix} \tag{4.2.12b}$$

所需控制量(加速度)为

$$\boldsymbol{u}_{a_{[k\to k+1]}}=\frac{\boldsymbol{v}_{\mathrm{d}y}-\boldsymbol{v}_{\mathrm{d}x}}{\boldsymbol{\Delta t}}=\frac{\begin{bmatrix}0 & 0 & 0 & 0\\ 1 & 1 & 1 & 1\\ 2 & 2 & 2 & 2\\ 3 & 3 & 3 & 3\end{bmatrix}-\begin{bmatrix}0 & 1 & 2 & 3\\ 0 & 1 & 2 & 3\\ 0 & 1 & 2 & 3\\ 0 & 1 & 2 & 3\end{bmatrix}}{\begin{bmatrix}\infty & 4 & 2 & 4/3\\ 4 & 2 & 4/3 & 1\\ 2 & 4/3 & 1 & 4/5\\ 4/3 & 1 & 4/5 & 2/3\end{bmatrix}}$$

$$=\begin{bmatrix}0 & -1/4 & -1 & -9/4\\ 1/4 & 0 & -3/4 & -2\\ 1 & 3/4 & 0 & -5/4\\ 9/4 & 2 & 5/4 & 0\end{bmatrix} \tag{4.2.12c}$$

式(4.2.12)使用3个矩阵将两级中所有节点之间的关系表达出来。观察式(4.2.12c)，可以发现矩阵的对角线都是0，表示加速度为0，即两级之间速度没有变化。矩阵对角线两侧的数的绝对值是一样的，只不过一侧为负，另一侧为正。因此，根据数值的位置，我们可以这样理解，$\boldsymbol{v}_{\mathrm{d}x}$ 代表第 k 级的速度，$\boldsymbol{v}_{\mathrm{d}y}$ 代表第 $k+1$ 级的速度。例如，$\boldsymbol{v}_{\mathrm{d}x}$ 和 $\boldsymbol{v}_{\mathrm{d}y}$ 第一行第二列的数值分别是1和0，表示速度在两级之间从1降为0，反映在控制量(加速度)矩阵式(4.2.12c)的第一行第二列就是$-1/4$。使用矩阵的方式可以方便地提取所需要的数据。

图4.2.7显示了从8m(5级)到6m(4级)的完整编程思路。请读者自己尝试编程并与本书配套的代码进行比较。

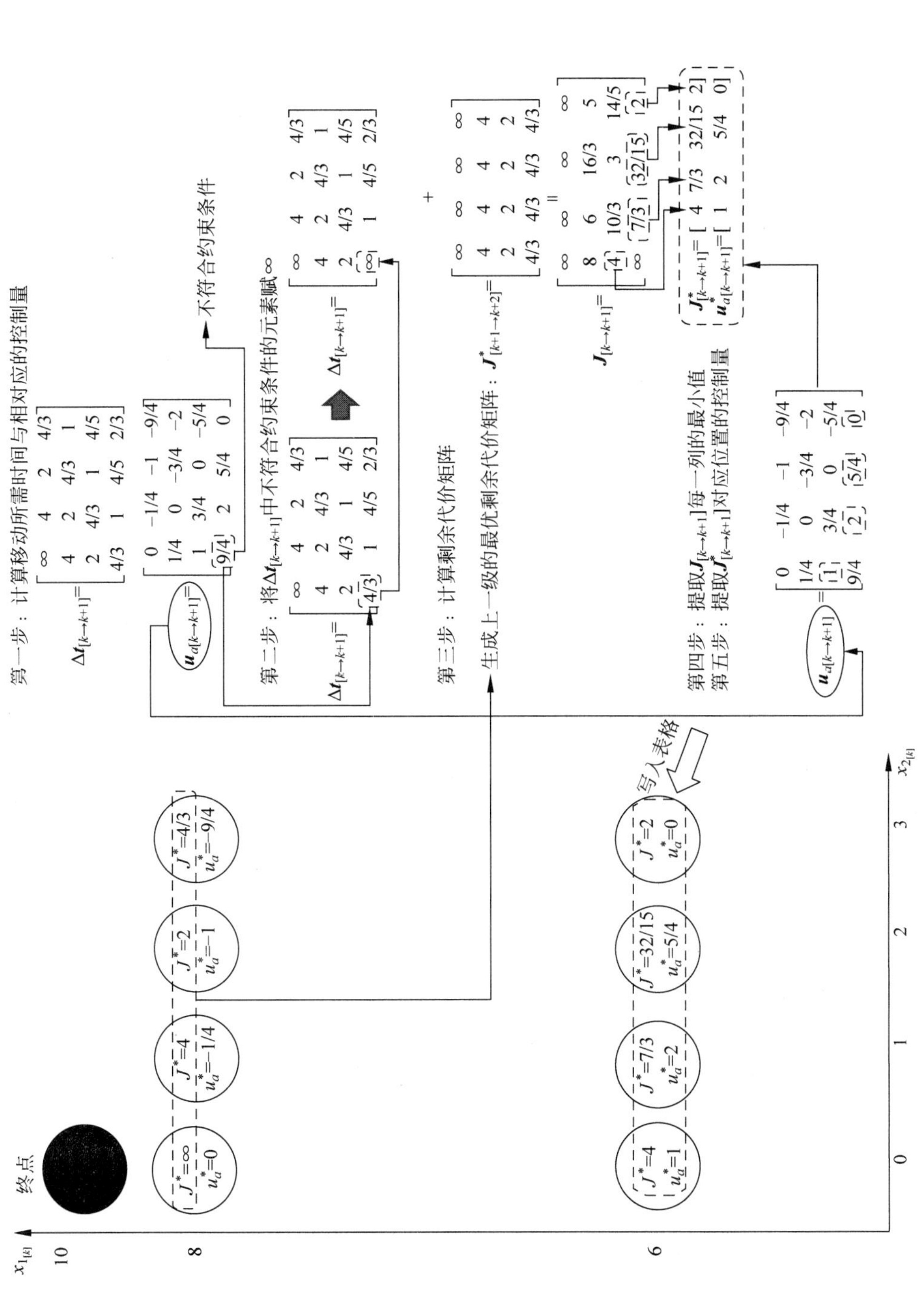
第一步：计算移动所需时间与相对应的控制量
不符合约束条件
第二步：将$\Delta t_{[k\to k+1]}$中不符合约束条件的元素赋∞
第三步：计算剩余代价矩阵
生成上一级的最优剩余代价矩阵：$J^*_{[k+1\to k+2]}$
第四步：提取$J_{[k\to k+1]}$每一列的最小值
第五步：提取$J^*_{[k\to k+1]}$对应位置的控制量
写入表格
终点

图 4.2.7　编程思路

4.3 解析方法——动态规划的递归关系

上一节通过数值求解的方法，直接通过编程的方式求解动态规划的最优控制问题，这一方法非常灵活和方便，可以应用于非线性系统或者线性系统，同时也可以处理含有约束的控制问题。但这种方法并不通用，针对每一个问题都需要具体分析。如果系统为线性时不变系统，则可以通过数学分析找到一个通用且准确的解析表达式。

4.3.1 动态规划的递归关系——离散系统

本小节将首先分析离散系统的最优控制方法，考虑一般形式的离散系统

$$\boldsymbol{x}_{[k+1]}=\boldsymbol{f}(\boldsymbol{x}_{[k]},\boldsymbol{u}_{[k]}) \tag{4.3.1}$$

其中，$\boldsymbol{x}_{[k]}$为状态变量，$\boldsymbol{u}_{[k]}$为系统输入(控制量)，$\boldsymbol{f}()$可能是线性或非线性方程。当状态变量从初始状态 $\boldsymbol{x}_{[0]}$ 向末端状态 $\boldsymbol{x}_{[N]}$ 运行时，定义其性能指标为

$$J=h(\boldsymbol{x}_{[N]})+\sum_{k=0}^{N-1}g(\boldsymbol{x}_{[k]},\boldsymbol{u}_{[k]}) \tag{4.3.2}$$

最优控制的目标是找到一系列合适的最优控制量 $u^*_{[0]},u^*_{[1]},\cdots,u^*_{[N-1]}$，使 J 最小。

采用逆向分级的思想，为不失一般性，从最后一级开始考虑，系统从 $k=N$ 运行到 $k=N$ 的代价，根据式(4.3.2)可得

$$J_{N\to N}(\boldsymbol{x}_{[N]})=h(\boldsymbol{x}_{[N]}) \tag{4.3.3}$$

> 需要说明的是，式(4.3.3)只是体现了系统的末端代价函数，当状态变量已经到达 $\boldsymbol{x}_{[N]}$ 后，$h(\boldsymbol{x}_{[N]})$不会发生变化。$J_{N\to N}(\boldsymbol{x}_{[N]})=h(\boldsymbol{x}_{[N]})$是 $k=N$ 时刻的唯一代价，当然也是这一时刻的“最优代价”(剩余代价)，因此，$J^*_{N-N}(\boldsymbol{x}_{[N]})=J_{N\to N}(\boldsymbol{x}_{[N]})=h(\boldsymbol{x}_{[N]})$。

继续推导，当 $k=N-1$ 时，代入式(4.3.2)得到系统从 $k=N-1$ 运行到末端 $k=N$ 时的代价为

$$\begin{aligned}J_{N-1\to N}(\boldsymbol{x}_{[N]},\boldsymbol{x}_{[N-1]},\boldsymbol{u}_{[N-1]})&=h(\boldsymbol{x}_{[N]})+\sum_{k=N-1}^{N-1}g(\boldsymbol{x}_{[k]},\boldsymbol{u}_{[k]})\\&=h(\boldsymbol{x}_{[N]})+g(\boldsymbol{x}_{[N-1]},\boldsymbol{u}_{[N-1]})\end{aligned} \tag{4.3.4}$$

它是 $\boldsymbol{x}_{[N]}$、$\boldsymbol{x}_{[N-1]}$、$\boldsymbol{u}_{[N-1]}$ 的函数。它包含了 $k=N$ 时刻的剩余代价 $J^*_{N-N}(\boldsymbol{x}_{[N]})=h(\boldsymbol{x}_{[N]})$。同时，根据式(4.3.1)，$\boldsymbol{x}_{[N]}=\boldsymbol{f}(\boldsymbol{x}_{[N-1]},\boldsymbol{u}_{[N-1]})$。代入式(4.3.4)可得

$$\begin{aligned}J_{N-1\to N}(\boldsymbol{x}_{[N-1]},\boldsymbol{u}_{[N-1]})&=J^*_{N-N}(\boldsymbol{x}_{[N]})+g(\boldsymbol{x}_{[N-1]},\boldsymbol{u}_{[N-1]})\\&=J^*_{N-N}(\boldsymbol{f}(\boldsymbol{x}_{[N-1]},\boldsymbol{u}_{[N-1]}))+g(\boldsymbol{x}_{[N-1]},\boldsymbol{u}_{[N-1]})\end{aligned} \tag{4.3.5}$$

这样的处理可以将 $\boldsymbol{x}_{[N]}$ 消掉，式(4.3.5)仅是 $\boldsymbol{x}_{[N-1]}$ 与控制量 $\boldsymbol{u}_{[N-1]}$ 的函数，其中 $\boldsymbol{x}_{[N-1]}$ 是系统在 $N-1$ 时刻的状态变量值($k=N-1$ 时的初始值)，是一个定值。可以求出合适的 $\boldsymbol{u}_{[N-1]}$ 使式(4.3.5)最小，因此，最优的性能指标可以写成

$$J^*_{N-1\to N}(\boldsymbol{x}_{[N-1]})=\min_{\boldsymbol{u}_{[N-1]}}(J^*_{N-N}(\boldsymbol{f}(\boldsymbol{x}_{[N-1]},\boldsymbol{u}_{[N-1]}))+g(\boldsymbol{x}_{[N-1]},\boldsymbol{u}_{[N-1]}))\quad(4.3.6)$$

$J^*_{N-1\to N}(\boldsymbol{x}_{[N-1]})$表示最优的代价，即剩余代价，其初始状态是$\boldsymbol{x}_{[N-1]}$。最优控制量$\min\limits_{\boldsymbol{u}_{[N-1]}}$可以通过求解等式$\dfrac{\partial J_{N-1\to N}(\boldsymbol{x}_{[N-1]},\boldsymbol{u}_{[N-1]})}{\partial \boldsymbol{u}_{[N-1]}}=\boldsymbol{0}$得到。

继续推导，当$k=N-2$时，代入式(4.3.2)得到系统从$k=N-2$运行到末端$k=N$时的代价为

$$\begin{aligned}&J_{N-2\to N}(\boldsymbol{x}_{[N]},\boldsymbol{x}_{[N-1]},\boldsymbol{x}_{[N-2]},\boldsymbol{u}_{[N-1]},\boldsymbol{u}_{[N-2]})\\&=h(\boldsymbol{x}_{[N]})+g(\boldsymbol{x}_{[N-1]},\boldsymbol{u}_{[N-1]})+g(\boldsymbol{x}_{[N-2]},\boldsymbol{u}_{[N-2]})\end{aligned}\quad(4.3.7)$$

它包含了式(4.3.5)中的代价$J_{N-1\to N}(\boldsymbol{x}_{[N-1]},\boldsymbol{u}_{[N-1]})=h(\boldsymbol{x}_{[N]})+g(\boldsymbol{x}_{[N-1]},\boldsymbol{u}_{[N-1]})$。代入式(4.3.7)可得

$$J_{N-2\to N}(\boldsymbol{x}_{[N-2]},\boldsymbol{u}_{[N-1]},\boldsymbol{u}_{[N-2]})=J_{N-1\to N}(\boldsymbol{x}_{[N-1]},\boldsymbol{u}_{[N-1]})+g(\boldsymbol{x}_{[N-2]},\boldsymbol{u}_{[N-2]})\quad(4.3.8)$$

它是$\boldsymbol{x}_{[N-2]}$与控制量$\boldsymbol{u}_{[N-2]}$和$\boldsymbol{u}_{[N-1]}$的函数。因此，需要找到合适的$\boldsymbol{u}_{[N-1]}$和$\boldsymbol{u}_{[N-2]}$使其最小，即

$$J^*_{N-2\to N}(\boldsymbol{x}_{[N-2]})=\min_{\boldsymbol{u}_{[N-1]},\boldsymbol{u}_{[N-2]}}(J_{N-1\to N}(\boldsymbol{x}_{[N-1]},\boldsymbol{u}_{[N-1]})+g(\boldsymbol{x}_{[N-2]},\boldsymbol{u}_{[N-2]}))\quad(4.3.9)$$

> 根据贝尔曼最优化理论，从$N-2$级运行到N级的系统，不论初始状态和初始控制决策是什么，剩余的决策一定要符合最优策略。这说明式(4.3.9)中的$J_{N-1\to N}(\boldsymbol{x}_{[N-1]},\boldsymbol{u}_{[N-1]})$一定是通过$\boldsymbol{u}^*_{[N-1]}$得到的最优代价$J^*_{N-1\to N}(\boldsymbol{x}_{[N-1]})$，在式(4.3.6)中已经得到最优的$\boldsymbol{u}^*_{[N-1]}$，因此这一步的目标是找到最优的$\boldsymbol{u}^*_{[N-2]}$。

可得

$$J^*_{N-2\to N}(\boldsymbol{x}_{[N-2]})=\min_{\boldsymbol{u}_{[N-2]}}(J^*_{N-1\to N}(\boldsymbol{x}_{[N-1]})+g(\boldsymbol{x}_{[N-2]},\boldsymbol{u}_{[N-2]}))\quad(4.3.10)$$

同理，根据式(4.3.1)，$\boldsymbol{x}_{[N-1]}=\boldsymbol{f}(\boldsymbol{x}_{[N-2]},\boldsymbol{u}_{[N-2]})$，代入式(4.3.10)可得

$$J^*_{N-2\to N}(\boldsymbol{x}_{[N-2]})=\min_{\boldsymbol{u}_{[N-2]}}(J^*_{N-1\to N}(\boldsymbol{f}(\boldsymbol{x}_{[N-2]},\boldsymbol{u}_{[N-2]}))+g(\boldsymbol{x}_{[N-2]},\boldsymbol{u}_{[N-2]}))\quad(4.3.11)$$

其中$\boldsymbol{x}_{[N-2]}$已知，因此可以通过$\dfrac{\partial J_{N-2\to N}(\boldsymbol{x}_{[N-2]},\boldsymbol{u}^*_{[N-1]},\boldsymbol{u}_{[N-2]})}{\partial \boldsymbol{u}_{[N-2]}}=\boldsymbol{0}$求解出最优控制策略$\boldsymbol{u}^*_{[N-2]}$(在求解这一步时需要用到上一时刻推导出的结果$\boldsymbol{u}^*_{[N-1]}$)。以此类推，可以得到最优剩余代价的一般形式为

$$J^*_{N-k\to N}(\boldsymbol{x}_{[N-k]})=\min_{\boldsymbol{u}_{[N-k]}}(J^*_{N-(k-1)\to N}(\boldsymbol{f}(\boldsymbol{x}_{[N-k]},\boldsymbol{u}_{[N-k]}))+g(\boldsymbol{x}_{[N-k]},\boldsymbol{u}_{[N-k]}))\quad(4.3.12)$$

即贝尔曼动态规划方程。它是一个递归的方程，可以通过求解$\dfrac{\partial J_{N-k\to N}(\boldsymbol{x}_{[N-k]},\boldsymbol{u}^*_{[N-(k-1)]},\boldsymbol{u}_{[N-k]})}{\partial \boldsymbol{u}_{[N-k]}}=$

0得到最优控制策略 $\boldsymbol{u}_{[N-k]}$。

4.3.2 离散型一维案例分析——动态规划递归算法

本小节将通过一个简单的案例深化对上一小节递归算法的理解。

例 4.3.1 现分析如下所示的一维系统

$$\boldsymbol{x}_{[k+1]}=\boldsymbol{x}_{[k]}+\boldsymbol{u}_{[k]} \tag{4.3.13}$$

系统的初始条件为 $\boldsymbol{x}_{[0]}=[1]$,控制目标为 $\boldsymbol{x}_{\mathrm{d}}=[0]$。定义系统性能指标

$$J=\frac{1}{2}[(\boldsymbol{x}_{[N]}-\boldsymbol{x}_{\mathrm{d}_{[N]}})^{\mathrm{T}}\boldsymbol{S}(\boldsymbol{x}_{[N]}-\boldsymbol{x}_{\mathrm{d}_{[N]}})]+$$
$$\frac{1}{2}\sum_{k=0}^{N-1}[(\boldsymbol{x}_{[k]}-\boldsymbol{x}_{\mathrm{d}_{[k]}})^{\mathrm{T}}\boldsymbol{Q}(\boldsymbol{x}_{[k]}-\boldsymbol{x}_{\mathrm{d}_{[k]}})+\boldsymbol{u}_{[k]}^{\mathrm{T}}\boldsymbol{R}\boldsymbol{u}_{[k]}] \tag{4.3.14a}$$

其中,等号右侧第一项是末端代价,$\boldsymbol{S}$ 是权重矩阵;后面两项是运行中的状态代价以及输入代价,$\boldsymbol{Q}$ 和 $\boldsymbol{R}$ 是相对应的权重矩阵。需要说明的是,这是一个一维系统,因此 $\boldsymbol{Q}$ 和 $\boldsymbol{R}$,$\boldsymbol{S}$ 都是 1×1 矩阵。令 $\boldsymbol{S}=\boldsymbol{Q}=\boldsymbol{R}=[1]$,并代入 $\boldsymbol{x}_{\mathrm{d}}=[0]$,上式可以重新整理为

$$J=\frac{1}{2}\boldsymbol{x}_{[N]}^{2}+\frac{1}{2}\sum_{k=0}^{N-1}[\boldsymbol{x}_{[k]}^{2}+\boldsymbol{u}_{[k]}^{2}] \tag{4.3.14b}$$

求末端时刻 $N=2$ 时的最优控制策略。

解:使用逆向分级法,当 $k=N$ 时,根据式(4.3.14b),系统从 $k=N$ 到末端 $k=N=2$(即末端代价)的性能指标为

$$J_{2\to2}(\boldsymbol{x}_{[2]})=\frac{1}{2}\boldsymbol{x}_{[2]}^{2} \tag{4.3.15}$$

参考式(4.3.3)下面方框内的说明,$J_{2\to2}(\boldsymbol{x}_{[2]})$即最优剩余代价 $J_{2\to2}^{*}(\boldsymbol{x}_{[2]})$。

继续使用逆向分级法,当 $k=N-1=1$ 时,根据式(4.3.14b),系统从 $k=1$ 到末端 $k=N=2$ 的性能指标为

$$J_{1\to2}(\boldsymbol{x}_{[2]},\boldsymbol{x}_{[1]},\boldsymbol{u}_{[1]})=\frac{1}{2}\boldsymbol{x}_{[2]}^{2}+\frac{1}{2}(\boldsymbol{x}_{[1]}^{2}+\boldsymbol{u}_{[1]}^{2}) \tag{4.3.16}$$

根据式(4.3.13),$\boldsymbol{x}_{[2]}=\boldsymbol{x}_{[1]}+\boldsymbol{u}_{[1]}$,代入式(4.3.16)可得

$$J_{1\to2}(\boldsymbol{x}_{[1]},\boldsymbol{u}_{[1]})=\frac{1}{2}(\boldsymbol{x}_{[1]}+\boldsymbol{u}_{[1]})^{2}+\frac{1}{2}(\boldsymbol{x}_{[1]}^{2}+\boldsymbol{u}_{[1]}^{2}) \tag{4.3.17}$$

求最优控制策略,令

$$\frac{\partial J_{1\to2}(\boldsymbol{x}_{[1]},\boldsymbol{u}_{[1]})}{\partial\boldsymbol{u}_{[1]}}=[0]\Rightarrow\boldsymbol{x}_{[1]}+\boldsymbol{u}_{[1]}+\boldsymbol{u}_{[1]}=[0]\Rightarrow\boldsymbol{u}_{[1]}^{*}=-\frac{1}{2}\boldsymbol{x}_{[1]} \tag{4.3.18}$$

将式(4.3.18)的结果代入式(4.3.17),得到系统从 $k=1$ 到末端 $k=N=2$ 的最优代价为

$$\begin{aligned}J_{1\to2}^{*}(\boldsymbol{x}_{[1]})&=\frac{1}{2}(\boldsymbol{x}_{[1]}+\boldsymbol{u}_{[1]}^{*})^{2}+\frac{1}{2}(\boldsymbol{x}_{[1]}^{2}+\boldsymbol{u}_{[1]}^{*}{}^{2})\\&=\frac{1}{2}\left(\boldsymbol{x}_{[1]}-\frac{\boldsymbol{x}_{[1]}}{2}\right)^{2}+\frac{1}{2}\left(\boldsymbol{x}_{[1]}^{2}+\frac{\boldsymbol{x}_{[1]}^{2}}{4}\right)=\frac{3}{4}\boldsymbol{x}_{[1]}^{2}\end{aligned} \tag{4.3.19}$$

继续使用逆向分级法,当 $k=N-2=0$ 时,根据式(4.3.14b)和式(4.3.17),系统从 $k=$

0 到末端 $k=N=2$ 的性能指标为

$$J_{0\to2}(\boldsymbol{x}_{[1]},\boldsymbol{x}_{[0]},\boldsymbol{u}_{[1]},\boldsymbol{u}_{[0]})=\frac{1}{2}(\boldsymbol{x}_{[1]}+\boldsymbol{u}_{[1]})^2+\frac{1}{2}(\boldsymbol{x}_{[1]}^2+\boldsymbol{u}_{[1]}^2+\boldsymbol{x}_{[0]}^2+\boldsymbol{u}_{[0]}^2)$$

$$=J_{1\to2}(\boldsymbol{x}_{[1]},\boldsymbol{u}_{[1]})+\frac{1}{2}(\boldsymbol{x}_{[0]}^2+\boldsymbol{u}_{[0]}^2) \tag{4.3.20}$$

在式(4.3.19)中已经得到了 $J_{1\to2}(\boldsymbol{x}_{[1]},\boldsymbol{u}_{[1]})$的最优代价 $J_{1\to2}^*(\boldsymbol{x}_{[1]})=\frac{3}{4}\boldsymbol{x}_{[1]}^2$，根据贝尔曼最优化理论，$J_{0\to2}(\boldsymbol{x}_{[0]})$的最小值中必定包含 $J_{1\to2}^*(\boldsymbol{x}_{[1]})$，代入式(4.3.20)可得

$$J_{0\to2}(\boldsymbol{x}_{[0]},\boldsymbol{u}_{[0]})=J_{1\to2}^*(\boldsymbol{x}_{[1]})+\frac{1}{2}(\boldsymbol{x}_{[0]}^2+\boldsymbol{u}_{[0]}^2)$$

$$=\frac{3}{4}\boldsymbol{x}_{[1]}^2+\frac{1}{2}(\boldsymbol{x}_{[0]}^2+\boldsymbol{u}_{[0]}^2) \tag{4.3.21}$$

根据式(4.3.13)，$\boldsymbol{x}_{[1]}=\boldsymbol{x}_{[0]}+\boldsymbol{u}_{[0]}$，代入式(4.3.21)可以消掉 $\boldsymbol{x}_{[1]}$，即

$$J_{0\to2}(\boldsymbol{x}_{[0]},\boldsymbol{u}_{[0]})=\frac{3}{4}(\boldsymbol{x}_{[0]}+\boldsymbol{u}_{[0]})^2+\frac{1}{2}(\boldsymbol{x}_{[0]}^2+\boldsymbol{u}_{[0]}^2) \tag{4.3.22}$$

求最优控制策略，令

$$\frac{\partial J_{0\to2}(\boldsymbol{x}_{[0]},\boldsymbol{u}_{[0]})}{\partial \boldsymbol{u}_{[0]}}=[0]\Rightarrow\frac{3}{2}(\boldsymbol{x}_{[0]}+\boldsymbol{u}_{[0]})+\boldsymbol{u}_{[0]}=[0]\Rightarrow\boldsymbol{u}_{[0]}^*=-\frac{3}{5}\boldsymbol{x}_{[0]} \tag{4.3.23}$$

代入式(4.3.22)，得到系统从 $k=0$ 到末端 $k=N=2$ 的最优代价为

$$J_{0\to2}^*(\boldsymbol{x}_{[0]})=\frac{3}{4}(\boldsymbol{x}_{[0]}+\boldsymbol{u}_{[0]}^*)^2+\frac{1}{2}(\boldsymbol{x}_{[0]}^2+\boldsymbol{u}_{[0]}^{*2})$$

$$=\frac{3}{4}\left(\boldsymbol{x}_{[0]}-\frac{3}{5}\boldsymbol{x}_{[0]}\right)^2+\frac{1}{2}\left(\boldsymbol{x}_{[0]}^2+\frac{9}{25}\boldsymbol{x}_{[0]}^2\right)=\frac{4}{5}\boldsymbol{x}_{[0]}^2 \tag{4.3.24}$$

式(4.3.21)～式(4.3.24)通过动态规划的逆向分级递归的方式求得了最优控制策略 $\boldsymbol{u}_{[1]}^*$ 和 $\boldsymbol{u}_{[0]}^*$。求解的过程是先得到 $\boldsymbol{u}_{[1]}^*$ 后得到 $\boldsymbol{u}_{[0]}^*$。在控制系统中则需要按照先 $\boldsymbol{u}_{[0]}^*$ 后 $\boldsymbol{u}_{[1]}^*$ 的顺序将控制量依次施加到系统中。

当 $k=0$ 时，将初始条件 $\boldsymbol{x}_{[0]}=[1]$代入式(4.3.23)可得 $\boldsymbol{u}_{[0]}^*=-\frac{3}{5}\boldsymbol{x}_{[0]}=\left[-\frac{3}{5}\right]$，代入式(4.3.13)可得

$$\boldsymbol{x}_{[1]}=\boldsymbol{x}_{[0]}+\boldsymbol{u}_{[0]}=[1]-\left[\frac{3}{5}\right]=\left[\frac{2}{5}\right] \tag{4.3.25}$$

当 $k=1$ 时，将 $\boldsymbol{x}_{[1]}=\left[\frac{2}{5}\right]$ 代入式(4.3.18)可得 $\boldsymbol{u}_{[1]}^*=-\frac{1}{2}\boldsymbol{x}_{[1]}=\left[-\frac{1}{5}\right]$，代入式(4.3.13)可得

$$\boldsymbol{x}_{[2]}=\boldsymbol{x}_{[1]}+\boldsymbol{u}_{[1]}=\left[\frac{2}{5}\right]-\left[\frac{1}{5}\right]=\left[\frac{1}{5}\right] \tag{4.3.26}$$

在使用控制策略 $\boldsymbol{u}_{[0]}^*=\left[-\frac{3}{5}\right]$、$\boldsymbol{u}_{[1]}^*=\left[-\frac{1}{5}\right]$后，系统的末端状态变量为 $\boldsymbol{x}_{[2]}=\left[\frac{1}{5}\right]$。

本案例仅仅为了展示推导过程，选取了末端状态为 $k=2$，可以看到系统状态从初值 $\boldsymbol{x}_{[0]}=[1]$最终变为 $\boldsymbol{x}_{[2]}=\left[\frac{1}{5}\right]$，已经在向目标值 $\boldsymbol{x}_{\mathrm{d}}=[0]$靠近。在实际操作中，读者可以

根据具体情况选取足够长的末端状态,或者调整代价权重系数,使系统更快地达到稳态。

4.3.3 动态规划的递归关系——连续系统

上面两个小节讨论了离散系统动态规划的递归关系,本小节将讨论连续系统的递归关系。这两者的推导思路非常相似。考虑如下一般形式的不含约束的连续系统

$$\dot{\boldsymbol{x}}_{(t)} = f(\boldsymbol{x}_{(t)}, \boldsymbol{u}_{(t)}, t) \tag{4.3.27}$$

其中 $\dot{\boldsymbol{x}}_{(t)} = \frac{\mathrm{d}\boldsymbol{x}_{(t)}}{\mathrm{d}t}$。从任意的中间时刻 t 到末端时间 t_f 的系统的性能指标定义为

$$J_{t \to t_f}(\boldsymbol{x}_{(t)}, t, \boldsymbol{u}_{(\tau)}) = h(\boldsymbol{x}_{(t_f)}, t_f) + \int_t^{t_f} g(\boldsymbol{x}_{(\tau)}, \boldsymbol{u}_{(\tau)}, \tau)\mathrm{d}\tau, \quad t \leqslant \tau \leqslant t_f \tag{4.3.28}$$

$J_{t \to t_f}(\boldsymbol{x}_{(t)}, t, \boldsymbol{u}_{(\tau)})$是状态 $\boldsymbol{x}_{(t)}$、时间 t 和控制量 $\boldsymbol{u}_{(\tau)}$ 的函数。$h()$和 $g()$函数分别为末端代价和运行代价。最优控制的目标是找到 $\tau \in [t, t_f]$区间内的实时最优控制量 $\boldsymbol{u}^*_{(\tau)}$ 使性能指标值最小,最优代价函数可以写成

$$J^*_{t \to t_f}(\boldsymbol{x}_{(t)}, t) = \min_{\boldsymbol{u}_{(\tau)}} \left\{ h(\boldsymbol{x}_{(t_f)}, t_f) + \int_t^{t_f} g(\boldsymbol{x}_{(\tau)}, \boldsymbol{u}_{(\tau)}, \tau)\mathrm{d}\tau \right\}, \quad t \leqslant \tau \leqslant t_f \tag{4.3.29}$$

使用逆向分级的思路,可以将时间间隔$[t, t_f]$分成两段$[t, t+\Delta t]$和$[t+\Delta t, t_f]$,式(4.3.29)变成

$$J^*_{t \to t_f}(\boldsymbol{x}_{(t)}, t) = \min_{\boldsymbol{u}_{(\tau)}} \left\{ h(\boldsymbol{x}_{(t_f)}, t_f) + \int_{t+\Delta t}^{t_f} g(\boldsymbol{x}_{(\tau)}, \boldsymbol{u}_{(\tau)}, \tau)\mathrm{d}\tau + \int_t^{t+\Delta t} g(\boldsymbol{x}_{(\tau)}, \boldsymbol{u}_{(\tau)}, \tau)\mathrm{d}\tau \right\}, \quad t \leqslant \tau \leqslant t_f \tag{4.3.30}$$

参考式(4.3.28),其中

$$h(\boldsymbol{x}_{(t_f)}, t_f) + \int_{t+\Delta t}^{t_f} g(\boldsymbol{x}_{(\tau)}, \boldsymbol{u}_{(\tau)}, \tau)\mathrm{d}\tau = J_{t+\Delta t \to t_f}(\boldsymbol{x}_{(t)}, t, \boldsymbol{u}_{(\tau)}), \quad t+\Delta t \leqslant \tau \leqslant t_f \tag{4.3.31}$$

$J_{t+\Delta t \to t_f}(\boldsymbol{x}_{(t)}, t, \boldsymbol{u}_{(\tau)})$代表了系统从 $t+\Delta t$ 到末端时间 t_f 的性能指标,其最优代价为 $J^*_{t+\Delta t \to t_f}(\boldsymbol{x}_{(t+\Delta t)}, t+\Delta t)$,对应的控制量为 $\boldsymbol{u}^*_{(\tau)}$,请注意这里的控制区间为 $\tau \in [t+\Delta t, t_f]$。根据贝尔曼最优化理论,式(4.3.30)一定可以写成

$$J^*_{t \to t_f}(\boldsymbol{x}_{(t)}, t) = \min_{\boldsymbol{u}_{(\tau)}} \left\{ J^*_{t+\Delta t \to t_f}(\boldsymbol{x}_{(t+\Delta t)}, t+\Delta t) + \int_t^{t+\Delta t} g(\boldsymbol{x}_{(\tau)}, \boldsymbol{u}_{(\tau)}, \tau)\mathrm{d}\tau \right\}, \quad t \leqslant \tau \leqslant t+\Delta t \tag{4.3.32}$$

它包含了两个部分:区间 $\tau \in [t+\Delta t, t_f]$的剩余最优代价 $J^*_{t+\Delta t \to t_f}(\boldsymbol{x}_{(t+\Delta t)}, t+\Delta t)$;区间$[t, t+\Delta t]$的代价。

> 到这一步为止,推导过程与离散型动态规划类似。但是在连续系统中,我们无法像离散系统式(4.3.5)那样直接代入状态空间方程以消除 $\boldsymbol{x}_{(t+\Delta t)}$,因为连续系统的状态空间方程式(4.3.27)是由微分方程表示的。因此使用 $\boldsymbol{u}_{(t)}$ 表示 $J^*_{t \to t_f}(\boldsymbol{x}_{(t)}, t)$需要一些技巧。

假设 $J^*_{t+\Delta t\to t_f}(\boldsymbol{x}_{(t+\Delta t)},t+\Delta t)$ 的二阶偏导数存在且有界,可以对其在点 $(\boldsymbol{x}_{(t)},t)$ 附近进行泰勒级数展开,即

$$J^*_{t+\Delta t\to t_f}(\boldsymbol{x}_{(t+\Delta t)},t+\Delta t)=J^*_{t\to t_f}(\boldsymbol{x}_{(t)},t)+\left[\frac{\partial J^*_{t+\Delta t\to t_f}(\boldsymbol{x}_{(t)},t)}{\partial t}\right]\Delta t+\left[\frac{\partial J^*_{t+\Delta t\to t_f}(\boldsymbol{x}_{(t)},t)}{\partial \boldsymbol{x}}\right]^{\mathrm{T}}(\boldsymbol{x}_{(t+\Delta t)}-\boldsymbol{x}_{(t)})+\text{高阶项} \quad (4.3.33)$$

请注意,性能指标 $J^*_{t+\Delta t\to t_f}(\boldsymbol{x}_{(t+\Delta t)},t+\Delta t)$ 为一个标量,状态变量 $\boldsymbol{x}$ 为一个 $n\times 1$ 向量,因此根据矩阵求导的分母分布规则有

$$\left[\frac{\partial J^*_{t+\Delta t\to t_f}(\boldsymbol{x}_{(t)},t)}{\partial \boldsymbol{x}}\right]=\begin{bmatrix}\dfrac{\partial J^*_{t+\Delta t\to t_f}(\boldsymbol{x}_{(t)},t)}{\partial x_1}\\ \vdots \\ \dfrac{\partial J^*_{t+\Delta t\to t_f}(\boldsymbol{x}_{(t)},t)}{\partial x_n}\end{bmatrix} \quad (4.3.34)$$

在泰勒展开时需要将其转置后再乘以 $(\boldsymbol{x}_{(t+\Delta t)}-\boldsymbol{x}_{(t)})$。将式(4.3.33)代入式(4.3.32)得到

$$J^*_{t\to t_f}(\boldsymbol{x}_{(t)},t)=\min_{\boldsymbol{u}(\tau)}\left\{J^*_{t\to t_f}(\boldsymbol{x}_{(t)},t)+\left[\frac{\partial J^*_{t+\Delta t\to t_f}(\boldsymbol{x}_{(t)},t)}{\partial t}\right]\Delta t+\left[\frac{\partial J^*_{t+\Delta t\to t_f}(\boldsymbol{x}_{(t)},t)}{\partial \boldsymbol{x}}\right]^{\mathrm{T}}(\boldsymbol{x}_{(t+\Delta t)}-\boldsymbol{x}_{(t)})+\text{高阶项}+\int_t^{t+\Delta t}g(\boldsymbol{x}_{(\tau)},\boldsymbol{u}_{(\tau)},\tau)\mathrm{d}\tau\right\},\quad t\leqslant\tau\leqslant t+\Delta t \quad (4.3.35)$$

当 $\Delta t\to 0$ 时,有

$$\lim_{\Delta t\to 0}\frac{\partial J^*_{t+\Delta t\to t_f}(\boldsymbol{x}_{(t)},t)}{\partial t}=\frac{\partial J^*_{t\to t_f}(\boldsymbol{x}_{(t)},t)}{\partial t}\triangleq J^*_t(\boldsymbol{x}_{(t)},t) \quad (4.3.36\mathrm{a})$$

$$\lim_{\Delta t\to 0}\frac{\partial J^*_{t+\Delta t\to t_f}(\boldsymbol{x}_{(t)},t)}{\partial \boldsymbol{x}}=\frac{\partial J^*_{t\to t_f}(\boldsymbol{x}_{(t)},t)}{\partial \boldsymbol{x}}\triangleq \boldsymbol{J}^*_{\boldsymbol{x}}(\boldsymbol{x}_{(t)},t) \quad (4.3.36\mathrm{b})$$

以上两项分别为最优代价对时间和状态变量的偏导数,其中 $J^*_t(\boldsymbol{x}_{(t)},t)$ 为标量,$\boldsymbol{J}^*_{\boldsymbol{x}}(\boldsymbol{x}_{(t)},t)$ 为向量,维度与状态变量 $\boldsymbol{x}_{(t)}$ 相同。同时

$$\lim_{\Delta t\to 0}(\boldsymbol{x}_{(t+\Delta t)}-\boldsymbol{x}_{(t)})=\dot{\boldsymbol{x}}_{(t)}\Delta t \quad (4.3.36\mathrm{c})$$

$$\lim_{\Delta t\to 0}\int_t^{t+\Delta t}g(\boldsymbol{x}_{(\tau)},\boldsymbol{u}_{(\tau)},\tau)\mathrm{d}\tau=g(\boldsymbol{x}_{(t)},\boldsymbol{u}_{(t)},t)\Delta t \quad (4.3.36\mathrm{d})$$

当 $\Delta t\to 0$ 时,式(4.3.35)中泰勒级数展开的高阶项也将趋向于0。控制区间 $\tau\in[t,t+\Delta t]$ 将变为 $\tau=t$。将式(4.3.36)代入式(4.3.35),可得当 $\Delta t\to 0$ 时

$$J^*_{t\to t_f}(\boldsymbol{x}_{(t)},t)=\min_{\boldsymbol{u}_{(t)}}\{J^*_{t\to t_f}(\boldsymbol{x}_{(t)},t)+J^*_t(\boldsymbol{x}_{(t)},t)\Delta t+\boldsymbol{J}^*_{\boldsymbol{x}}(\boldsymbol{x}_{(t)},t)^{\mathrm{T}}\dot{\boldsymbol{x}}_{(t)}\Delta t+g(\boldsymbol{x}_{(t)},\boldsymbol{u}_{(t)},t)\Delta t\} \quad (4.3.37)$$

> 通过以上变换，将式(4.3.30)中的区间控制量 $\boldsymbol{u}_{(\tau)}$ 转化为任意时刻的控制量 $\boldsymbol{u}_{(t)}$。

式(4.3.37)大括号中的第一项 $J^*_{t\to t_f}(\boldsymbol{x}_{(t)},t)$ 与求最优方程 $\min\limits_{\boldsymbol{u}_{(t)}}\{\}$ 无关，因此可以放到大括号外边，与等号左边相互抵消。$J^*_t(\boldsymbol{x}_{(t)},t)\Delta t$ 也与 $\min\limits_{\boldsymbol{u}_{(t)}}\{\}$ 无关，可以放到大括号外。同时将状态方程式(4.3.27)代入式(4.3.37)，整理后可得

$$0=J^*_t(\boldsymbol{x}_{(t)},t)\Delta t+\min_{\boldsymbol{u}_{(t)}}\{\boldsymbol{J}^*_x(\boldsymbol{x}_{(t)},t)^{\mathrm{T}}f(\boldsymbol{x}_{(t)},\boldsymbol{u}_{(t)},t)\Delta t+g(\boldsymbol{x}_{(t)},\boldsymbol{u}_{(t)},t)\Delta t\} \tag{4.3.38}$$

等号两边同时除以 Δt，得到

$$0=J^*_t(\boldsymbol{x}_{(t)},t)+\min_{\boldsymbol{u}_{(t)}}\{\boldsymbol{J}^*_x(\boldsymbol{x}_{(t)},t)^{\mathrm{T}}f(\boldsymbol{x}_{(t)},\boldsymbol{u}_{(t)},t)+g(\boldsymbol{x}_{(t)},\boldsymbol{u}_{(t)},t)\} \tag{4.3.39}$$

式(4.3.39)是一个偏微分方程等式。当 $t=t_f$ 时，它的边界条件根据式(4.3.28)为

$$J^*_{t_f\to t_f}(\boldsymbol{x}_{(t_f)},t_f)=h(\boldsymbol{x}_{(t_f)},t_f) \tag{4.3.40}$$

式(4.4.39)和式(4.4.40)统称**哈密顿-雅可比-贝尔曼方程**(**Hamiltonian-Jacobi-Bellman equation**)，简称 **HJB** 方程，求解这个偏微分方程就可以得到最优控制策略。

式(4.3.39)中大括号的部分被称为**哈密顿项**(**Hamiltonian**)，即

$$\mathcal{H}(\boldsymbol{x}_{(t)},\boldsymbol{u}_{(t)},\boldsymbol{J}^*_x,t)\triangleq\boldsymbol{J}^*_x(\boldsymbol{x}_{(t)},t)^{\mathrm{T}}f(\boldsymbol{x}_{(t)},\boldsymbol{u}_{(t)},t)+g(\boldsymbol{x}_{(t)},\boldsymbol{u}_{(t)},t) \tag{4.3.41}$$

当控制量 $\boldsymbol{u}_{(t)}$ 为最优控制时，哈密顿项最小，式(4.3.41)可以写成

$$\mathcal{H}(\boldsymbol{x}_{(t)},\boldsymbol{u}^*(\boldsymbol{x}_{(t)},\boldsymbol{J}^*_x,t),\boldsymbol{J}^*_x,t)=\min_{\boldsymbol{u}_{(t)}}\mathcal{H}(\boldsymbol{x}_{(t)},\boldsymbol{u}_{(t)},\boldsymbol{J}^*_x,t) \tag{4.3.42}$$

其中根据式(4.3.39)可以发现，最优控制 $\boldsymbol{u}^*(\boldsymbol{x}_{(t)},\boldsymbol{J}^*_x,t)$ 是 $\boldsymbol{x}_{(t)}$、$\boldsymbol{J}^*_x$ 和 t 的函数。将式(4.3.42)代入式(4.3.39)可得到更为简练的 HJB 方程，即

$$0=J^*_t(\boldsymbol{x}_{(t)},t)+\mathcal{H}(\boldsymbol{x}_{(t)},\boldsymbol{u}^*(\boldsymbol{x}_{(t)},\boldsymbol{J}^*_x,t),\boldsymbol{J}^*_x,t) \tag{4.3.43}$$

观察式(4.3.43)，它的第一项是最优代价对时间的偏导数，第二项是最小的哈密顿项。在使用过程中，首先需要求得最小的哈密顿项 $\mathcal{H}(\boldsymbol{x}_{(t)},\boldsymbol{u}^*(\boldsymbol{x}_{(t)},\boldsymbol{J}^*_x,t),\boldsymbol{J}^*_x,t)$，之后再求解偏微分方程即可得到最优的控制策略。

4.3.4 连续型一维案例分析——HJB 方程

本小节通过一个简单的案例讨论如何使用 HJB 方程得到连续系统的最优控制策略。

例 4.3.2 设一个一维系统

$$\dot{\boldsymbol{x}}_{(t)}=f(\boldsymbol{x}_{(t)},\boldsymbol{u}_{(t)},t)=\boldsymbol{x}_{(t)}+\boldsymbol{u}_{(t)} \tag{4.3.44}$$

定义其性能指标为

$$J_{t\to t_f}(\boldsymbol{x}_{(t)},t,\boldsymbol{u}_{(\tau)})=h(\boldsymbol{x}_{(t_f)},t_f)+\int_t^{t_f}g(\boldsymbol{x}_{(\tau)},\boldsymbol{u}_{(\tau)},\tau)\mathrm{d}\tau\,,\quad t\leqslant\tau\leqslant t_f$$

其中

$$h(\boldsymbol{x}_{(t_f)},t_f)=\frac{1}{2}\boldsymbol{x}^2_{(t_f)}$$

$$g(\boldsymbol{x}_{(\tau)},\boldsymbol{u}_{(\tau)},\tau)=\frac{1}{2}\boldsymbol{u}^2_{(t)} \tag{4.3.45}$$

上述性能指标的定义说明在控制过程中更加重视末端状态变量的值以及运行中的控制量的大小。求最优控制策略。

解：将式(4.3.44)和式(4.3.45)代入式(4.3.41)可以得到哈密顿项

$$\begin{aligned}\mathcal{H}(\boldsymbol{x}_{(t)},\boldsymbol{u}_{(t)},\boldsymbol{J}_{\boldsymbol{x}}^{*},t)&=\boldsymbol{J}_{\boldsymbol{x}}^{*}(\boldsymbol{x}_{(t)},t)^{\mathrm{T}}f(\boldsymbol{x}_{(t)},\boldsymbol{u}_{(t)},t)+g(\boldsymbol{x}_{(t)},\boldsymbol{u}_{(t)},t)\\&=\boldsymbol{J}_{\boldsymbol{x}}^{*}(\boldsymbol{x}_{(t)},t)(\boldsymbol{x}_{(t)}+\boldsymbol{u}_{(t)})+\frac{1}{2}\boldsymbol{u}_{(t)}^{2}\\&=\boldsymbol{J}_{\boldsymbol{x}}^{*}(\boldsymbol{x}_{(t)},t)\boldsymbol{x}_{(t)}+\boldsymbol{J}_{\boldsymbol{x}}^{*}(\boldsymbol{x}_{(t)},t)\boldsymbol{u}_{(t)}+\frac{1}{2}\boldsymbol{u}_{(t)}^{2}\end{aligned}\tag{4.3.46}$$

其中 $\boldsymbol{x}_{(t)}$ 为一维向量，因此式(4.3.46)中 $\boldsymbol{J}_{\boldsymbol{x}}^{*}(\boldsymbol{x}_{(t)},t)^{\mathrm{T}}=\boldsymbol{J}_{\boldsymbol{x}}^{*}(\boldsymbol{x}_{(t)},t)$。求最小的哈密顿项可令 $\frac{\partial\mathcal{H}(\boldsymbol{x}_{(t)},\boldsymbol{u}_{(t)},\boldsymbol{J}_{\boldsymbol{x}}^{*},t)}{\partial\boldsymbol{u}_{(t)}}=[0]$，得到

$$\begin{aligned}\frac{\partial\mathcal{H}(\boldsymbol{x}_{(t)},\boldsymbol{u}_{(t)},\boldsymbol{J}_{\boldsymbol{x}}^{*},t)}{\partial\boldsymbol{u}_{(t)}}&=\boldsymbol{J}_{\boldsymbol{x}}^{*}(\boldsymbol{x}_{(t)},t)+\boldsymbol{u}_{(t)}=[0]\\&\Rightarrow\boldsymbol{u}_{(t)}^{*}=-\boldsymbol{J}_{\boldsymbol{x}}^{*}(\boldsymbol{x}_{(t)},t)\end{aligned}\tag{4.3.47a}$$

同时，其二阶导数为

$$\frac{\partial^{2}\mathcal{H}(\boldsymbol{x}_{(t)},\boldsymbol{u}_{(t)},\boldsymbol{J}_{\boldsymbol{x}}^{*},t)}{\partial\boldsymbol{u}_{(t)}^{\ 2}}=\frac{\partial\mathcal{H}(\boldsymbol{J}_{\boldsymbol{x}}^{*}(\boldsymbol{x}_{(t)},t)+\boldsymbol{u}_{(t)})}{\partial\boldsymbol{u}_{(t)}}=[1]>[0]\tag{4.3.47b}$$

因此当 $\boldsymbol{u}_{(t)}=\boldsymbol{u}_{(t)}^{*}$ 时，哈密顿项为最小值。将 $\boldsymbol{u}_{(t)}^{*}$ 代入式(4.3.43)HJB 方程并结合式(4.3.46)，得到

$$\begin{aligned}0&=J_{t}^{*}(\boldsymbol{x}_{(t)},t)+\mathcal{H}(\boldsymbol{x}_{(t)},\boldsymbol{u}^{*}(\boldsymbol{x}_{(t)},\boldsymbol{J}_{\boldsymbol{x}}^{*},t),\boldsymbol{J}_{\boldsymbol{x}}^{*},t)\\&=J_{t}^{*}(\boldsymbol{x}_{(t)},t)+\boldsymbol{J}_{\boldsymbol{x}}^{*}(\boldsymbol{x}_{(t)},t)\boldsymbol{x}_{(t)}+\boldsymbol{J}_{\boldsymbol{x}}^{*}(\boldsymbol{x}_{(t)},t)\boldsymbol{u}_{(t)}^{*}+\frac{1}{2}(\boldsymbol{u}_{(t)}^{*})^{2}\\&=J_{t}^{*}(\boldsymbol{x}_{(t)},t)+\boldsymbol{J}_{\boldsymbol{x}}^{*}(\boldsymbol{x}_{(t)},t)\boldsymbol{x}_{(t)}+\boldsymbol{J}_{\boldsymbol{x}}^{*}(\boldsymbol{x}_{(t)},t)(-\boldsymbol{J}_{\boldsymbol{x}}^{*}(\boldsymbol{x}_{(t)},t))+\frac{1}{2}[-\boldsymbol{J}_{\boldsymbol{x}}^{*}(\boldsymbol{x}_{(t)},t)]^{2}\\&=J_{t}^{*}(\boldsymbol{x}_{(t)},t)+\boldsymbol{J}_{\boldsymbol{x}}^{*}(\boldsymbol{x}_{(t)},t)\boldsymbol{x}_{(t)}-\frac{1}{2}[\boldsymbol{J}_{\boldsymbol{x}}^{*}(\boldsymbol{x}_{(t)},t)]^{2}\end{aligned}\tag{4.3.48}$$

根据式(4.3.45)可得边界条件为

$$J_{t_{\mathrm{f}}\to t_{\mathrm{f}}}^{*}(\boldsymbol{x}_{(t_{\mathrm{f}})},t_{\mathrm{f}})=h(\boldsymbol{x}_{(t_{\mathrm{f}})},t_{\mathrm{f}})=\frac{1}{2}\boldsymbol{x}_{(t_{\mathrm{f}})}^{2}\tag{4.3.49}$$

接下来需要通过式(4.3.48)与式(4.3.49)求解 $\boldsymbol{J}_{\boldsymbol{x}}^{*}(\boldsymbol{x}_{(t)},t)$，之后代入式(4.3.47a)便可以得到最优控制策略 $\boldsymbol{u}_{(t)}^{*}$。求解 HJB 方程并不容易，但对于这个简单的系统，我们可以进行一些猜测。现假设系统的最优控制量是状态变量的线性负反馈，即

$$\boldsymbol{u}_{(t)}^{*}=-\boldsymbol{k}_{(t)}\boldsymbol{x}_{(t)}\tag{4.3.50}$$

根据式(4.3.47a)，可以得到

$$\boldsymbol{J}_{\boldsymbol{x}}^{*}(\boldsymbol{x}_{(t)},t)=-\boldsymbol{u}_{(t)}^{*}=\boldsymbol{k}_{(t)}\boldsymbol{x}_{(t)}\Rightarrow J^{*}(\boldsymbol{x}_{(t)},t)=\frac{1}{2}\boldsymbol{k}_{(t)}\boldsymbol{x}_{(t)}^{2}\tag{4.3.51a}$$

代入边界条件(4.3.49)，可得

$$J^*(\boldsymbol{x}_{(t_f)},t_f)=\frac{1}{2}\boldsymbol{k}_{(t_f)}\boldsymbol{x}_{(t_f)}^2=\frac{1}{2}\boldsymbol{x}_{(t_f)}^2 \Rightarrow \boldsymbol{k}_{(t_f)}=[1] \tag{4.3.51b}$$

同时,最优代价 $J^*(\boldsymbol{x}_{(t)},t)$对时间的偏导为

$$J_t^*(\boldsymbol{x}_{(t)},t)=\frac{\partial J^*(\boldsymbol{x}_{(t)},t)}{\partial t}=\frac{\partial \frac{1}{2}\boldsymbol{k}_{(t)}\boldsymbol{x}_{(t)}^2}{\partial t}=\frac{1}{2}\dot{\boldsymbol{k}}_{(t)}\boldsymbol{x}_{(t)}^2 \tag{4.3.51c}$$

> 需要注意的是,根据式(4.3.33),在泰勒级数展开时,$\boldsymbol{x}_{(t)}$和 t 被认为是两个单独的变量,求偏导时需要固定其中一个。因此式(4.3.51c)中只需将 $\boldsymbol{x}_{(t)}$ 看成一个系数,不需要 $\boldsymbol{x}_{(t)}$ 对 t 求偏导。

将式(4.3.51a)和式(4.3.51c)代入式(4.3.48)得到

$$J_t^*(\boldsymbol{x}_{(t)},t)+\boldsymbol{J}_x^*(\boldsymbol{x}_{(t)},t)\boldsymbol{x}_{(t)}-\frac{1}{2}[\boldsymbol{J}_x^*(\boldsymbol{x}_{(t)},t)]^2=\frac{1}{2}\dot{\boldsymbol{k}}_{(t)}\boldsymbol{x}_{(t)}^2+\boldsymbol{k}_{(t)}\boldsymbol{x}_{(t)}^2-\frac{1}{2}\boldsymbol{k}_{(t)}^2\boldsymbol{x}_{(t)}^2 \tag{4.3.52a}$$

等式两边同时除以 $\boldsymbol{x}_{(t)}^2$,得到

$$[0]=\frac{1}{2}\dot{\boldsymbol{k}}_{(t)}+\boldsymbol{k}_{(t)}-\frac{1}{2}\boldsymbol{k}_{(t)}^2\Rightarrow\dot{\boldsymbol{k}}_{(t)}=\boldsymbol{k}_{(t)}^2-2\boldsymbol{k}_{(t)} \tag{4.3.52b}$$

式(4.3.52b)最终变成一个微分方程,通过求解可以得到

$$\boldsymbol{k}_{(t)}=\frac{2}{1+\mathrm{e}^{c+2t}} \tag{4.3.53a}$$

代入边界条件 $\boldsymbol{k}_{(t_f)}=[1]$,可得

$$[1]=\frac{2}{1+\mathrm{e}^{c+2t_f}}\Rightarrow c=-2t_f \tag{4.3.53b}$$

代入式(4.3.53a)可得

$$\boldsymbol{k}_{(t)}=\frac{2}{1+\mathrm{e}^{-2(t_f-t)}} \tag{4.3.53c}$$

若考虑无限时间控制,即

$$\lim_{t_f\to\infty}\boldsymbol{k}_{(t)}=\lim_{t_f\to\infty}\left[\frac{2}{1+\mathrm{e}^{-2(t_f-t)}}\right]=[2] \tag{4.3.54}$$

代入式(4.3.50)可以得到最优控制策略为

$$\boldsymbol{u}_{(t)}^*=-\boldsymbol{k}_{(t)}\boldsymbol{x}_{(t)}=-[2]\boldsymbol{x}_{(t)} \tag{4.3.55}$$

4.4 线性二次型调节器

在上一节中,我们讨论了动态规划的递归关系,并且分析了两个简单的案例。可以发现即使是一维的简单案例,无论是离散系统的贝尔曼方程,还是连续系统的 HJB 方程,求解过

程都非常复杂。在本节中，我们将专注于探讨一类最为典型的问题：系统为线性且性能指标采用二次型的形式，控制目标是将状态变量稳定在 **0**（调节问题）。符合这种要求的控制器被称为**线性二次型调节器**（**linear quadratic regulator，LQR**）。它是现代控制理论中非常重要的一种控制器，在众多领域中都有广泛应用。

4.4.1 离散型线性二次型系统

考虑一个离散型线性系统的状态空间方程为

$$\boldsymbol{x}_{[k+1]}=f(\boldsymbol{x}_{[k]},\boldsymbol{u}_{[k]})=\boldsymbol{A}_{[k]}\boldsymbol{x}_{[k]}+\boldsymbol{B}_{[k]}\boldsymbol{u}_{[k]} \tag{4.4.1}$$

其中 $\boldsymbol{x}_{[k]}$ 为 $n\times1$ 状态向量，$\boldsymbol{A}_{[k]}$ 为 $n\times n$ 状态矩阵，$\boldsymbol{u}_{[k]}$ 为 $p\times1$ 控制向量（系统输入），$\boldsymbol{B}_{[k]}$ 为 $n\times p$ 输入矩阵。矩阵 $\boldsymbol{A}_{[k]}$ 与 $\boldsymbol{B}_{[k]}$ 决定了系统的特性，系统 $k+1$ 时刻的状态变量 $\boldsymbol{x}_{[k+1]}$ 是其上一个时刻的状态变量 $\boldsymbol{x}_{[k]}$ 以及输入 $\boldsymbol{u}_{[k]}$ 的函数。系统的状态变量 $\boldsymbol{x}_{[k]}$ 与输入 $\boldsymbol{u}_{[k]}$ 都没有约束限制。定义二次型性能指标为：

$$J=h(\boldsymbol{x}_{[N]})+\sum_{k=0}^{N-1}g(\boldsymbol{x}_{[k]},\boldsymbol{u}_{[k]})$$

其中

$$h(\boldsymbol{x}_{[N]})=\frac{1}{2}\boldsymbol{x}_{[N]}^{\mathrm{T}}\boldsymbol{S}\boldsymbol{x}_{[N]}$$

$$g(\boldsymbol{x}_{[k]},\boldsymbol{u}_{[k]})=\frac{1}{2}\sum_{k=0}^{N-1}[\boldsymbol{x}_{[k]}^{\mathrm{T}}\boldsymbol{Q}_{[k]}\boldsymbol{x}_{[k]}+\boldsymbol{u}_{[k]}^{\mathrm{T}}\boldsymbol{R}_{[k]}\boldsymbol{u}_{[k]}] \tag{4.4.2}$$

性能指标中引入的常数 $\frac{1}{2}$ 是为了在后续求导数的过程中简化运算，消掉多余的系数。其中，$\boldsymbol{x}_{[N]}$ 表示系统末端 N 时刻的状态向量；$\boldsymbol{S}$ 和 $\boldsymbol{Q}_{[k]}$ 均为 $n\times n$ 对称半正定方阵，分别是末端代价与运行代价的权重矩阵；$\boldsymbol{R}_{[k]}$ 为 $p\times p$ 正定对称矩阵，是系统控制量代价的权重矩阵。$\boldsymbol{S}$、$\boldsymbol{Q}_{[k]}$ 和 $\boldsymbol{R}_{[k]}$ 通常可以设计为对角矩阵，即

$$\boldsymbol{S}=\begin{bmatrix}s_1 & \cdots & 0\\ \vdots & \ddots & \vdots\\ 0 & \cdots & s_n\end{bmatrix},\quad s_1,s_2,\cdots,s_n\geqslant 0$$

$$\boldsymbol{Q}_{[k]}=\begin{bmatrix}q_{1_{[k]}} & \cdots & 0\\ \vdots & \ddots & \vdots\\ 0 & \cdots & q_{n_{[k]}}\end{bmatrix},\quad q_{1_{[k]}},q_{2_{[k]}},\cdots,q_{n_{[k]}}\geqslant 0$$

$$\boldsymbol{R}_{[k]}=\begin{bmatrix}r_{1_{[k]}} & \cdots & 0\\ \vdots & \ddots & \vdots\\ 0 & \cdots & r_{p_{[k]}}\end{bmatrix},\quad r_{1_{[k]}},r_{2_{[k]}},\cdots,r_{p_{[k]}}> 0 \tag{4.4.3}$$

采用逆向分级求解方法，系统从 $k=N$ 运行到 $k=N$ 的代价为

$$J_{N\to N}(\boldsymbol{x}_{[N]})=\frac{1}{2}\boldsymbol{x}_{[N]}^{\mathrm{T}}\boldsymbol{S}\boldsymbol{x}_{[N]} \tag{4.4.4}$$

为了后续的表达一致性，定义 $\boldsymbol{P}_{[0]} \triangleq \boldsymbol{S}$。$J_{N\to N}(\boldsymbol{x}_{[N]})$ 这一项与控制量无关，也是系统的最优代价（参考式(4.3.3)下方说明），即

$$J^*_{N\to N}(\boldsymbol{x}_{[N]}) = \frac{1}{2}\boldsymbol{x}_{[N]}^{\mathrm{T}}\boldsymbol{P}_{[0]}\boldsymbol{x}_{[N]} \tag{4.4.5}$$

继续推导系统从 $k=N-1$ 运行到 $k=N$ 的性能指标，将 $k=N-1$ 代入式(4.4.2)得到

$$J_{N-1\to N}(\boldsymbol{x}_{[N-1]},\boldsymbol{x}_{[N]},\boldsymbol{u}_{[N-1]}) = \frac{1}{2}\boldsymbol{x}_{[N]}^{\mathrm{T}}\boldsymbol{S}\boldsymbol{x}_{[N]} + \frac{1}{2}(\boldsymbol{x}_{[N-1]}^{\mathrm{T}}\boldsymbol{Q}_{[N-1]}\boldsymbol{x}_{[N-1]} + \boldsymbol{u}_{[N-1]}^{\mathrm{T}}\boldsymbol{R}_{[N-1]}\boldsymbol{u}_{[N-1]}) \tag{4.4.6}$$

根据式(4.4.1)，$\boldsymbol{x}_{[N]} = \boldsymbol{A}_{[N-1]}\boldsymbol{x}_{[N-1]} + \boldsymbol{B}_{[N-1]}\boldsymbol{u}_{[N-1]}$，同时将 $\boldsymbol{S}=\boldsymbol{P}_{[0]}$ 代入可得

$$J_{N-1\to N}(\boldsymbol{x}_{[N-1]},\boldsymbol{u}_{[N-1]}) = \boxed{\frac{1}{2}[\boldsymbol{A}_{[N-1]}\boldsymbol{x}_{[N-1]} + \boldsymbol{B}_{[N-1]}\boldsymbol{u}_{[N-1]}]^{\mathrm{T}}\boldsymbol{P}_{[0]}[\boldsymbol{A}_{[N-1]}\boldsymbol{x}_{[N-1]} + \boldsymbol{B}_{[N-1]}\boldsymbol{u}_{[N-1]}]} + \boxed{\boxed{\frac{1}{2}(\boldsymbol{x}_{[N-1]}^{\mathrm{T}}\boldsymbol{Q}_{[N-1]}\boldsymbol{x}_{[N-1]} + \boldsymbol{u}_{[N-1]}^{\mathrm{T}}\boldsymbol{R}_{[N-1]}\boldsymbol{u}_{[N-1]})}} \tag{4.4.7}$$

这样就可以将式中的 $\boldsymbol{x}_{[N]}$ 项消掉，式(4.4.7)中的性能指标是控制量 $\boldsymbol{u}_{[N-1]}$ 和这一步的初始状态 $\boldsymbol{x}_{[N-1]}$ 的函数，其中 $\boldsymbol{x}_{[N-1]}$ 在 $k=N-1$ 时刻是一个固定的已知量。因此寻找最优的控制策略，可令性能指标对输入的导数 $\dfrac{\partial J_{N-1\to N}(\boldsymbol{x}_{[N-1]},\boldsymbol{u}_{[N-1]})}{\partial \boldsymbol{u}_{[N-1]}} = \boldsymbol{0}$，这是标量对向量的导数。式(4.4.7)中单边方框部分可以采用换元法求导，令 $\boldsymbol{y}(\boldsymbol{u}_{[N-1]}) = \boldsymbol{A}_{[N-1]}\boldsymbol{x}_{[N-1]} + \boldsymbol{B}_{[N-1]}\boldsymbol{u}_{[N-1]}$，代入可得

$$\begin{aligned}&\frac{1}{2}[\boldsymbol{A}_{[N-1]}\boldsymbol{x}_{[N-1]} + \boldsymbol{B}_{[N-1]}\boldsymbol{u}_{[N-1]}]^{\mathrm{T}}\boldsymbol{P}_{[0]}[\boldsymbol{A}_{[N-1]}\boldsymbol{x}_{[N-1]} + \boldsymbol{B}_{[N-1]}\boldsymbol{u}_{[N-1]}]\\ &= \frac{1}{2}\boldsymbol{y}(\boldsymbol{u}_{[N-1]})^{\mathrm{T}}\boldsymbol{P}_{[0]}\boldsymbol{y}(\boldsymbol{u}_{[N-1]})\end{aligned} \tag{4.4.8a}$$

根据矩阵求导的链式法则，可得

$$\begin{aligned}&\frac{\partial\left(\frac{1}{2}\boldsymbol{y}(\boldsymbol{u}_{[N-1]})^{\mathrm{T}}\boldsymbol{P}_{[0]}\boldsymbol{y}(\boldsymbol{u}_{[N-1]})\right)}{\partial \boldsymbol{u}_{[N-1]}}\\ &= \frac{\partial \boldsymbol{y}(\boldsymbol{u}_{[N-1]})}{\partial \boldsymbol{u}_{[N-1]}}\frac{\partial\frac{1}{2}\boldsymbol{y}(\boldsymbol{u}_{[N-1]})^{\mathrm{T}}\boldsymbol{P}_{[0]}\boldsymbol{y}(\boldsymbol{u}_{[N-1]})}{\partial \boldsymbol{y}(\boldsymbol{u}_{[N-1]})}\end{aligned} \tag{4.4.8b}$$

其中，第一部分根据**矩阵求导公式 2.3.2** 可得

$$\frac{\partial \boldsymbol{y}(\boldsymbol{u}_{[N-1]})}{\partial \boldsymbol{u}_{[N-1]}} = \frac{\partial(\boldsymbol{A}_{[N-1]}\boldsymbol{x}_{[N-1]} + \boldsymbol{B}_{[N-1]}\boldsymbol{u}_{[N-1]})}{\partial \boldsymbol{u}_{[N-1]}} = \boldsymbol{B}_{[N-1]}^{\mathrm{T}} \tag{4.4.8c}$$

第二部分根据**矩阵求导公式 2.3.3** 可得

$$\frac{\partial\frac{1}{2}\boldsymbol{y}(\boldsymbol{u}_{[N-1]})^{\mathrm{T}}\boldsymbol{P}_{[0]}\boldsymbol{y}(\boldsymbol{u}_{[N-1]})}{\partial \boldsymbol{y}(\boldsymbol{u}_{[N-1]})} = \boldsymbol{P}_{[0]}\boldsymbol{y}(\boldsymbol{u}_{[N-1]})$$

$$=\boldsymbol{P}_{[0]}(\boldsymbol{A}_{[N-1]}\boldsymbol{x}_{[N-1]}+\boldsymbol{B}_{[N-1]}\boldsymbol{u}_{[N-1]}) \tag{4.4.8d}$$

其中 $\boldsymbol{P}_{[0]}=\boldsymbol{S}$ 为对称矩阵。将式(4.4.8)整合可得

$$\frac{\partial\left(\frac{1}{2}[\boldsymbol{A}_{[N-1]}\boldsymbol{x}_{[N-1]}+\boldsymbol{B}_{[N-1]}\boldsymbol{u}_{[N-1]}]^{\mathrm{T}}\boldsymbol{P}_{[0]}[\boldsymbol{A}_{[N-1]}\boldsymbol{x}_{[N-1]}+\boldsymbol{B}_{[N-1]}\boldsymbol{u}_{[N-1]}]\right)}{\partial \boldsymbol{u}_{[N-1]}}$$

$$=\boldsymbol{B}_{[N-1]}^{\mathrm{T}}\boldsymbol{P}_{[0]}(\boldsymbol{A}_{[N-1]}\boldsymbol{x}_{[N-1]}+\boldsymbol{B}_{[N-1]}\boldsymbol{u}_{[N-1]}) \tag{4.4.9}$$

式(4.4.7)中双边方框部分的求导比较简单,因为 $\boldsymbol{x}_{[N-1]}^{\mathrm{T}}\boldsymbol{Q}_{[N-1]}\boldsymbol{x}_{[N-1]}$ 与 $\boldsymbol{u}_{[N-1]}$ 无关,只需要利用**矩阵求导公式 2.3.2** 考虑最后的部分,可得

$$\frac{\partial\left(\frac{1}{2}\boldsymbol{u}_{[N-1]}^{\mathrm{T}}\boldsymbol{R}_{[N-1]}\boldsymbol{u}_{[N-1]}\right)}{\partial \boldsymbol{u}_{[N-1]}}=\boldsymbol{R}_{[N-1]}\boldsymbol{u}_{[N-1]} \tag{4.4.10}$$

将式(4.4.9)与式(4.4.10)组合可得

$$\frac{\partial J_{N-1\to N}(\boldsymbol{x}_{[N-1]},\boldsymbol{u}_{[N-1]})}{\partial \boldsymbol{u}_{[N-1]}}=$$

$$\boldsymbol{B}_{[N-1]}^{\mathrm{T}}\boldsymbol{P}_{[0]}(\boldsymbol{A}_{[N-1]}\boldsymbol{x}_{[N-1]}+\boldsymbol{B}_{[N-1]}\boldsymbol{u}_{[N-1]})+\boldsymbol{R}_{[N-1]}\boldsymbol{u}_{[N-1]} \tag{4.4.11}$$

求导的目的是找到极小值,因此令其等于 $\boldsymbol{0}$,则可以求解最优控制策略

$$\begin{aligned}&\boldsymbol{B}_{[N-1]}^{\mathrm{T}}\boldsymbol{P}_{[0]}(\boldsymbol{A}_{[N-1]}\boldsymbol{x}_{[N-1]}+\boldsymbol{B}_{[N-1]}\boldsymbol{u}_{[N-1]})+\boldsymbol{R}_{[N-1]}\boldsymbol{u}_{[N-1]}=\boldsymbol{0}\\&\Rightarrow\boldsymbol{B}_{[N-1]}^{\mathrm{T}}\boldsymbol{P}_{[0]}\boldsymbol{B}_{[N-1]}\boldsymbol{u}_{[N-1]}+\boldsymbol{R}_{[N-1]}\boldsymbol{u}_{[N-1]}=-\boldsymbol{B}_{[N-1]}^{\mathrm{T}}\boldsymbol{P}_{[0]}\boldsymbol{A}_{[N-1]}\boldsymbol{x}_{[N-1]}\\&\Rightarrow\boldsymbol{u}_{[N-1]}^{*}=-(\boldsymbol{B}_{[N-1]}^{\mathrm{T}}\boldsymbol{P}_{[0]}\boldsymbol{B}_{[N-1]}+\boldsymbol{R}_{[N-1]})^{-1}\boldsymbol{B}_{[N-1]}^{\mathrm{T}}\boldsymbol{P}_{[0]}\boldsymbol{A}_{[N-1]}\boldsymbol{x}_{[N-1]}\end{aligned} \tag{4.4.12}$$

定义反馈矩阵 $\boldsymbol{F}_{[N-1]}=(\boldsymbol{B}_{[N-1]}^{\mathrm{T}}\boldsymbol{P}_{[0]}\boldsymbol{B}_{[N-1]}+\boldsymbol{R}_{[N-1]})^{-1}\boldsymbol{B}_{[N-1]}^{\mathrm{T}}\boldsymbol{P}_{[0]}\boldsymbol{A}_{[N-1]}$ 并代入式(4.4.12),可得

$$\boldsymbol{u}_{[N-1]}^{*}=-\boldsymbol{F}_{[N-1]}\boldsymbol{x}_{[N-1]} \tag{4.4.13}$$

为了检验结果是否为极小值,继续求解性能指标对控制量的二次导数,即

$$\begin{aligned}&\frac{\partial^2(J_{N-1\to N}(\boldsymbol{x}_{[N-1]},\boldsymbol{u}_{[N-1]}))}{\partial \boldsymbol{u}_{[N-1]}^2}\\&=\frac{\partial[\boldsymbol{B}_{[N-1]}^{\mathrm{T}}\boldsymbol{P}_{[0]}(\boldsymbol{A}_{[N-1]}\boldsymbol{x}_{[N-1]}+\boldsymbol{B}_{[N-1]}\boldsymbol{u}_{[N-1]})+\boldsymbol{R}_{[N-1]}\boldsymbol{u}_{[N-1]}]}{\partial \boldsymbol{u}_{[N-1]}}\\&=\boldsymbol{B}_{[N-1]}^{\mathrm{T}}\boldsymbol{P}_{[0]}\boldsymbol{B}_{[N-1]}+\boldsymbol{R}_{[N-1]}\end{aligned} \tag{4.4.14}$$

其中 $\boldsymbol{P}_{[0]}=\boldsymbol{S}$ 是半正定矩阵,因此 $\boldsymbol{B}_{[N-1]}^{\mathrm{T}}\boldsymbol{P}_{[0]}\boldsymbol{B}_{[N-1]}$ 也是半正定的,同时矩阵 $\boldsymbol{R}_{[N-1]}$ 是正定矩阵。因此式(4.4.14)的加和结果为正定矩阵。据此,可以断定当 $\boldsymbol{u}_{[N-1]}=\boldsymbol{u}_{[N-1]}^{*}$ 时,$J_{N-1\to N}(\boldsymbol{x}_{[N-1]},\boldsymbol{u}_{[N-1]})$ 有最小值。将式(4.4.13)代入式(4.4.7),整理后可得系统从 $k=N-1$ 运行到 $k=N$ 的最优剩余代价为

$$\begin{aligned}J_{N-1\to N}^{*}(\boldsymbol{x}_{[N-1]})=&\frac{1}{2}[\boldsymbol{A}_{[N-1]}\boldsymbol{x}_{[N-1]}-\boldsymbol{B}_{[N-1]}\boldsymbol{F}_{[N-1]}\boldsymbol{x}_{[N-1]}]^{\mathrm{T}}\boldsymbol{P}_{[0]}[\boldsymbol{A}_{[N-1]}\boldsymbol{x}_{[N-1]}-\\&\boldsymbol{B}_{[N-1]}\boldsymbol{F}_{[N-1]}\boldsymbol{x}_{[N-1]}]+\frac{1}{2}[\boldsymbol{x}_{[N-1]}{}^{\mathrm{T}}\boldsymbol{Q}_{[N-1]}\boldsymbol{x}_{[N-1]}+\end{aligned}$$

$$\begin{aligned}
&(-\boldsymbol{F}_{[N-1]}\boldsymbol{x}_{[N-1]})^{\mathrm{T}}\boldsymbol{R}_{[N-1]}(-\boldsymbol{F}_{[N-1]}\boldsymbol{x}_{[N-1]})]\\
=&\frac{1}{2}[(\boldsymbol{A}_{[N-1]}-\boldsymbol{B}_{[N-1]}\boldsymbol{F}_{[N-1]})\boldsymbol{x}_{[N-1]}]^{\mathrm{T}}\boldsymbol{P}_{[0]}[(\boldsymbol{A}_{[N-1]}-\\
&\boldsymbol{B}_{[N-1]}\boldsymbol{F}_{[N-1]})\boldsymbol{x}_{[N-1]}]+\frac{1}{2}\boldsymbol{x}_{[N-1]}^{\mathrm{T}}\boldsymbol{Q}_{[N-1]}\boldsymbol{x}_{[N-1]}+\\
&\frac{1}{2}\boldsymbol{x}_{[N-1]}^{\mathrm{T}}\boldsymbol{F}_{[N-1]}^{\mathrm{T}}\boldsymbol{R}_{[N-1]}\boldsymbol{F}_{[N-1]}\boldsymbol{x}_{[N-1]}\\
=&\frac{1}{2}\boldsymbol{x}_{[N-1]}^{\mathrm{T}}(\boldsymbol{A}_{[N-1]}-\boldsymbol{B}_{[N-1]}\boldsymbol{F}_{[N-1]})^{\mathrm{T}}\boldsymbol{P}_{[0]}(\boldsymbol{A}_{[N-1]}-\boldsymbol{B}_{[N-1]}\boldsymbol{F}_{[N-1]})\boldsymbol{x}_{[N-1]}+\\
&\frac{1}{2}\boldsymbol{x}_{[N-1]}^{\mathrm{T}}\boldsymbol{Q}_{[N-1]}\boldsymbol{x}_{[N-1]}+\frac{1}{2}\boldsymbol{x}_{[N-1]}^{\mathrm{T}}\boldsymbol{F}_{[N-1]}^{\mathrm{T}}\boldsymbol{R}_{[N-1]}\boldsymbol{F}_{[N-1]}\boldsymbol{x}_{[N-1]}\\
=&\frac{1}{2}\boldsymbol{x}_{[N-1]}^{\mathrm{T}}[(\boldsymbol{A}_{[N-1]}-\boldsymbol{B}_{[N-1]}\boldsymbol{F}_{[N-1]})^{\mathrm{T}}\boldsymbol{P}_{[0]}(\boldsymbol{A}_{[N-1]}-\boldsymbol{B}_{[N-1]}\boldsymbol{F}_{[N-1]})+\\
&\boldsymbol{F}_{[N-1]}^{\mathrm{T}}\boldsymbol{R}_{[N-1]}\boldsymbol{F}_{[N-1]}+\boldsymbol{Q}_{[N-1]}]\boldsymbol{x}_{[N-1]}
\end{aligned}\tag{4.4.15}$$

将式(4.4.15)中间较长的中括号部分定义为 $\boldsymbol{P}_{[1]}\triangleq[(\boldsymbol{A}_{[N-1]}-\boldsymbol{B}_{[N-1]}\boldsymbol{F}_{[N-1]})^{\mathrm{T}}\boldsymbol{P}_{[0]}(\boldsymbol{A}_{[N-1]}-\boldsymbol{B}_{[N-1]}\boldsymbol{F}_{[N-1]})+\boldsymbol{F}_{[N-1]}^{\mathrm{T}}\boldsymbol{R}_{[N-1]}\boldsymbol{F}_{[N-1]}+\boldsymbol{Q}_{[N-1]}]$,得到

$$J_{N-1\to N}^{*}(\boldsymbol{x}_{[N-1]})=\frac{1}{2}\boldsymbol{x}_{[N-1]}^{\mathrm{T}}\boldsymbol{P}_{[1]}\boldsymbol{x}_{[N-1]}\tag{4.4.16}$$

可以发现其形式与式(4.4.5)一致,因此可以猜想最优代价可能会有一致的表达。为验证这一猜想,我们继续计算系统从 $k=N-2$ 级到第 $k=N$ 级的性能指标,即

$$\begin{aligned}
J_{N-2\to N}(\boldsymbol{x}_{[N-2]},\boldsymbol{x}_{[N-1]},\boldsymbol{u}_{[N-1]},\boldsymbol{u}_{[N-2]})=&\frac{1}{2}\boldsymbol{x}_{[N]}{}^{\mathrm{T}}\boldsymbol{S}\boldsymbol{x}_{[N]}+\frac{1}{2}(\boldsymbol{x}_{[N-1]}^{\mathrm{T}}\boldsymbol{Q}_{[N-1]}\boldsymbol{x}_{[N-1]}+\\
&\boldsymbol{u}_{[N-1]}^{\mathrm{T}}\boldsymbol{R}_{[N-1]}\boldsymbol{u}_{[N-1]})+\frac{1}{2}(\boldsymbol{x}_{[N-2]}^{\mathrm{T}}\boldsymbol{Q}_{[N-2]}\boldsymbol{x}_{[N-2]}+\\
&\boldsymbol{u}_{[N-2]}^{\mathrm{T}}\boldsymbol{R}_{[N-2]}\boldsymbol{u}_{[N-2]})\\
=&J_{N-1\to N}(\boldsymbol{x}_{[N-1]},\boldsymbol{u}_{[N-1]})+\frac{1}{2}(\boldsymbol{x}_{[N-2]}^{\mathrm{T}}\boldsymbol{Q}_{[N-2]}\boldsymbol{x}_{[N-2]}+\\
&\boldsymbol{u}_{[N-2]}^{\mathrm{T}}\boldsymbol{R}_{[N-2]}\boldsymbol{u}_{[N-2]})
\end{aligned}\tag{4.4.17}$$

根据**贝尔曼最优化理论**,最优代价 $J_{N-2\to N}^{*}(\boldsymbol{x}_{[N-2]})$ 中必定包含式(4.4.16)所得到的最优剩余代价 $J_{N-1\to N}^{*}(\boldsymbol{x}_{[N-1]})$,即

$$\begin{aligned}
J_{N-2\to N}^{*}(\boldsymbol{x}_{[N-2]})=&\min_{\boldsymbol{u}_{[N-1]}}(J_{N-1\to N}^{*}(\boldsymbol{x}_{[N-1]})+\\
&\frac{1}{2}(\boldsymbol{x}_{[N-2]}^{\mathrm{T}}\boldsymbol{Q}_{[N-2]}\boldsymbol{x}_{[N-2]}+\boldsymbol{u}_{[N-2]}^{\mathrm{T}}\boldsymbol{R}_{[N-2]}\boldsymbol{u}_{[N-2]}))\\
=&\min_{\boldsymbol{u}_{[N-1]}}\Big(\frac{1}{2}\boldsymbol{x}_{[N-1]}^{\mathrm{T}}\boldsymbol{P}_{[1]}\boldsymbol{x}_{[N-1]}+\\
&\frac{1}{2}(\boldsymbol{x}_{[N-2]}{}^{\mathrm{T}}\boldsymbol{Q}_{[N-2]}\boldsymbol{x}_{[N-2]}+\boldsymbol{u}_{[N-2]}^{\mathrm{T}}\boldsymbol{R}_{[N-2]}\boldsymbol{u}_{[N-2]}))
\end{aligned}\tag{4.4.18}$$

根据系统状态空间方程,将 $\boldsymbol{x}_{[N-1]}=\boldsymbol{A}_{[N-2]}\boldsymbol{x}_{[N-2]}+\boldsymbol{B}_{[N-2]}\boldsymbol{u}_{[N-2]}$ 代入式(4.4.18),可以

消去 $\boldsymbol{x}_{[N-1]}$ 项，得到

$$J_{N-2\to N}^{*}(\boldsymbol{x}_{[N-2]}) = \min_{\boldsymbol{u}_{[N-2]}}\Big(\frac{1}{2}[\boldsymbol{A}_{[N-2]}\boldsymbol{x}_{[N-2]} + \boldsymbol{B}_{[N-2]}\boldsymbol{u}_{[N-2]}]^{\mathrm{T}}\boldsymbol{P}_{[1]}[\boldsymbol{A}_{[N-2]}\boldsymbol{x}_{[N-2]} + \boldsymbol{B}_{[N-2]}\boldsymbol{u}_{[N-2]}] + \frac{1}{2}(\boldsymbol{x}_{[N-2]}^{\mathrm{T}}\boldsymbol{Q}_{[N-2]}\boldsymbol{x}_{[N-2]} + \boldsymbol{u}_{[N-2]}^{\mathrm{T}}\boldsymbol{R}_{[N-2]}\boldsymbol{u}_{[N-2]})\Big) \tag{4.4.19}$$

将式(4.4.19)括号部分对 $\boldsymbol{u}_{[N-2]}$ 求导并令其等于零，参考式(4.4.11)的类似形式，可以得到

$$\boldsymbol{B}_{[N-2]}^{\mathrm{T}}\boldsymbol{P}_{[1]}(\boldsymbol{A}_{[N-2]}\boldsymbol{x}_{[N-2]} + \boldsymbol{B}_{[N-2]}\boldsymbol{u}_{[N-2]}) + \boldsymbol{R}_{[N-2]}\boldsymbol{u}_{[N-2]} = \boldsymbol{0} \tag{4.4.20}$$

得到最优控制策略

$$\boldsymbol{u}_{[N-2]}^{*} = -\boldsymbol{F}_{[N-2]}\boldsymbol{x}_{[N-2]} \tag{4.4.21a}$$

其中

$$\boldsymbol{F}_{[N-2]} = (\boldsymbol{B}_{[N-2]}^{\mathrm{T}}\boldsymbol{P}_{[1]}\boldsymbol{B}_{[N-2]} + \boldsymbol{R}_{[N-2]})^{-1}\boldsymbol{B}_{[N-2]}^{\mathrm{T}}\boldsymbol{P}_{[1]}\boldsymbol{A}_{[N-2]} \tag{4.4.21b}$$

其形式与式(4.4.12)和式(4.4.13)相同。代入式(4.4.19)，整理后可得系统从 $k=N-2$ 级到第 $k=N$ 级的剩余代价为

$$J_{N-2\to N}^{*}(\boldsymbol{x}_{[N-2]}) = \frac{1}{2}\boldsymbol{x}_{[N-2]}^{\mathrm{T}}\boldsymbol{P}_{[2]}\boldsymbol{x}_{[N-2]} \tag{4.4.22a}$$

其中

$$\boldsymbol{P}_{[2]} = (\boldsymbol{A}_{[N-2]} - \boldsymbol{B}_{[N-2]}\boldsymbol{F}_{[N-2]})^{\mathrm{T}}\boldsymbol{P}_{[1]}(\boldsymbol{A}_{[N-2]} - \boldsymbol{B}_{[N-2]}\boldsymbol{F}_{[N-2]}) + \boldsymbol{F}_{[N-2]}^{\mathrm{T}}\boldsymbol{R}_{[N-2]}\boldsymbol{F}_{[N-2]} + \boldsymbol{Q}_{[N-2]} \tag{4.4.22b}$$

与式(4.4.16)和式(4.4.5)的结构一致。由此可以归纳出最优控制策略的一般形式为

$$\boldsymbol{u}_{[N-k]}^{*} = -\boldsymbol{F}_{[N-k]}\boldsymbol{x}_{[N-k]} \tag{4.4.23a}$$

其中

$$\boldsymbol{F}_{[N-k]} = (\boldsymbol{B}_{[N-k]}^{\mathrm{T}}\boldsymbol{P}_{[k-1]}\boldsymbol{B}_{[N-k]} + \boldsymbol{R}_{[N-k]})^{-1}\boldsymbol{B}_{[N-k]}^{\mathrm{T}}\boldsymbol{P}_{[k-1]}\boldsymbol{A}_{[N-k]} \tag{4.4.23b}$$

式(4.4.23)即离散线性二次型系统的最优控制递推公式。其中 $\boldsymbol{F}_{[N-k]}$ 是 $p\times n$ 矩阵，$\boldsymbol{P}_{[k]}$ 是 $n\times n$ 方阵。同时可以归纳出最优剩余代价的一般形式为

$$J_{N-k\to N}^{*}(\boldsymbol{x}_{[N-k]}) = \frac{1}{2}\boldsymbol{x}_{[N-k]}^{\mathrm{T}}\boldsymbol{P}_{[k]}\boldsymbol{x}_{[N-k]} \tag{4.4.24a}$$

其中

$$\boldsymbol{P}_{[k]} = (\boldsymbol{A}_{[N-k]} - \boldsymbol{B}_{[N-k]}\boldsymbol{F}_{[N-k]})^{\mathrm{T}}\boldsymbol{P}_{[k-1]}(\boldsymbol{A}_{[N-k]} - \boldsymbol{B}_{[N-k]}\boldsymbol{F}_{[N-k]}) + \boldsymbol{F}_{[N-k]}^{\mathrm{T}}\boldsymbol{R}_{[N-k]}\boldsymbol{F}_{[N-k]} + \boldsymbol{Q}_{[N-k]} \tag{4.4.24b}$$

初始条件为

$$\boldsymbol{P}_{[0]} = \boldsymbol{S} \tag{4.4.24c}$$

式(4.4.23)和式(4.4.24)构成了一个 LQR 的求解周期。完整的求解过程与控制策略的施加过程如图 4.4.1 所示。

如果式(4.4.1)中的线性时不变系统完全可控，当最优控制的末端时间为无穷大，即 $N=\infty$ 时，反馈矩阵 $\boldsymbol{F}_{[N-k]}$ 将趋于常数矩阵 $\boldsymbol{F}$，即

$$N \to \infty \Rightarrow \boldsymbol{F}_{[N-k]} \to \boldsymbol{F} \tag{4.4.25}$$

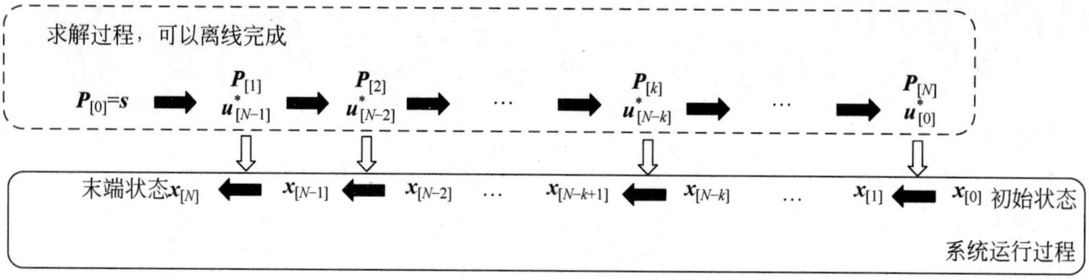

图 4.4.1　线性二次型离散系统最优化求解过程

在使用中可以离线计算出这一常数矩阵并将其施加到系统中。使用常数反馈矩阵也是LQR最为常用的方法，为了确定这一常数矩阵，可以尝试循环求解多组结果直到 $\boldsymbol{F}$ 收敛为止。

> 我们使用模块化的编程设计将常用的算法“打包”并在将来进行复用，这样可以提高代码的重用性、可维护性以及测试性。此处将引入第一个模块——[F1]**反馈矩阵求解模块**，对应于本书所附代码中的 F1_LQR_Gain. m。其输入为系统矩阵 $\boldsymbol{A}$、$\boldsymbol{B}$ 以及权重矩阵 $\boldsymbol{Q}$、$\boldsymbol{R}$、$\boldsymbol{S}$，输出为常数反馈矩阵 $\boldsymbol{F}$。在程序中使用一个循环求解 $\boldsymbol{F}$ 直到收敛。

LQR 反馈控制系统如图 4.4.2 所示。通过离线计算出反馈矩阵 $\boldsymbol{F}$，根据当前状态变量 $\boldsymbol{x}_{[k]}$ 计算最优控制量 $\boldsymbol{u}^*_{[k]}$ 并输入系统中，得到的新状态变量 $\boldsymbol{x}_{[k+1]}$ 将被用作下一时刻的反馈量，计算下一时刻的最优控制输入 $\boldsymbol{u}^*_{[k+1]}$。以此循环，为避免时间点上的歧义，图中标注“更新时间”$k=k+1$。

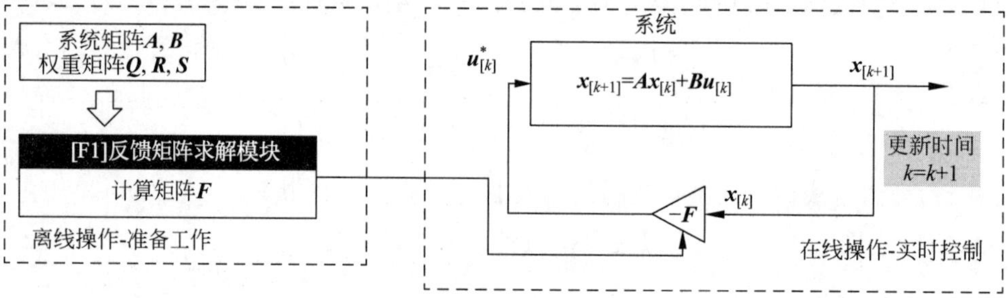

图 4.4.2　LQR 反馈控制系统

> 请参考代码 4.2：F1_LQR_Gain. m。

4.4.2　离散型一维案例分析——LQR 方法

使用 LQR 的方法处理**例 4.3.1**。这是一个标准的 LQR 问题，且系统为时不变系统。其中 $\boldsymbol{A}=\boldsymbol{B}=[1]$，$\boldsymbol{P}_{[0]}=\boldsymbol{S}=\boldsymbol{R}=[1]$。考虑末端时刻 $N=2$。

当 $k=1$ 时，$\boldsymbol{F}_{[N-k]}=\boldsymbol{F}_{[2-1]}=\boldsymbol{F}_{[1]}$，使用式(4.4.23b)求得反馈

$$\boldsymbol{F}_{[1]}=(\boldsymbol{B}_{[1]}^{\mathrm{T}}\boldsymbol{P}_{[0]}\boldsymbol{B}_{[1]}+\boldsymbol{R}_{[1]})^{-1}\boldsymbol{B}_{[1]}^{\mathrm{T}}\boldsymbol{P}_{[0]}\boldsymbol{A}_{[1]}=([1]+[1])^{-1}\times[1]\times[1]\times[1]=\left[\frac{1}{2}\right] \tag{4.4.26a}$$

代入式(4.4.23a)可得

$$u^*_{[1]} = -F_{[1]}x_{[1]} = -\left[\frac{1}{2}\right]x_{[1]} \tag{4.4.26b}$$

使用式(4.4.24b),得到

$$\begin{aligned}P_{[1]} &= (A_{[1]} - B_{[1]}F_{[1]})^{\mathrm{T}}P_{[0]}(A_{[1]} - B_{[1]}F_{[1]}) + F^{\mathrm{T}}_{[1]}R_{[1]}F_{[1]} + Q_{[1]} \\ &= \left([1] - \left[\frac{1}{2}\right]\right)\times[1]\times\left([1] - \left[\frac{1}{2}\right]\right) + \left[\frac{1}{2}\right]\times[1]\times\left[\frac{1}{2}\right] + [1] = \left[\frac{3}{2}\right]\end{aligned} \tag{4.4.26c}$$

当 $k=2$ 时,$F_{[N-k]} = F_{[2-2]} = F_{[0]}$,使用式(4.4.23b)求得反馈

$$\begin{aligned}F_{[0]} &= (B^{\mathrm{T}}_{[0]}P_{[1]}B_{[0]} + R_{[0]})^{-1}B^{\mathrm{T}}_{[0]}P_{[1]}A_{[0]} \\ &= \left(\left[\frac{3}{2}\right] + [1]\right)^{-1}\times[1]\times\left[\frac{3}{2}\right]\times[1] = \left[\frac{2}{5}\right]\times\left[\frac{3}{2}\right] = \left[\frac{3}{5}\right]\end{aligned} \tag{4.4.26d}$$

代入式(4.4.23a)可得

$$u^*_{[0]} = -F_{[0]}x_{[0]} = -\left[\frac{3}{5}\right]x_{[0]} \tag{4.4.26e}$$

可以看到,此处的计算结果与 4.3.2 节中保持一致,因为 LQR 实际上是通过 4.3.2 节归纳总结出来的适用于线性系统且性能指标为二次型的解析解。使用计算机软件可以方便地计算不同末端时刻 N 所对应的 $F_{[k]}$ 的值。表 4.4.1 显示了当 $N=8$ 时仿真计算出的 $F_{[k]}$,可以发现在 $k=5$ 之后反馈 $F_{[k]}$ 会收敛到一个常数矩阵[0.61803]。因此在实际操作中可以直接使用常数反馈,即

$$u^*_{[k]} = -[0.61803]x_{[k]} \tag{4.4.27}$$

表 4.4.1　N=8 时得到的反馈增益

k	0	1	2	3	4	5	6	7
$F_{[k]}$	[0.5]	[0.6]	[0.61538]	[0.61765]	[0.61798]	[0.61803]	[0.61803]	[0.61803]

在随书的程序中,我们使用了**[F1]反馈矩阵求解模块**,因此所得结果为一个收敛值 $F_{[k]}$,读者可以改变其中的循环次数,得到不同步长的 $F_{[k]}$。

> 请参考代码 4.3：LQR_1D_Test.m。

4.4.3　连续型线性二次型系统

本小节将利用 HJB 方程分析连续型线性二次型系统的调节控制方法,考虑如下形式的连续型线性动态系统

$$\dot{x}_{(t)} = f(x_{(t)}, u_{(t)}, t) = A_{(t)}x_{(t)} + B_{(t)}u_{(t)} \tag{4.4.28}$$

考虑调节问题,系统的参考目标值为 $x_{d_{(t)}} = \mathbf{0}$,从任意的初始时间 t 到末端时间 t_f 的系统的二次型性能指标定义为：

$$J_{t\to t_f}(x_{(t)}, t, u_{(\tau)}) = h(x_{(t_f)}, t_f) + \int_t^{t_f} g(x_{(\tau)}, u_{(\tau)}, \tau)\mathrm{d}\tau, \quad t \leqslant \tau \leqslant t_f$$

其中

$$h(\boldsymbol{x}_{(t_f)},t_f)=\frac{1}{2}\boldsymbol{x}_{(t_f)}^{\mathrm{T}}\boldsymbol{S}\boldsymbol{x}_{(t_f)}$$

$$g(\boldsymbol{x}_{(t)},\boldsymbol{u}_{(t)},t)=\frac{1}{2}(\boldsymbol{x}_{(t)}^{\mathrm{T}}\boldsymbol{Q}_{(t)}\boldsymbol{x}_{(t)}+\boldsymbol{u}_{(t)}^{\mathrm{T}}\boldsymbol{R}_{(t)}\boldsymbol{u}_{(t)}) \tag{4.4.29}$$

其中 $\boldsymbol{S}$ 和 $\boldsymbol{Q}_{(t)}$ 为对称的半正定矩阵,$\boldsymbol{R}_{(t)}$ 为对称正定矩阵。系统输入和状态变量都没有约束限制。根据式(4.3.41)构建哈密顿项为

$$\begin{aligned}\mathcal{H}(\boldsymbol{x}_{(t)},\boldsymbol{u}_{(t)},\boldsymbol{J}_x^*,t)&\triangleq\boldsymbol{J}_x^*(\boldsymbol{x}_{(t)},t)^{\mathrm{T}}f(\boldsymbol{x}_{(t)},\boldsymbol{u}_{(t)},t)+g(\boldsymbol{x}_{(t)},\boldsymbol{u}_{(t)},t)\\&=\boldsymbol{J}_x^*(\boldsymbol{x}_{(t)},t)^{\mathrm{T}}(\boldsymbol{A}_{(t)}\boldsymbol{x}_{(t)}+\boldsymbol{B}_{(t)}\boldsymbol{u}_{(t)})+\\&\quad\frac{1}{2}(\boldsymbol{x}_{(t)}^{\mathrm{T}}\boldsymbol{Q}_{(t)}\boldsymbol{x}_{(t)}+\boldsymbol{u}_{(t)}^{\mathrm{T}}\boldsymbol{R}_{(t)}\boldsymbol{u}_{(t)})\end{aligned} \tag{4.4.30}$$

求最小的哈密顿项可令$\dfrac{\partial\mathcal{H}(\boldsymbol{x}_{(t)},\boldsymbol{u}_{(t)},\boldsymbol{J}_x^*,t)}{\partial\boldsymbol{u}_{(t)}}=\boldsymbol{0}$,根据矩阵求导的分母分布,使用**矩阵求导公式 2.3.2** 和**矩阵求导公式 2.3.3** 得到

$$\begin{aligned}\frac{\partial\mathcal{H}(\boldsymbol{x}_{(t)},\boldsymbol{u}_{(t)},\boldsymbol{J}_x^*,t)}{\partial\boldsymbol{u}_{(t)}}&=\boldsymbol{B}_{(t)}^{\mathrm{T}}\boldsymbol{J}_x^*(\boldsymbol{x}_{(t)},t)+\boldsymbol{R}_{(t)}\boldsymbol{u}_{(t)}=\boldsymbol{0}\\&\Rightarrow\boldsymbol{u}_{(t)}^*=-\boldsymbol{R}_{(t)}^{-1}\boldsymbol{B}_{(t)}^{\mathrm{T}}\boldsymbol{J}_x^*(\boldsymbol{x}_{(t)},t)\end{aligned} \tag{4.4.31}$$

哈密顿项的二阶导数为

$$\frac{\partial^2\mathcal{H}(\boldsymbol{x}_{(t)},\boldsymbol{u}_{(t)},\boldsymbol{J}_x^*,t)}{\partial\boldsymbol{u}_{(t)}^2}=\boldsymbol{R}_{(t)} \tag{4.4.32}$$

$\boldsymbol{R}_{(t)}$ 为正定矩阵,可以确定 $\boldsymbol{u}_{(t)}^*$ 使哈密顿项达到最小值。将 $\boldsymbol{u}_{(t)}^*$ 代入式(4.4.30)得到最小哈密顿项

$$\begin{aligned}\mathcal{H}(\boldsymbol{x}_{(t)},\boldsymbol{u}^*(\boldsymbol{x}_{(t)},\boldsymbol{J}_x^*,t),\boldsymbol{J}_x^*,t)=&\ \boldsymbol{J}_x^*(\boldsymbol{x}_{(t)},t)^{\mathrm{T}}(\boldsymbol{A}_{(t)}\boldsymbol{x}_{(t)}+\boldsymbol{B}_{(t)}\boldsymbol{u}_{(t)}^*)+\\&\frac{1}{2}(\boldsymbol{x}_{(t)}^{\mathrm{T}}\boldsymbol{Q}_{(t)}\boldsymbol{x}_{(t)}+\boldsymbol{u}_{(t)}^{*\mathrm{T}}\boldsymbol{R}_{(t)}\boldsymbol{u}_{(t)}^*)\\=&\ \boldsymbol{J}_x^*(\boldsymbol{x}_{(t)},t)^{\mathrm{T}}\boldsymbol{A}_{(t)}\boldsymbol{x}_{(t)}-\boldsymbol{J}_x^*(\boldsymbol{x}_{(t)},t)^{\mathrm{T}}\boldsymbol{B}_{(t)}\boldsymbol{R}_{(t)}^{-1}\boldsymbol{B}_{(t)}^{\mathrm{T}}\boldsymbol{J}_x^*(\boldsymbol{x}_{(t)},t)+\\&\frac{1}{2}\boldsymbol{x}_{(t)}^{\mathrm{T}}\boldsymbol{Q}_{(t)}\boldsymbol{x}_{(t)}+\frac{1}{2}\boldsymbol{J}_x^*(\boldsymbol{x}_{(t)},t)^{\mathrm{T}}\boldsymbol{B}_{(t)}\boldsymbol{R}_{(t)}^{-1}\boldsymbol{B}_{(t)}^{\mathrm{T}}\boldsymbol{J}_x^*(\boldsymbol{x}_{(t)},t)\\=&\ \boldsymbol{J}_x^*(\boldsymbol{x}_{(t)},t)^{\mathrm{T}}\boldsymbol{A}\boldsymbol{x}_{(t)}-\\&\frac{1}{2}\boldsymbol{J}_x^*(\boldsymbol{x}_{(t)},t)^{\mathrm{T}}\boldsymbol{B}_{(t)}\boldsymbol{R}_{(t)}^{-1}\boldsymbol{B}_{(t)}^{\mathrm{T}}\boldsymbol{J}_x^*(\boldsymbol{x}_{(t)},t)+\frac{1}{2}\boldsymbol{x}_{(t)}^{\mathrm{T}}\boldsymbol{Q}_{(t)}\boldsymbol{x}_{(t)}\end{aligned} \tag{4.4.33}$$

在式(4.4.33)的推导过程中,需要使用 $\boldsymbol{R}_{(t)}$ 为对称矩阵 $\boldsymbol{R}_{(t)}^{\mathrm{T}}=\boldsymbol{R}_{(t)}$ 这一性质。将最小哈密顿项代入式(4.3.43)中可得 HJB 方程

$$\begin{aligned}0=&\ J_t^*(\boldsymbol{x}_{(t)},t)+\boldsymbol{J}_x^*(\boldsymbol{x}_{(t)},t)^{\mathrm{T}}\boldsymbol{A}\boldsymbol{x}_{(t)}-\\&\frac{1}{2}\boldsymbol{J}_x^*(\boldsymbol{x}_{(t)},t)^{\mathrm{T}}\boldsymbol{B}_{(t)}\boldsymbol{R}_{(t)}^{-1}\boldsymbol{B}_{(t)}^{\mathrm{T}}\boldsymbol{J}_x^*(\boldsymbol{x}_{(t)},t)+\frac{1}{2}\boldsymbol{x}_{(t)}^{\mathrm{T}}\boldsymbol{Q}_{(t)}\boldsymbol{x}_{(t)}\end{aligned} \tag{4.4.34}$$

由 4.4.2 节可知,离散系统的最优剩余代价是二次型的形式(如式(4.4.24a)所示),因此可

以猜测连续系统的最优剩余代价 $J^*(\boldsymbol{x}(t),t)$，也应该可以写成二次型的形式，不妨假设

$$J^*(\boldsymbol{x}_{(t)},t)=\frac{1}{2}\boldsymbol{x}_{(t)}^{\mathrm{T}}\boldsymbol{P}_{(t)}\boldsymbol{x}_{(t)} \tag{4.4.35a}$$

其中 $\boldsymbol{P}_{(t)}$ 是一个对称的正定矩阵（$\boldsymbol{P}_{(t)}=\boldsymbol{P}_{(t)}^{\mathrm{T}}$），式(4.4.35a)对时间和状态变量的偏导分别为

$$J_t^*(\boldsymbol{x}_{(t)},t)=\frac{\partial J^*(\boldsymbol{x}_{(t)},t)}{\partial t}=\frac{1}{2}\boldsymbol{x}_{(t)}^{\mathrm{T}}\dot{\boldsymbol{P}}_{(t)}\boldsymbol{x}_{(t)} \tag{4.4.35b}$$

$$\boldsymbol{J}_{\boldsymbol{x}}^*(\boldsymbol{x}_{(t)},t)=\frac{\partial J^*(\boldsymbol{x}_{(t)},t)}{\partial \boldsymbol{x}}=\boldsymbol{P}_{(t)}\boldsymbol{x}_{(t)} \tag{4.4.35c}$$

需要注意的是，根据式(4.3.35a)，在泰勒级数展开时，$\boldsymbol{x}_{(t)}$ 和 t 被认为是两个单独的变量，求偏导时需要固定其中一个。因此式(4.4.35b)中并不需要 $\boldsymbol{x}_{(t)}$ 对 t 求偏导。$J^*(\boldsymbol{x}_{(t)},t)$ 的边界条件为

$$\begin{aligned}J^*(\boldsymbol{x}_{(t_f)},t_f)=\frac{1}{2}\boldsymbol{x}_{(t_f)}^{\mathrm{T}}\boldsymbol{S}\boldsymbol{x}_{(t_f)}&=\frac{1}{2}\boldsymbol{x}_{(t_f)}^{\mathrm{T}}\boldsymbol{P}_{(t_f)}\boldsymbol{x}_{(t_f)}\\ \Rightarrow \boldsymbol{P}_{(t_f)}&=\boldsymbol{S}_{(t_f)}\end{aligned} \tag{4.4.35d}$$

将式(4.4.35c)代入式(4.4.31)可以得到最优控制量的表达式

$$\boldsymbol{u}_{(t)}^*=-\boldsymbol{R}_{(t)}^{-1}\boldsymbol{B}_{(t)}^{\mathrm{T}}\boldsymbol{J}_{\boldsymbol{x}}^*(\boldsymbol{x}_{(t)},t)=-\boldsymbol{R}_{(t)}^{-1}\boldsymbol{B}_{(t)}^{\mathrm{T}}\boldsymbol{P}_{(t)}\boldsymbol{x}_{(t)} \tag{4.4.36}$$

下一步就是求解 $\boldsymbol{P}_{(t)}$。将式(4.4.35b)、式(4.4.35c)代入式(4.4.34)中，可得

$$\begin{aligned}0&-\frac{1}{2}\boldsymbol{x}_{(t)}^{\mathrm{T}}\dot{\boldsymbol{P}}_{(t)}\boldsymbol{x}_{(t)}+(\boldsymbol{P}_{(t)}\boldsymbol{x}_{(t)})^{\mathrm{T}}\boldsymbol{A}_{(t)}\boldsymbol{x}_{(t)}-\\ &\frac{1}{2}(\boldsymbol{P}_{(t)}\boldsymbol{x}_{(t)})^{\mathrm{T}}\boldsymbol{B}_{(t)}\boldsymbol{R}_{(t)}^{-1}\boldsymbol{B}_{(t)}^{\mathrm{T}}\boldsymbol{P}_{(t)}\boldsymbol{x}_{(t)}+\frac{1}{2}\boldsymbol{x}_{(t)}^{\mathrm{T}}\boldsymbol{Q}_{(t)}\boldsymbol{x}_{(t)}\\ =&\frac{1}{2}\boldsymbol{x}_{(t)}^{\mathrm{T}}\dot{\boldsymbol{P}}_{(t)}\boldsymbol{x}_{(t)}+\boldsymbol{x}_{(t)}^{\mathrm{T}}\boldsymbol{P}_{(t)}\boldsymbol{A}_{(t)}\boldsymbol{x}_{(t)}-\\ &\frac{1}{2}\boldsymbol{x}_{(t)}^{\mathrm{T}}\boldsymbol{P}_{(t)}\boldsymbol{B}_{(t)}\boldsymbol{R}_{(t)}^{-1}\boldsymbol{B}_{(t)}^{\mathrm{T}}\boldsymbol{P}_{(t)}\boldsymbol{x}_{(t)}+\frac{1}{2}\boldsymbol{x}_{(t)}^{\mathrm{T}}\boldsymbol{Q}_{(t)}\boldsymbol{x}_{(t)}\end{aligned} \tag{4.4.37}$$

以上推导使用了 $\boldsymbol{P}_{(t)}=\boldsymbol{P}_{(t)}^{\mathrm{T}}$ 这一性质。观察式(4.4.37)可以发现，除了 $\boldsymbol{x}_{(t)}^{\mathrm{T}}\boldsymbol{P}_{(t)}\boldsymbol{A}_{(t)}\boldsymbol{x}_{(t)}$ 项之外都有系数 $\frac{1}{2}$，因此需要对这一项进行调整以消除式中的 $\frac{1}{2}$，使其保持一致。其中 $\boldsymbol{P}_{(t)}\boldsymbol{A}_{(t)}=\frac{1}{2}[\boldsymbol{P}_{(t)}\boldsymbol{A}_{(t)}+(\boldsymbol{P}_{(t)}\boldsymbol{A}_{(t)})^{\mathrm{T}}]+\frac{1}{2}[\boldsymbol{P}_{(t)}\boldsymbol{A}_{(t)}-(\boldsymbol{P}_{(t)}\boldsymbol{A}_{(t)})^{\mathrm{T}}]$，因此

$$\begin{aligned}\boldsymbol{x}_{(t)}^{\mathrm{T}}\boldsymbol{P}_{(t)}\boldsymbol{A}_{(t)}\boldsymbol{x}_{(t)}=&\frac{1}{2}\boldsymbol{x}_{(t)}^{\mathrm{T}}[\boldsymbol{P}_{(t)}\boldsymbol{A}_{(t)}+(\boldsymbol{P}_{(t)}\boldsymbol{A}_{(t)})^{\mathrm{T}}]\boldsymbol{x}_{(t)}+\\ &\frac{1}{2}\boldsymbol{x}_{(t)}^{\mathrm{T}}[\boldsymbol{P}_{(t)}\boldsymbol{A}_{(t)}-(\boldsymbol{P}_{(t)}\boldsymbol{A}_{(t)})^{\mathrm{T}}]\boldsymbol{x}_{(t)}\end{aligned} \tag{4.4.38a}$$

其中 $\boldsymbol{P}_{(t)}\boldsymbol{A}_{(t)}+(\boldsymbol{P}_{(t)}\boldsymbol{A}_{(t)})^{\mathrm{T}}$ 为对称矩阵，$\boldsymbol{P}_{(t)}\boldsymbol{A}_{(t)}-(\boldsymbol{P}_{(t)}\boldsymbol{A}_{(t)})^{\mathrm{T}}$ 为非对称矩阵，因此第二项

$$\begin{aligned}\boldsymbol{x}_{(t)}^{\mathrm{T}}[\boldsymbol{P}_{(t)}\boldsymbol{A}_{(t)}-(\boldsymbol{P}_{(t)}\boldsymbol{A}_{(t)})^{\mathrm{T}}]\boldsymbol{x}_{(t)}&=\boldsymbol{x}_{(t)}^{\mathrm{T}}\boldsymbol{P}_{(t)}\boldsymbol{A}_{(t)}\boldsymbol{x}_{(t)}-\boldsymbol{x}_{(t)}^{\mathrm{T}}(\boldsymbol{P}_{(t)}\boldsymbol{A}_{(t)})^{\mathrm{T}}\boldsymbol{x}_{(t)}\\ &=\boldsymbol{0}\end{aligned} \tag{4.4.38b}$$

以上结论得益于 $\boldsymbol{P}_{(t)}$ 为对称矩阵，可以通过矩阵运算验证，有兴趣的读者可以自己计算验证。式(4.4.38a)变成

$$\begin{aligned}\boldsymbol{x}_{(t)}^{\mathrm{T}}\boldsymbol{P}_{(t)}\boldsymbol{A}_{(t)}\boldsymbol{x}_{(t)} &= \frac{1}{2}\boldsymbol{x}_{(t)}^{\mathrm{T}}[\boldsymbol{P}_{(t)}\boldsymbol{A}_{(t)}+(\boldsymbol{P}_{(t)}\boldsymbol{A}_{(t)})^{\mathrm{T}}]\boldsymbol{x}_{(t)}\\ &= \frac{1}{2}\boldsymbol{x}_{(t)}^{\mathrm{T}}[\boldsymbol{P}_{(t)}\boldsymbol{A}_{(t)}+\boldsymbol{A}_{(t)}^{\mathrm{T}}\boldsymbol{P}_{(t)}]\boldsymbol{x}_{(t)}\end{aligned} \tag{4.4.38c}$$

将式(4.4.38c)代入式(4.4.37)，消除 $\frac{1}{2}$ 得到

$$\begin{aligned}\boldsymbol{0} = &\boldsymbol{x}_{(t)}^{\mathrm{T}}\dot{\boldsymbol{P}}_{(t)}\boldsymbol{x}_{(t)}+\boldsymbol{x}_{(t)}^{\mathrm{T}}[\boldsymbol{P}_{(t)}\boldsymbol{A}_{(t)}+\boldsymbol{A}_{(t)}^{\mathrm{T}}\boldsymbol{P}_{(t)}]\boldsymbol{x}_{(t)}-\\ &\boldsymbol{x}_{(t)}^{\mathrm{T}}\boldsymbol{P}_{(t)}\boldsymbol{B}_{(t)}\boldsymbol{R}_{(t)}^{-1}\boldsymbol{B}_{(t)}^{\mathrm{T}}\boldsymbol{P}_{(t)}\boldsymbol{x}_{(t)}+\boldsymbol{x}_{(t)}^{\mathrm{T}}\boldsymbol{Q}_{(t)}\boldsymbol{x}_{(t)}\end{aligned} \tag{4.4.39}$$

对满足任意系统状态 $\boldsymbol{x}_{(t)}$ 而言，式(4.4.39)成立需满足

$$\boldsymbol{0} = \dot{\boldsymbol{P}}_{(t)}+\boldsymbol{P}_{(t)}\boldsymbol{A}_{(t)}+\boldsymbol{A}_{(t)}^{\mathrm{T}}\boldsymbol{P}_{(t)}-\boldsymbol{P}_{(t)}\boldsymbol{B}_{(t)}\boldsymbol{R}_{(t)}^{-1}\boldsymbol{B}_{(t)}^{\mathrm{T}}\boldsymbol{P}_{(t)}+\boldsymbol{Q}_{(t)} \tag{4.4.40a}$$

由式(4.4.35d)可知，它的边界条件为

$$\boldsymbol{P}_{(t_{\mathrm{f}})} = \boldsymbol{S}_{(t_{\mathrm{f}})} \tag{4.4.40b}$$

对于线性时不变系统，若系统稳定，当 $t\to\infty$ 时，$\boldsymbol{P}_{(\infty)}\to\boldsymbol{P}$ 会趋向一个常数矩阵。此时 $\dot{\boldsymbol{P}}_{(\infty)}=\boldsymbol{0}$。式(4.4.40a)变成

$$\boldsymbol{0} = \boldsymbol{P}\boldsymbol{A}+\boldsymbol{A}^{\mathrm{T}}\boldsymbol{P}-\boldsymbol{P}\boldsymbol{B}\boldsymbol{R}^{-1}\boldsymbol{B}^{\mathrm{T}}\boldsymbol{P}+\boldsymbol{Q} \tag{4.4.40c}$$

式(4.4.40c)又称为**代数 Riccati 方程**(**algebraic Riccati equation**)，这是利用贝尔曼最优化理论推导出的解决连续型线性二次型系统的最优化控制问题的一个有效工具，有很多商业软件可以对其进行方便的求解。求解式(4.4.40)得到 $\boldsymbol{P}_{(t)}$ 并代入式(4.4.36)中，即可得到最优控制策略 $\boldsymbol{u}_{(t)}^{*}=-\boldsymbol{R}_{(t)}^{-1}\boldsymbol{B}_{(t)}^{\mathrm{T}}\boldsymbol{P}_{(t)}\boldsymbol{x}_{(t)}$。令 $\boldsymbol{K}_{(t)}=\boldsymbol{R}_{(t)}^{-1}\boldsymbol{B}_{(t)}^{\mathrm{T}}\boldsymbol{P}_{(t)}$，得到

$$\boldsymbol{u}_{(t)}^{*} = -\boldsymbol{K}_{(t)}\boldsymbol{x}_{(t)} \tag{4.4.41}$$

对比离散型控制策略式(4.4.23a)，可以发现两者十分相似。这是一个全状态负反馈控制器。一般情况下可以直接使用 $\boldsymbol{P}$ 代替 $\boldsymbol{P}_{(t)}$，即默认系统达到了稳态。

4.4.4 连续型一维案例分析——LQR 方法

本节将使用连续型 LQR 的方法处理 4.3.4 节中**例 4.3.2** 的一维案例。这是一个标准的 LQR 问题，系统为时不变系统，$\boldsymbol{A}=\boldsymbol{B}=[1]$，其中 $\boldsymbol{P}_{(t_{\mathrm{f}})}=\boldsymbol{S}=\boldsymbol{R}=[1]$，$\boldsymbol{Q}=[0]$。代入式(4.4.40a)得到代数 Riccati 方程为

$$\boldsymbol{0} = \dot{\boldsymbol{P}}_{(t)}+\boldsymbol{P}_{(t)}+\boldsymbol{P}_{(t)}-\boldsymbol{P}_{(t)}^{2} \tag{4.4.42}$$

求解这一方程得到

$$\boldsymbol{P}_{(t)} = \left[\frac{2}{1+\mathrm{e}^{c+2t}}\right] \tag{4.4.43}$$

代入边界条件 $\boldsymbol{P}_{(t_{\mathrm{f}})}=[1]$，可得

$$[1] = \frac{2}{1+\mathrm{e}^{c+2t_{\mathrm{f}}}} \Rightarrow c = -2t_{\mathrm{f}} \tag{4.4.44}$$

代入式(4.4.43)可得

$$\boldsymbol{P}_{(t)} = \left[\frac{2}{1+\mathrm{e}^{-2(t_\mathrm{f}-t)}}\right] \tag{4.4.45}$$

若考虑无限时间控制，$\dot{\boldsymbol{P}}_{(t)}=\boldsymbol{0}$，代入式(4.4.42)可得

$$\boldsymbol{0}=\boldsymbol{P}_{(t)}+\boldsymbol{P}_{(t)}-\boldsymbol{P}_{(t)}^2 \Rightarrow \boldsymbol{P}_{(t)}=[2] \tag{4.4.46}$$

代入式(4.4.36)可以得到最优控制策略为

$$\boldsymbol{u}_{(t)}^* = -\boldsymbol{R}^{-1}\boldsymbol{B}^\mathrm{T}\boldsymbol{P}_{(t)}\boldsymbol{x}_{(t)} = -[2]\boldsymbol{x}_{(t)} \tag{4.4.47}$$

与4.3.4节的结果相同。

4.4.5 平衡车控制——连续系统案例分析

本小节将通过平衡车控制的案例，分析LQR在连续系统中的应用。在第3章3.1.1节中我们已经得到了简化倒立摆系统的状态空间方程，即

$$\frac{\mathrm{d}\boldsymbol{x}_{(t)}}{\mathrm{d}t}=\boldsymbol{A}\boldsymbol{x}_{(t)}+\boldsymbol{B}\boldsymbol{u}_{(t)} \tag{4.4.48a}$$

$$\boldsymbol{A}=\begin{bmatrix}0 & 1\\ \dfrac{g}{d} & 0\end{bmatrix} \quad \boldsymbol{B}=\begin{bmatrix}0\\1\end{bmatrix} \tag{4.4.48b}$$

其中，$\boldsymbol{x}_{(t)}=\begin{bmatrix}x_{1_{(t)}} & x_{2_{(t)}}\end{bmatrix}^\mathrm{T}$分别代表了小球参考竖直方向的角度与角速度。输入$\boldsymbol{u}_{(t)}$是单位化后的小车加速度。假设在初始位置时系统的状态变量为$\boldsymbol{x}_{(t_0)}=[\phi_0 \quad 0]^\mathrm{T}=\begin{bmatrix}\dfrac{\pi}{20} & 0\end{bmatrix}^\mathrm{T}$，即与竖直方向的角度为$\dfrac{\pi}{20}$，角速度为0。控制的目标是令系统回归到平衡状态。这是一个调节控制问题，定义性能指标为

$$J=\frac{1}{2}\int_t^{t_\mathrm{f}}(\boldsymbol{x}_{(\tau)}^\mathrm{T}\boldsymbol{Q}\boldsymbol{x}_{(\tau)}+\boldsymbol{u}_{(\tau)}^\mathrm{T}\boldsymbol{R}\boldsymbol{u}_{(\tau)})\mathrm{d}\tau \tag{4.4.49}$$

其中，$\boldsymbol{Q}=\begin{bmatrix}q_1 & 0\\ 0 & q_2\end{bmatrix}$为小球角度与角速度的权重矩阵。因为是单输入系统，因此$\boldsymbol{R}$为一维的权重矩阵。

对于这一问题，可以采用式(4.4.40c)，得到

$$\boldsymbol{0}=\boldsymbol{P}\boldsymbol{A}+\boldsymbol{A}^\mathrm{T}\boldsymbol{P}-\boldsymbol{P}\boldsymbol{B}\boldsymbol{R}^{-1}\boldsymbol{B}^\mathrm{T}\boldsymbol{P}+\boldsymbol{Q} \tag{4.4.50}$$

在求解出$\boldsymbol{P}$之后可以使用式(4.4.41)得到反馈控制策略：

$$\boldsymbol{u}_{(t)}^*=-\boldsymbol{R}^{-1}\boldsymbol{B}^\mathrm{T}\boldsymbol{P}\boldsymbol{x}_{(t)}=-\boldsymbol{K}\boldsymbol{x}_{(t)} \tag{4.4.51}$$

式(4.4.50)的代数Riccati方程可以使用软件完成求解(参考所附代码)。

为了测试控制效果以及不同权重矩阵对控制器表现的影响，设计三组测试，如表4.4.2所示。请注意，在本例中，输入的数量级要远大于状态变量的数量级。因此如果我们希望状态变量在性能指标中占据更重的比重，就需要将$\boldsymbol{Q}$矩阵中的元素调得很大。

表 4.4.2 不同权重矩阵测试

测试组	权重矩阵		LQR 计算出的 $\boldsymbol{K}$ 矩阵	各元素在仿真区间内的近似积分			初始状态 $\boldsymbol{x}_{(t_0)}$
	$\boldsymbol{Q}$	$\boldsymbol{R}$		$\int_t^{t_f} x_{1_{(\tau)}}^2 \mathrm{d}\tau$	$\int_t^{t_f} x_{2_{(\tau)}}^2 \mathrm{d}\tau$	$\int_t^{t_f} \boldsymbol{u}_{(\tau)}^2 \mathrm{d}\tau$	
测试一	$\begin{bmatrix}100 & 0\\0 & 1\end{bmatrix}$	[1]	[24.1421 7.203]	0.0080	0.0248	1.71	$\begin{bmatrix}\frac{\pi}{20} & 0\end{bmatrix}^{\mathrm{T}}$
测试二	$\begin{bmatrix}1 & 0\\0 & 100\end{bmatrix}$	[1]	[20.050 11.836]	0.0157	0.0105	1.92	
测试三	$\begin{bmatrix}1 & 0\\0 & 1\end{bmatrix}$	[1]	[20.050 6.4109]	0.0099	0.0193	1.61	

仿真结果如图 4.4.3 所示，它显示了系统状态变量以及输入随时间的变化。同时表 4.4.2 第 4 列显示了向 LQR 输入不同的权重矩阵后所计算出的 $\boldsymbol{K}$ 矩阵；第 5 列到第 7 列显示了各个元素在仿真区间内的近似积分(不包括加权)，这一结果也印证了输入的数量级远大于状态变量的数量级，因此需要提高状态变量的权重系数。

可以发现，三组控制系统都成功地将系统稳定到了平衡点 $[0 \quad 0]^{\mathrm{T}}$。在测试一中，权重矩阵 $\boldsymbol{Q}$ 的第一个元素 $q_1=100$，相比于其他的权重系数较大，因此测试一中 $\int_t^{t_f} x_{1_{(\tau)}}^2 \mathrm{d}\tau = 0.0080$ 是三组中最小的。表现在图中，就是测试一的 $x_{1_{(t)}}$ 构成的曲线所包含的"面积"最小，其收敛速度也是最快的。同理，在测试二中，$x_{2_{(t)}}$ 构成的曲线所包含的"面积"最小，其积分 $\int_t^{t_f} x_{2_{(\tau)}}^2 \mathrm{d}\tau = 0.0105$ 也是三组中最小的，不过这里 $x_{2_{(t)}}$ 的收敛速度并不是最快的。测

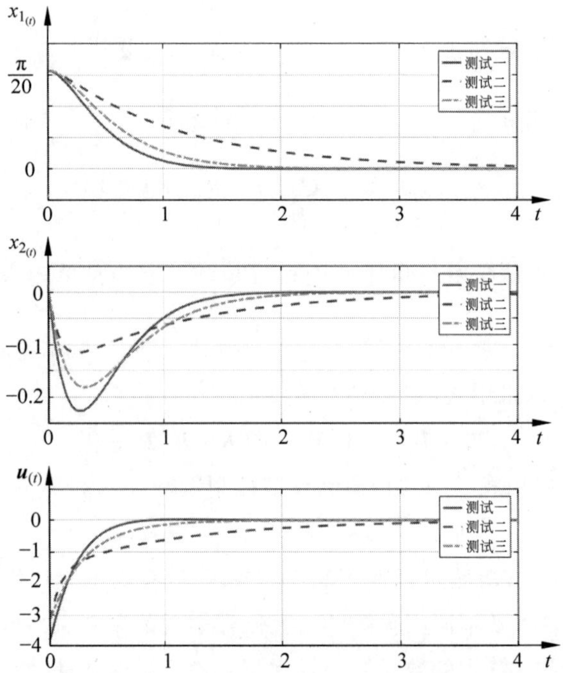

图 4.4.3 不同权重矩阵对系统的影响

试三中总的能耗$\int_{t}^{t_f} \boldsymbol{u}_{(\tau)}^2 \mathrm{d}\tau = 1.61$是三组中最小的，这也符合权重矩阵的设计。读者可以在学习过程中尝试比较不同权重矩阵下的系统表现。

> 请参考代码 4.4：LQR_Inverted_Pendulum. m。

4.5　轨迹追踪问题分析

在实际应用中，系统的控制目标在很多情况下都是追踪一个给定的参考轨迹或将系统稳定在一个非零的参考点。因此，有必要详细讨论线性二次型调节器的拓展。本节将以一个简单的弹簧质量阻尼系统为例，分析讨论不同的方案。本节主要讨论离散系统，连续系统也可以采用同样的策略。

4.5.1　问题提出——弹簧质量阻尼系统

弹簧质量阻尼系统如图 4.5.1 所示。质量块的质量为 m，位移是 $x_{(t)}$，以向右为正方向，弹簧系数为 k，阻尼系数为 b，系统的输入定义为外力 $f_{(t)} = \boldsymbol{u}_{(t)}$。其中 $m = 1\mathrm{kg}$，$k = 1\mathrm{N/m}$，$b = 0.5\mathrm{Ns/m}$。

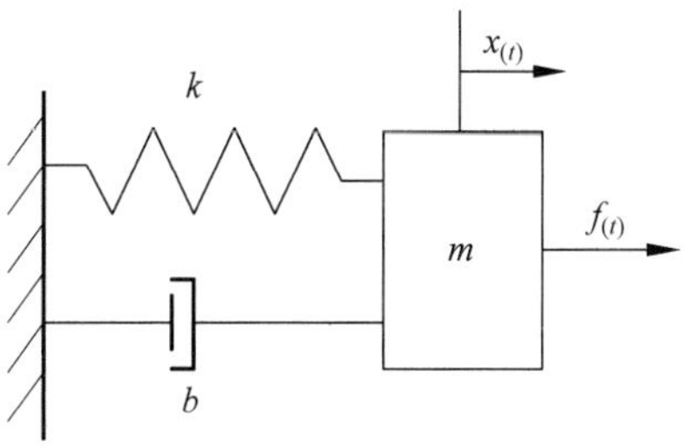

图 4.5.1　弹簧质量阻尼系统

根据牛顿第二定律，系统的动态方程为

$$m\frac{\mathrm{d}^2 x_{(t)}}{\mathrm{d}t^2} + b\frac{\mathrm{d}x_{(t)}}{\mathrm{d}t} + kx_{(t)} = f_{(t)} = \boldsymbol{u}_{(t)} \tag{4.5.1a}$$

定义系统的状态变量 $\boldsymbol{x}_{(t)} = \begin{bmatrix} x_{1_{(t)}} & x_{2_{(t)}} \end{bmatrix}^{\mathrm{T}} = \begin{bmatrix} x_{(t)} & \dfrac{\mathrm{d}x_{(t)}}{\mathrm{d}t} \end{bmatrix}^{\mathrm{T}}$，分别代表质量块的位移与速度。系统的状态空间方程为

$$\frac{\mathrm{d}\boldsymbol{x}_{(t)}}{\mathrm{d}t} = \begin{bmatrix} 0 & 1 \\ -\dfrac{k}{m} & -\dfrac{b}{m} \end{bmatrix} \boldsymbol{x}_{(t)} + \begin{bmatrix} 0 \\ \dfrac{1}{m} \end{bmatrix} \boldsymbol{u}_{(t)} \tag{4.5.1b}$$

将 $m = 1\mathrm{kg}$、$k = 1\mathrm{N/m}$、$b = 0.5\mathrm{Ns/m}$ 代入式(4.5.1b)，得到

$$\frac{\mathrm{d}\boldsymbol{x}_{(t)}}{\mathrm{d}t} = \begin{bmatrix} 0 & 1 \\ -1 & -0.5 \end{bmatrix} \boldsymbol{x}_{(t)} + \begin{bmatrix} 0 \\ 1 \end{bmatrix} \boldsymbol{u}_{(t)} \tag{4.5.1c}$$

使用数字控制系统，定义采样时间 $T_s = 0.1\mathrm{s}$，离散后的系统为

$$x_{[k+1]} = Ax_{[k]} + Bu_{[k]} \tag{4.5.2a}$$

其中

$$A = \begin{bmatrix} 0.9951 & 0.09738 \\ -0.09738 & 0.9464 \end{bmatrix} \quad B = \begin{bmatrix} 0.004914 \\ 0.09738 \end{bmatrix} \tag{4.5.2b}$$

我们考虑将质量块从初始位置 $x_{[0]} = [0 \quad 0]^{\mathrm{T}}$ 控制到达目标位置 $x_{\mathrm{d}} = [1 \quad 0]^{\mathrm{T}}$。此时的控制目标 $x_{\mathrm{d}} \neq \mathbf{0}$,因此不再是一个调节问题,无法直接使用前面得出的 LQR 结论进行处理。

4.5.2 引入控制目标误差

通过转化可以将轨迹追踪问题转化为调节问题,这样就可以直接使用前面的结论。线性时不变系统离散型状态空间方程的一般形式为

$$x_{[k+1]} = Ax_{[k]} + Bu_{[k]} \tag{4.5.3}$$

其中 $x_{[k]}$ 为 $n\times 1$ 向量,A 为 $n\times n$ 矩阵,B 为 $n\times p$ 矩阵,$u_{[k]}$ 为 $p\times 1$ 向量。假设其控制目标为 $x_{\mathrm{d}_{[k]}}$,其动态方程为

$$x_{\mathrm{d}_{[k+1]}} = A_{\mathrm{D}} x_{\mathrm{d}_{[k]}} \tag{4.5.4}$$

其中 A_{D} 是目标状态的转移矩阵。特别的,当控制目标 x_{d} 为常数时,$A_{\mathrm{D}} = I$。组合式(4.5.3)和式(4.5.4),可得

$$\begin{bmatrix} x_{[k+1]} \\ x_{\mathrm{d}_{[k+1]}} \end{bmatrix} = \begin{bmatrix} A & \mathbf{0} \\ \mathbf{0} & A_{\mathrm{D}} \end{bmatrix} \begin{bmatrix} x_{[k]} \\ x_{\mathrm{d}_{[k]}} \end{bmatrix} + \begin{bmatrix} B \\ \mathbf{0} \end{bmatrix} u_{[k]} \tag{4.5.5a}$$

定义新的状态变量、状态矩阵以及输入矩阵如下

$$x_{\mathrm{a}_{[k]}} \triangleq \begin{bmatrix} x_{[k]} \\ x_{\mathrm{d}_{[k]}} \end{bmatrix} \quad A_{\mathrm{a}} \triangleq \begin{bmatrix} A & \mathbf{0}_{n\times n} \\ \mathbf{0}_{n\times n} & A_{\mathrm{D}} \end{bmatrix} \quad B_{\mathrm{a}} \triangleq \begin{bmatrix} B \\ \mathbf{0}_{n\times p} \end{bmatrix} \tag{4.5.5b}$$

其中 $x_{\mathrm{a}_{[k]}}$ 为 $2n\times 1$ 向量,A_{a} 为 $2n\times 2n$ 矩阵,B_{a} 为 $2n\times p$ 矩阵。新的状态空间方程为

$$x_{\mathrm{a}_{[k+1]}} = A_{\mathrm{a}} x_{\mathrm{a}_{[k]}} + B_{\mathrm{a}} u_{[k]} \tag{4.5.5c}$$

定义状态误差为

$$e_{[k]} = x_{[k]} - x_{\mathrm{d}_{[k]}} = [I_{n\times n} \quad -I_{n\times n}] \begin{bmatrix} x_{[k]} \\ x_{\mathrm{d}_{[k]}} \end{bmatrix} \tag{4.5.6a}$$

$e_{[k]}$ 为 $n\times 1$ 向量。定义 $n\times 2n$ 矩阵 $C_{\mathrm{a}} \triangleq [I_{n\times n} \quad -I_{n\times n}]$,可得

$$e_{[k]} = C_{\mathrm{a}} x_{\mathrm{a}_{[k]}} \tag{4.5.6b}$$

引入误差之后,控制的目标从轨迹追踪转化为对误差的"调节"(令误差为 0),因此系统的性能指标可以定义为

$$J = \frac{1}{2} e_{[N]}^{\mathrm{T}} S e_{[N]} + \frac{1}{2} \sum_{k=0}^{N-1} [e_{[k]}^{\mathrm{T}} Q e_{[k]} + u_{[k]}^{\mathrm{T}} R u_{[k]}] \tag{4.5.7}$$

权重矩阵 S、Q、R 将平衡末端误差、运行误差以及输入量。

将式(4.5.6b)代入式(4.5.7),可得

$$J = \frac{1}{2} (C_{\mathrm{a}} x_{\mathrm{a}_{[N]}})^{\mathrm{T}} S (C_{\mathrm{a}} x_{\mathrm{a}_{[N]}}) + \frac{1}{2} \sum_{k=0}^{N-1} [(C_{\mathrm{a}} x_{\mathrm{a}_{[k]}})^{\mathrm{T}} Q (C_{\mathrm{a}} x_{\mathrm{a}_{[k]}}) + u_{[k]}^{\mathrm{T}} R u_{[k]}]$$

$$=\frac{1}{2}\boldsymbol{x}_{\mathrm{a}_{[N]}}^{\mathrm{T}}\boldsymbol{C}_{\mathrm{a}}^{\mathrm{T}}\boldsymbol{S}\boldsymbol{C}_{\mathrm{a}}\boldsymbol{x}_{\mathrm{a}_{[N]}}+\frac{1}{2}\sum_{k=0}^{N-1}[\boldsymbol{x}_{\mathrm{a}_{[k]}}^{\mathrm{T}}\boldsymbol{C}_{\mathrm{a}}^{\mathrm{T}}\boldsymbol{Q}\boldsymbol{C}_{\mathrm{a}}\boldsymbol{x}_{\mathrm{a}_{[k]}}+\boldsymbol{u}_{[k]}^{\mathrm{T}}\boldsymbol{R}\boldsymbol{u}_{[k]}] \tag{4.5.8a}$$

令 $\boldsymbol{C}_{\mathrm{a}}^{\mathrm{T}}\boldsymbol{S}\boldsymbol{C}_{\mathrm{a}}=\boldsymbol{S}_{\mathrm{a}}$，$\boldsymbol{C}_{\mathrm{a}}^{\mathrm{T}}\boldsymbol{Q}\boldsymbol{C}_{\mathrm{a}}=\boldsymbol{Q}_{\mathrm{a}}$，可得

$$J=\frac{1}{2}\boldsymbol{x}_{\mathrm{a}_{[N]}}^{\mathrm{T}}\boldsymbol{S}_{\mathrm{a}}\boldsymbol{x}_{\mathrm{a}_{[N]}}+\frac{1}{2}\sum_{k=0}^{N-1}[\boldsymbol{x}_{\mathrm{a}_{[k]}}^{\mathrm{T}}\boldsymbol{Q}_{\mathrm{a}}\boldsymbol{x}_{\mathrm{a}_{[k]}}+\boldsymbol{u}_{[k]}^{\mathrm{T}}\boldsymbol{R}\boldsymbol{u}_{[k]}] \tag{4.5.8b}$$

可以发现，由式(4.5.5c)和式(4.5.8b)组成的控制问题与4.4.1节的标准LQR形式相同，可以直接代入求解。但需要注意的是，此时的求解并不是将增广向量 $\boldsymbol{x}_{\mathrm{a}_{[k]}}$ 调节到0，而是将误差 $\boldsymbol{e}_{[k]}$ 调节到 $\boldsymbol{0}$。

对于本节的弹簧质量阻尼系统，将目标值 $\boldsymbol{x}_{\mathrm{d}}=[1\quad 0]^{\mathrm{T}}$、目标转移矩阵 $\boldsymbol{A}_{\mathrm{D}}=\boldsymbol{I}$，以及状态矩阵式(4.5.2b)代入式(4.5.5b)，可得

$$\boldsymbol{x}_{\mathrm{a}_{[k]}}\triangleq\begin{bmatrix}\boldsymbol{x}_{[k]}\\ \boldsymbol{x}_{\mathrm{d}_{[k]}}\end{bmatrix}=\begin{bmatrix}x_{1_{[k]}}\\ x_{2_{[k]}}\\ x_{1\mathrm{d}_{[k]}}\\ x_{2\mathrm{d}_{[k]}}\end{bmatrix} \tag{4.5.9a}$$

$$\boldsymbol{A}_{\mathrm{a}}\triangleq\begin{bmatrix}\boldsymbol{A} & \boldsymbol{0}_{n\times n}\\ \boldsymbol{0}_{n\times n} & \boldsymbol{A}_{\mathrm{D}}\end{bmatrix}=\begin{bmatrix}0.9951 & 0.09738 & 0 & 0\\ -0.09738 & 0.94640 & 0 & 0\\ 0 & 0 & 1 & 0\\ 0 & 0 & 0 & 1\end{bmatrix} \tag{4.5.9b}$$

$$\boldsymbol{B}_{\mathrm{a}}=\begin{bmatrix}\boldsymbol{B}\\ \boldsymbol{0}_{n\times p}\end{bmatrix}=\begin{bmatrix}0.004914\\ 0.09738\\ 0\\ 0\end{bmatrix} \tag{4.5.9c}$$

代入式(4.5.6b)，得到

$$\boldsymbol{e}_{[k]}=\boldsymbol{C}_{\mathrm{a}}\boldsymbol{x}_{\mathrm{a}_{[k]}}\quad \boldsymbol{C}_{\mathrm{a}}=\begin{bmatrix}1 & 0 & -1 & 0\\ 0 & 1 & 0 & -1\end{bmatrix} \tag{4.5.9d}$$

定义此弹簧质量阻尼系统的性能指标为

$$J=\frac{1}{2}\boldsymbol{x}_{\mathrm{a}_{[N]}}^{\mathrm{T}}\boldsymbol{S}_{\mathrm{a}}\boldsymbol{x}_{\mathrm{a}_{[k]}}+\frac{1}{2}\sum_{k=0}^{N-1}[\boldsymbol{x}_{\mathrm{a}_{[k]}}^{\mathrm{T}}\boldsymbol{Q}_{\mathrm{a}}\boldsymbol{x}_{\mathrm{a}_{[k]}}+\boldsymbol{u}_{[k]}^{\mathrm{T}}\boldsymbol{R}\boldsymbol{u}_{[k]}] \tag{4.5.9e}$$

权重矩阵 $\boldsymbol{R}$ 为 1×1 矩阵。通过式(4.5.9)和式(4.5.8b)，我们可以利用**[F1]反馈矩阵求解模块**进行求解，并通过软件仿真进行分析。图4.5.2显示了两组不同权重系数的测试结果。其中，测试一中的权重矩阵为 $\boldsymbol{S}=\begin{bmatrix}1 & 0\\ 0 & 1\end{bmatrix}$，$\boldsymbol{Q}=\begin{bmatrix}1 & 0\\ 0 & 1\end{bmatrix}$，$\boldsymbol{R}=[0.1]$，系统表现如图4.5.2(a)所示；测试二提高输入的权重，令 $\boldsymbol{S}=\begin{bmatrix}1 & 0\\ 0 & 1\end{bmatrix}$，$\boldsymbol{Q}=\begin{bmatrix}1 & 0\\ 0 & 1\end{bmatrix}$，$\boldsymbol{R}=[1]$，系统表现如图4.5.2(b)所示。可以发现，测试一的收敛速度要快于测试二，同时输入要大于测试二，这与我们的权重矩阵设计目标相符。

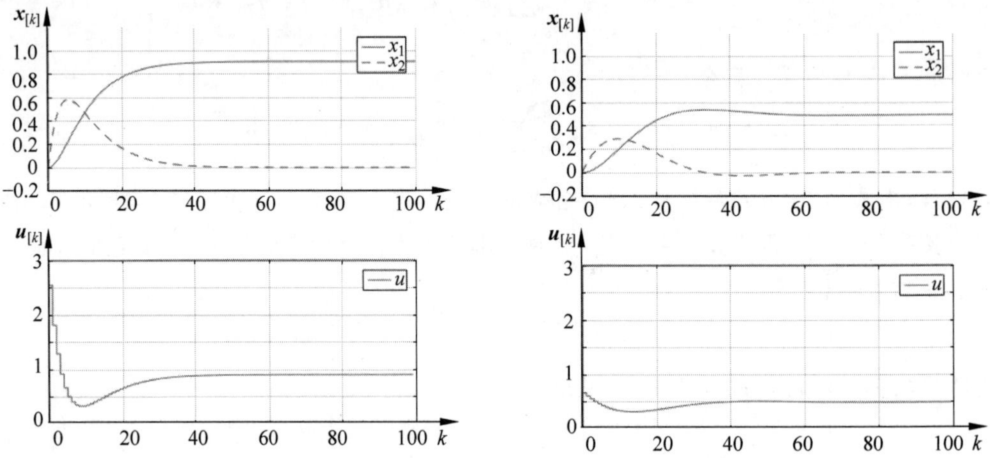

(a) 测试一：$S=\begin{bmatrix}1&0\\0&1\end{bmatrix}$, $Q=\begin{bmatrix}1&0\\0&1\end{bmatrix}$, $R=[0.1]$　　(b) 测试二：$S=\begin{bmatrix}1&0\\0&1\end{bmatrix}$, $Q=\begin{bmatrix}1&0\\0&1\end{bmatrix}$, $R=[1]$

图 4.5.2　非零目标调节控制

需要注意的是，不管是测试一还是测试二，系统都无法将状态变量控制在目标值 $\boldsymbol{x}_{\mathrm{d}}=[1\quad 0]^{\mathrm{T}}$ 的位置。尤其是测试二，稳定状态时 x_1 在 0.5 左右，与目标 $x_{1\mathrm{d}}=1$ 相差甚远。对于这个系统，若要将质量块稳定在平衡位置，我们需要对其持续地施加拉力。而性能指标式(4.5.8b)中的 $\boldsymbol{u}_{[k]}^{\mathrm{T}}\boldsymbol{R}\boldsymbol{u}_{[k]}$ 项要求输入(即拉力)越小越好，这就和控制目标相互矛盾。特别对于测试二，当 $\boldsymbol{R}$ 与 $\boldsymbol{Q}$、$\boldsymbol{S}$ 的权重相当时，为了实现小的能耗，系统将无法达到目标。但这也并不意味着式(4.5.8b)是错误的，对于某些应用，对能耗的要求确实要高于对目标值的要求，在一定的条件下是可以为了"节能"的要求牺牲系统表现的。但在大部分情况下，这种办法并不可取。

请参考代码 4.5：LQR_Test_tracking_E_offset_MSD. m。

4.5.3　稳态非零参考值控制

在上一小节最后，我们分析了使用性能指标式(4.5.8b)的局限性，本小节我们尝试使用另一种方法处理。在很多的情况下，我们需要将系统稳定到一个常数目标值，例如本节中的弹簧质量阻尼系统案例，以及空调温度的控制、自动巡航系统里的速度控制等。假设控制目标 $\boldsymbol{x}_{\mathrm{d}}$ 为常数，此时其目标状态转移矩阵 $\boldsymbol{A}_{\mathrm{D}}=\boldsymbol{I}$，同时假设系统达到目标 $\boldsymbol{x}_{\mathrm{d}}$ 时处于稳定的状态，根据式(4.5.3)，可得

$$\boldsymbol{x}_{\mathrm{d}}=\boldsymbol{A}\boldsymbol{x}_{\mathrm{d}}+\boldsymbol{B}\boldsymbol{u}_{\mathrm{d}} \tag{4.5.10}$$

即当系统的输入为目标输入 $\boldsymbol{u}_{\mathrm{d}}$ 时，状态变量将稳定在 $\boldsymbol{x}_{\mathrm{d}}$。此时

$$\boldsymbol{B}\boldsymbol{u}_{\mathrm{d}}=(\boldsymbol{I}-\boldsymbol{A})\boldsymbol{x}_{\mathrm{d}} \tag{4.5.11}$$

需要注意，式(4.5.11)不一定总能写成 $\boldsymbol{u}_{\mathrm{d}}=\boldsymbol{B}^{-1}(\boldsymbol{I}-\boldsymbol{A})\boldsymbol{x}_{\mathrm{d}}$，因为 $\boldsymbol{B}$ 矩阵不一定是方阵，其逆矩阵不一定存在。使用式(4.5.11)求解 $\boldsymbol{u}_{\mathrm{d}}$ 是求解线性方程，这一点在程序编写中需要特

别注意。

定义状态误差为

$$\boldsymbol{e}_{[k]}=\boldsymbol{x}_{[k]}-\boldsymbol{x}_{\mathrm{d}} \tag{4.5.12a}$$

定义稳态输入的误差为

$$\delta\boldsymbol{u}_{[k]}=\boldsymbol{u}_{[k]}-\boldsymbol{u}_{\mathrm{d}}\Rightarrow\boldsymbol{u}_{[k]}=\delta\boldsymbol{u}_{[k]}+\boldsymbol{u}_{\mathrm{d}} \tag{4.5.12b}$$

将式(4.5.12b)代入式(4.5.3)，可得

$$\boldsymbol{x}_{[k+1]}=\boldsymbol{A}\boldsymbol{x}_{[k]}+\boldsymbol{B}\delta\boldsymbol{u}_{[k]}+\boldsymbol{B}\boldsymbol{u}_{\mathrm{d}} \tag{4.5.13a}$$

将式(4.5.11)代入式(4.5.13a)，得到

$$\boldsymbol{x}_{[k+1]}=\boldsymbol{A}\boldsymbol{x}_{[k]}+\boldsymbol{B}\delta\boldsymbol{u}_{[k]}+(\boldsymbol{I}-\boldsymbol{A})\boldsymbol{x}_{\mathrm{d}} \tag{4.5.13b}$$

系统的性能指标可以定义为

$$J=\frac{1}{2}\boldsymbol{e}_{[N]}^{\mathrm{T}}\boldsymbol{S}\boldsymbol{e}_{[N]}+\frac{1}{2}\sum_{k=0}^{N-1}\left[\boldsymbol{e}_{[k]}^{\mathrm{T}}\boldsymbol{Q}\boldsymbol{e}_{[k]}+\delta\boldsymbol{u}_{[k]}^{\mathrm{T}}\boldsymbol{R}\delta\boldsymbol{u}_{[k]}\right] \tag{4.5.14}$$

比较式(4.5.14)与式(4.5.7)，可以发现这里选择了输入与目标输入的差$\delta\boldsymbol{u}_{[k]}$作为代价。

> 式(4.5.14)中的权重矩阵 $\boldsymbol{R}$ 将不再直接影响输入的大小，而是影响其与稳态输入 $\boldsymbol{u}_{\mathrm{d}}$ 之间的差距。

定义新的增广状态矩阵为

$$\boldsymbol{x}_{\mathrm{a}_{[k]}}=\begin{bmatrix}\boldsymbol{x}_{[k]}\\ \boldsymbol{x}_{\mathrm{d}}\end{bmatrix} \tag{4.5.15}$$

代入式(4.5.13b)可得

$$\boldsymbol{x}_{\mathrm{a}_{[k+1]}}=\boldsymbol{A}_{\mathrm{a}}\boldsymbol{x}_{\mathrm{a}_{[k]}}+\boldsymbol{B}_{\mathrm{a}}\delta\boldsymbol{u}_{[k]} \tag{4.5.16a}$$

其中

$$\boldsymbol{A}_{\mathrm{a}}\triangleq\begin{bmatrix}\boldsymbol{A} & (\boldsymbol{I}-\boldsymbol{A})\\ \boldsymbol{0}_{n\times n} & \boldsymbol{I}_{n\times n}\end{bmatrix}\quad \boldsymbol{B}_{\mathrm{a}}\triangleq\begin{bmatrix}\boldsymbol{B}\\ \boldsymbol{0}_{n\times p}\end{bmatrix} \tag{4.5.16b}$$

$\boldsymbol{x}_{\mathrm{a}_{[k]}}$ 为 $2n\times1$ 向量，$\boldsymbol{A}_{\mathrm{a}}$ 为 $2n\times2n$ 矩阵，$\boldsymbol{B}_{\mathrm{a}}$ 为 $2n\times p$ 矩阵。

后续的分析与 4.5.2 节测试一相同，定义 $n\times2n$ 矩阵 $\boldsymbol{C}_{\mathrm{a}}=[\boldsymbol{I}_{n\times n}\quad -\boldsymbol{I}_{n\times n}]$，可得 $\boldsymbol{e}_{[k]}=\boldsymbol{C}_{\mathrm{a}}\boldsymbol{x}_{\mathrm{a}_{[k]}}$。令 $\boldsymbol{C}_{\mathrm{a}}^{\mathrm{T}}\boldsymbol{Q}\boldsymbol{C}_{\mathrm{a}}=\boldsymbol{Q}_{\mathrm{a}}$，$\boldsymbol{C}_{\mathrm{a}}^{\mathrm{T}}\boldsymbol{S}\boldsymbol{C}_{\mathrm{a}}=\boldsymbol{S}_{\mathrm{a}}$，代入式(4.5.14)可得

$$J=\frac{1}{2}\boldsymbol{x}_{\mathrm{a}_{[N]}}^{\mathrm{T}}\boldsymbol{S}_{\mathrm{a}}\boldsymbol{x}_{\mathrm{a}_{[N]}}+\frac{1}{2}\sum_{k=0}^{N-1}\left[\boldsymbol{x}_{\mathrm{a}_{[k]}}^{\mathrm{T}}\boldsymbol{Q}_{\mathrm{a}}\boldsymbol{x}_{\mathrm{a}_{[k]}}+\delta\boldsymbol{u}_{[k]}^{\mathrm{T}}\boldsymbol{R}\delta\boldsymbol{u}_{[k]}\right] \tag{4.5.17}$$

这样就得到了一个新的性能指标，它所对应的状态空间方程是式(4.5.16)。之后便可以利用在 4.4.1 节中介绍的[F1]**反馈矩阵求解模块**进行求解。同时，在编写程序时，我们也可以将上述轨迹追踪增广矩阵的转换过程编写为一个新的模块，即[**F2**]**稳态非零控制矩阵转化模块**，对应于本书所附代码中的 **F2_InputAugmentMatrix_SS_U.m**。其输入为系统矩阵 $\boldsymbol{A}$、$\boldsymbol{B}$，权重矩阵 $\boldsymbol{Q}$、$\boldsymbol{R}$、$\boldsymbol{S}$ 以及稳态的目标状态 $\boldsymbol{x}_{\mathrm{d}}$；输出为常数增广矩阵 $\boldsymbol{A}_{\mathrm{a}}$、$\boldsymbol{B}_{\mathrm{a}}$、$\boldsymbol{Q}_{\mathrm{a}}$、$\boldsymbol{S}_{\mathrm{a}}$，权重矩阵 $\boldsymbol{R}$ 和稳态控制量 $\boldsymbol{u}_{\mathrm{d}}$。

> 请参考代码 4.6：F2_InputAugmentMatrix_SS_U.m。

使用这一控制器的思路如图 4.5.3 所示。需要注意的是,在实时控制中,需要根据目标状态 $\boldsymbol{x}_{\mathrm{d}}$ 计算 $\boldsymbol{x}_{\mathrm{a}}$ 用作反馈状态。同时,反馈得到的结果是最优的稳态输入误差$\boldsymbol{\delta u}_{[k]}^{*}$,因此需要通过式(4.5.12b)将其转化为最优输入 $\boldsymbol{u}_{[k]}^{*}$后才可以施加到系统中。

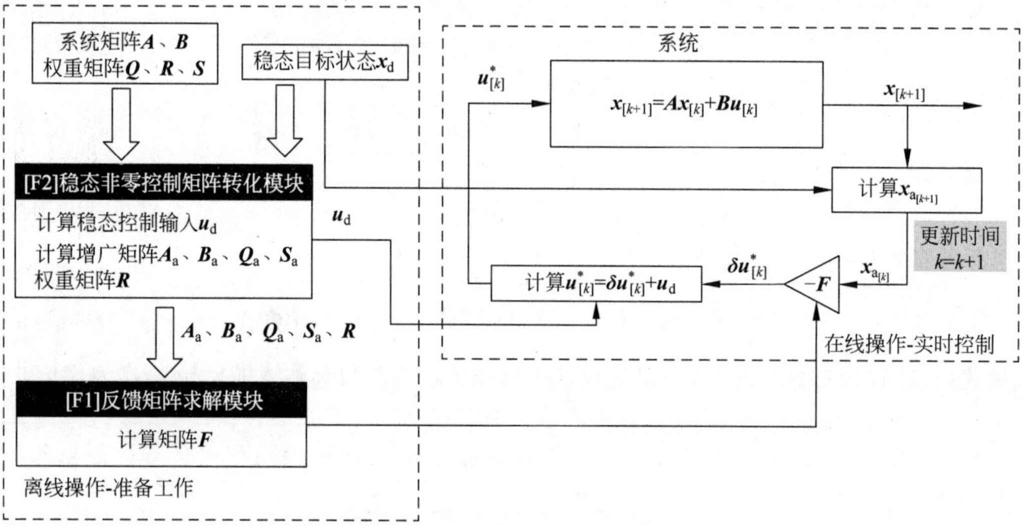

图 4.5.3　稳态非零参考值控制

对于本节的弹簧质量阻尼系统,将式(4.5.2b)代入式(4.5.11)可以得到目标输入 $\boldsymbol{u}_{\mathrm{d}}$,即

$$\begin{bmatrix}0.004914\\0.09738\end{bmatrix}\boldsymbol{u}_{\mathrm{d}}=\left(\boldsymbol{I}-\begin{bmatrix}0.9951 & 0.09738\\-0.09738 & 0.9464\end{bmatrix}\right)\begin{bmatrix}1\\0\end{bmatrix}\Rightarrow\boldsymbol{u}_{\mathrm{d}}=[1] \tag{4.5.18}$$

当系统输入 $\boldsymbol{u}_{\mathrm{d}}=[1]$时,系统最终将稳定在目标状态。如果直接对系统施加这一常数输入,其表现如图 4.5.4 所示,呈现了二阶欠阻尼系统的单位阶跃响应。可以发现,系统需要较长的时间才可以达到稳定的目标状态,且系统存在明显的振荡与超调量。

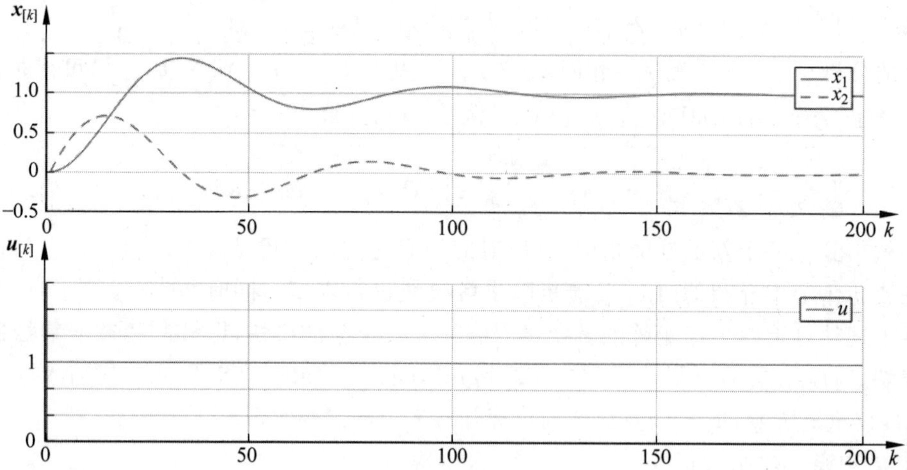

图 4.5.4　对系统施加常数输入 $\boldsymbol{u}_{\mathrm{d}}=[1]$

在本例中，性能指标为

$$J=\frac{1}{2}\boldsymbol{x}_{\mathrm{a}_{[N]}}^{\mathrm{T}}\boldsymbol{S}_{\mathrm{a}}\boldsymbol{x}_{\mathrm{a}_{[k]}}+\frac{1}{2}\sum_{k=0}^{N-1}[\boldsymbol{x}_{\mathrm{a}_{[k]}}^{\mathrm{T}}\boldsymbol{Q}_{\mathrm{a}}\boldsymbol{x}_{\mathrm{a}_{[k]}}+\boldsymbol{\delta u}_{[k]}^{\mathrm{T}}\boldsymbol{R}\boldsymbol{\delta u}_{[k]}] \tag{4.5.19}$$

权重矩阵 $\boldsymbol{R}$ 为 1×1 矩阵。图 4.5.5 显示了当使用图 4.5.3 的控制器时的系统响应，权重系数的选择与 4.5.2 节保持一致。可以发现，这两组测试的收敛速度都远快于图 4.5.4 中的常数输入方法。同时对比图 4.5.2，控制器成功地将状态变量稳定在了参考目标点的位置。此外，由于不同权重系数的设定，测试一比测试二收敛速度快，但其偏离稳态输入的距离也较大。

图 4.5.5(b)中出现了超调，且收敛速度更慢。这是因为在这一算法中选择 $\boldsymbol{\delta u}_{[k]}$ 作为代价，$\boldsymbol{\delta u}_{[k]}^{\mathrm{T}}\boldsymbol{R}\boldsymbol{\delta u}_{[k]}$ 项追求的不再是最低的能耗，而是将控制器始终保持在稳态输入点附近。所以图 4.5.5(b)的表现会更加靠近于图 4.5.4。特别的，当 $\boldsymbol{R}$ 远大于其他权重矩阵时，系统的输入 $\boldsymbol{u}_{[k]}\rightarrow\boldsymbol{u}_{\mathrm{d}}$。

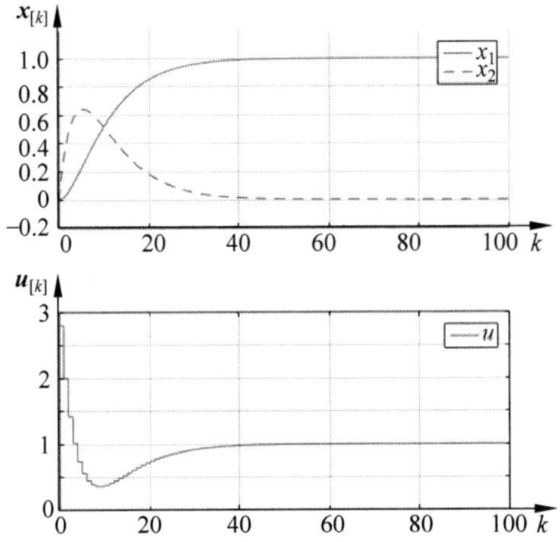

(a) 测试一：$\boldsymbol{S}=\begin{bmatrix}1&0\\0&1\end{bmatrix}$，$\boldsymbol{Q}=\begin{bmatrix}1&0\\0&1\end{bmatrix}$，$\boldsymbol{R}=[0.1]$

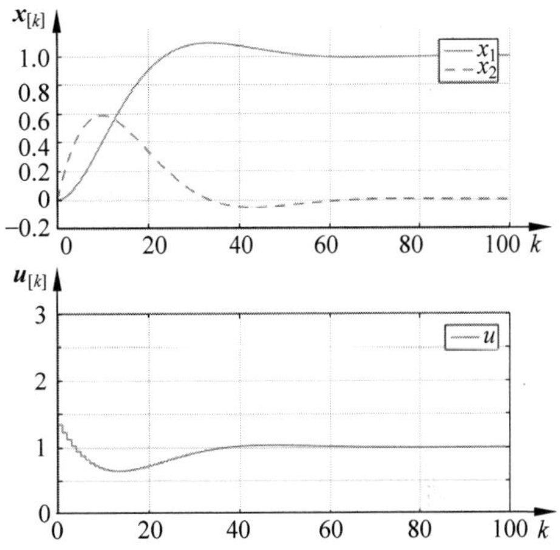

(b) 测试二：$\boldsymbol{S}=\begin{bmatrix}1&0\\0&1\end{bmatrix}$，$\boldsymbol{Q}=\begin{bmatrix}1&0\\0&1\end{bmatrix}$，$\boldsymbol{R}=[1]$

图 4.5.5　稳态非零参考值控制仿真结果

请参考代码 4.7：LQR_Test_tracking_SS_U_MSD. m。

4.5.4　输入增量控制

对于轨迹追踪控制，一种更灵活的方法是使用输入增量控制，这种方法可以追踪非常数参考值。在这种方法中，定义输入增量为

$$\Delta\boldsymbol{u}_{[k]}=\boldsymbol{u}_{[k]}-\boldsymbol{u}_{[k-1]} \tag{4.5.20}$$

它代表了采样时间内输入的变化。使用 $\Delta\boldsymbol{u}_{[k]}$ 作为性能指标中的一项代价，这将影响控制输入的速度变化，从而生成更加平滑的控制输入，避免系统过快地变化。

将式(4.5.20)代入式(4.5.3)可得

$$\boldsymbol{x}_{[k+1]}=\boldsymbol{A}\boldsymbol{x}_{[k]}+\boldsymbol{B}\Delta\boldsymbol{u}_{[k]}+\boldsymbol{B}\boldsymbol{u}_{[k-1]} \tag{4.5.21}$$

系统的性能指标可以设为

$$J=\frac{1}{2}\boldsymbol{e}_{[N]}^{\mathrm{T}}\boldsymbol{S}\boldsymbol{e}_{[N]}+\frac{1}{2}\sum_{k=0}^{N-1}\left[\boldsymbol{e}_{[k]}^{\mathrm{T}}\boldsymbol{Q}\boldsymbol{e}_{[k]}+\Delta\boldsymbol{u}_{[k]}^{\mathrm{T}}\boldsymbol{R}\Delta\boldsymbol{u}_{[k]}\right] \tag{4.5.22}$$

定义

$$\boldsymbol{x}_{\mathrm{a}_{[k]}}=\begin{bmatrix}\boldsymbol{x}_{[k]}\\ \boldsymbol{x}_{\mathrm{d}_{[k]}}\\ \boldsymbol{u}_{[k-1]}\end{bmatrix} \tag{4.5.23}$$

根据式(4.5.4)、式(4.5.20)和式(4.5.21),可得

$$\boldsymbol{x}_{\mathrm{a}_{[k+1]}}=\boldsymbol{A}_{\mathrm{a}}\boldsymbol{x}_{\mathrm{a}_{[k]}}+\boldsymbol{B}_{\mathrm{a}}\Delta\boldsymbol{u}_{[k]} \tag{4.5.24a}$$

其中

$$\boldsymbol{A}_{\mathrm{a}}=\begin{bmatrix}\boldsymbol{A} & \boldsymbol{0}_{n\times n} & \boldsymbol{B}\\ \boldsymbol{0}_{n\times n} & \boldsymbol{A}_{\mathrm{D}} & \boldsymbol{0}_{n\times p}\\ \boldsymbol{0}_{p\times n} & \boldsymbol{0}_{p\times n} & \boldsymbol{I}_{p\times p}\end{bmatrix}\quad \boldsymbol{B}_{\mathrm{a}}=\begin{bmatrix}\boldsymbol{B}\\ \boldsymbol{0}_{n\times p}\\ \boldsymbol{I}_{p\times p}\end{bmatrix} \tag{4.5.24b}$$

$\boldsymbol{x}_{\mathrm{a}_{[k]}}$ 为$(2n+p)\times 1$ 向量,$\boldsymbol{A}_{\mathrm{a}}$ 为$(2n+p)\times(2n+p)$矩阵,$\boldsymbol{B}_{\mathrm{a}}$ 为$(2n+p)\times p$ 矩阵。

定义 $n\times(2n+p)$矩阵 $\boldsymbol{C}_{\mathrm{a}}=\left[\boldsymbol{I}_{n\times n}\quad -\boldsymbol{I}_{n\times n}\quad \boldsymbol{0}_{n\times p}\right]$,可得

$$\boldsymbol{e}_{[k]}=\boldsymbol{x}_{[k]}-\boldsymbol{x}_{\mathrm{d}_{[k]}}=[\boldsymbol{I}\quad -\boldsymbol{I}\quad \boldsymbol{0}]\begin{bmatrix}\boldsymbol{x}_{[k]}\\ \boldsymbol{x}_{\mathrm{d}_{[k]}}\\ \boldsymbol{u}_{[k-1]}\end{bmatrix}=\boldsymbol{C}_{\mathrm{a}}\boldsymbol{X}_{\mathrm{a}_{[k]}} \tag{4.5.25}$$

令 $\boldsymbol{C}_{\mathrm{a}}^{\mathrm{T}}\boldsymbol{Q}\boldsymbol{C}_{\mathrm{a}}=\boldsymbol{Q}_{\mathrm{a}}$,$\boldsymbol{C}_{\mathrm{a}}^{\mathrm{T}}\boldsymbol{S}\boldsymbol{C}_{\mathrm{a}}=\boldsymbol{S}_{\mathrm{a}}$,代入式(4.5.22)可得

$$J=\frac{1}{2}\boldsymbol{x}_{\mathrm{a}_{[N]}}^{\mathrm{T}}\boldsymbol{S}_{\mathrm{a}}\boldsymbol{x}_{\mathrm{a}_{[N]}}+\frac{1}{2}\sum_{k=0}^{N-1}\left[\boldsymbol{x}_{\mathrm{a}_{[k]}}^{\mathrm{T}}\boldsymbol{Q}_{\mathrm{a}}\boldsymbol{x}_{\mathrm{a}_{[k]}}+\Delta\boldsymbol{u}_{[k]}^{\mathrm{T}}\boldsymbol{R}\Delta\boldsymbol{u}_{[k]}\right] \tag{4.5.26}$$

式(4.5.26)所对应的状态空间方程是式(4.5.24)。可以利用在 4.4.1 节中介绍的[F1]**反馈矩阵求解模块**进行求解。同样,在编写程序时,我们也可以将上述轨迹追踪增广矩阵的转换过程编写为一个[F3]**输入增量控制矩阵转化模块**,对应于本书所附代码中的 **F3_InputAugmentMatrix_Delta_U.m**,其输入为系统矩阵 $\boldsymbol{A}$、$\boldsymbol{B}$,权重矩阵 $\boldsymbol{Q}$、$\boldsymbol{R}$、$\boldsymbol{S}$ 以及目标转移矩阵 $\boldsymbol{A}_{\mathrm{D}}$;输出为常数增广矩阵 $\boldsymbol{A}_{\mathrm{a}}$、$\boldsymbol{B}_{\mathrm{a}}$、$\boldsymbol{Q}_{\mathrm{a}}$、$\boldsymbol{S}_{\mathrm{a}}$ 和权重矩阵 $\boldsymbol{R}$。

请参考代码 4.8:F3_InputAugmentMatrix_Delta_U.m。

这一控制器的思路如图 4.5.6 所示。在实时控制中,系统需要根据目标转移矩阵 $\boldsymbol{A}_{\mathrm{D}}$ 以及当前的目标状态 $\boldsymbol{x}_{\mathrm{d}_{[k]}}$ 计算下一时刻的目标状态 $\boldsymbol{x}_{\mathrm{d}_{[k+1]}}$,并与当前的输入和状态变量一起组成新的 $\boldsymbol{x}_{\mathrm{a}_{[k+1]}}$,使用它作为反馈项计算出的结果是最优的输入增量 $\Delta\boldsymbol{u}_{[k]}^{*}$,最后通过式(4.5.20)计算出最优控制量。

在本例中,性能指标为

$$J=\frac{1}{2}\boldsymbol{x}_{\mathrm{a}_{[N]}}^{\mathrm{T}}\boldsymbol{S}_{\mathrm{a}}\boldsymbol{x}_{\mathrm{a}_{[k]}}+\frac{1}{2}\sum_{k=0}^{N-1}\left[\boldsymbol{x}_{\mathrm{a}_{[k]}}^{\mathrm{T}}\boldsymbol{Q}_{\mathrm{a}}\boldsymbol{x}_{\mathrm{a}_{[k]}}+\Delta\boldsymbol{u}_{[k]}^{\mathrm{T}}\boldsymbol{R}\Delta\boldsymbol{u}_{[k]}\right] \tag{4.5.27}$$

权重矩阵 $\boldsymbol{R}$ 为 1×1 矩阵。在同样的目标下,仿真结果如图 4.5.7 所示。使用输入增量控制方法,系统的输入变化比 4.5.3 节的方法缓慢,特别是在开始的位置,是缓缓上升再下降的。因此系统状态变量的变化也相对平缓。对比图 4.5.5 和图 4.5.7,使用这种方法可以有效地减少 $\boldsymbol{x}_{[k]}$ 的超调量。

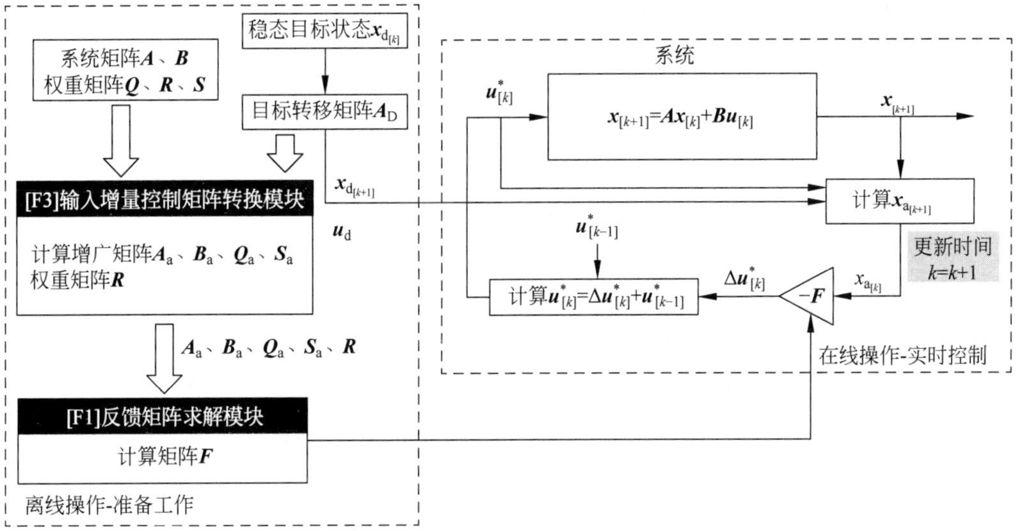

图 4.5.6　输入增量控制流程图

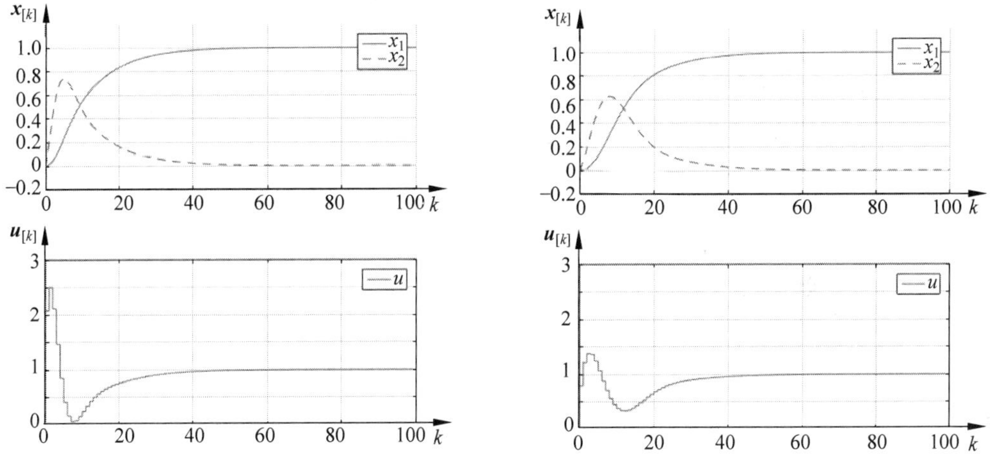

(a) 测试一：$S=\begin{bmatrix}1&0\\0&1\end{bmatrix}$, $Q=\begin{bmatrix}1&0\\0&1\end{bmatrix}$, $R=[0.1]$

(b) 测试二：$S=\begin{bmatrix}1&0\\0&1\end{bmatrix}$, $Q=\begin{bmatrix}1&0\\0&1\end{bmatrix}$, $R=[1]$

图 4.5.7　输入增量控制仿真结果

> 请参考代码 4.9：LQR_Test_tracking_Delta_U_MSD.m。

4.5.5　输入增量控制——追踪非常数参考值

使用输入增量控制还可以令系统追踪一个非常数的随时间变化的线性目标状态 $\boldsymbol{x}_{d_{[k]}}$，这是稳态非零参考值控制算法无法做到的。例如对于这一弹簧阻尼系统，控制目标不再是将质量块停在某一个位置，而是令其匀速运动，即

$$\frac{\mathrm{d}x_{1d_{(t)}}}{\mathrm{d}t}=x_{2d_{(t)}} \tag{4.5.28a}$$

$$\frac{\mathrm{d}x_{2\mathrm{d}_{(t)}}}{\mathrm{d}t}=0 \tag{4.5.28b}$$

将 $\boldsymbol{x}_{\mathrm{d}_{(t)}}$ 写成状态空间方程,可得

$$\frac{\mathrm{d}\boldsymbol{x}_{\mathrm{d}_{(t)}}}{\mathrm{d}t}=\begin{bmatrix}0 & 1\\0 & 0\end{bmatrix}\boldsymbol{x}_{(t)} \tag{4.5.28c}$$

由于之前的讨论均是基于离散系统,将转移矩阵 $\begin{bmatrix}0 & 1\\0 & 0\end{bmatrix}$ 按照 $T_{\mathrm{s}}=0.1\mathrm{s}$ 离散后可得

$$\boldsymbol{x}_{\mathrm{d}_{[k+1]}}=\boldsymbol{A}_{\mathrm{D}}\boldsymbol{x}_{\mathrm{d}_{[k]}} \quad \boldsymbol{A}_{\mathrm{D}}=\begin{bmatrix}1 & 0.1\\0 & 1\end{bmatrix} \tag{4.5.28d}$$

将 $\boldsymbol{A}_{\mathrm{D}}$ 代入式(4.5.24b)便可以得到新的增广矩阵 $\boldsymbol{A}_{\mathrm{a}}$,以此为基础设计控制器便可以达到控制效果。假如我们希望质量块以 0.2m/s 的速度匀速运动并且每 5s 转换一次方向,考虑 20s 的运行时间(即 200 个采样区间),有

$$x_{2\mathrm{d}_{[k]}}=\begin{cases}0.2 & k\in[0,50],[101,150]\\-0.2 & k\in[51,100],[151,200]\end{cases} \tag{4.5.29}$$

通过软件进行仿真,系统的表现如图 4.5.8 所示。状态变量与目标值的贴合度非常好,控制器完成了轨迹追踪的目标。同时可以观察到当速度方向发生改变时,测试一的输入变化与测试二相比明显要剧烈很多,这是权重矩阵 $\boldsymbol{R}$ 不同造成的。同时观察到系统输入需要在大部分时间保持一个大于 0 的数值,也就是说,需要持续对系统施力,这是由于质量块在弹簧稳定位置的一侧做振动,需要相对持续地施加外力以抵抗弹簧的弹力,仅在质量块转变方向的时刻有可能需要施加反作用力防止位移和速度的超调。读者可以尝试设计不同的目标转移矩阵 $\boldsymbol{A}_{\mathrm{D}}$,使系统追踪不同的轨迹。

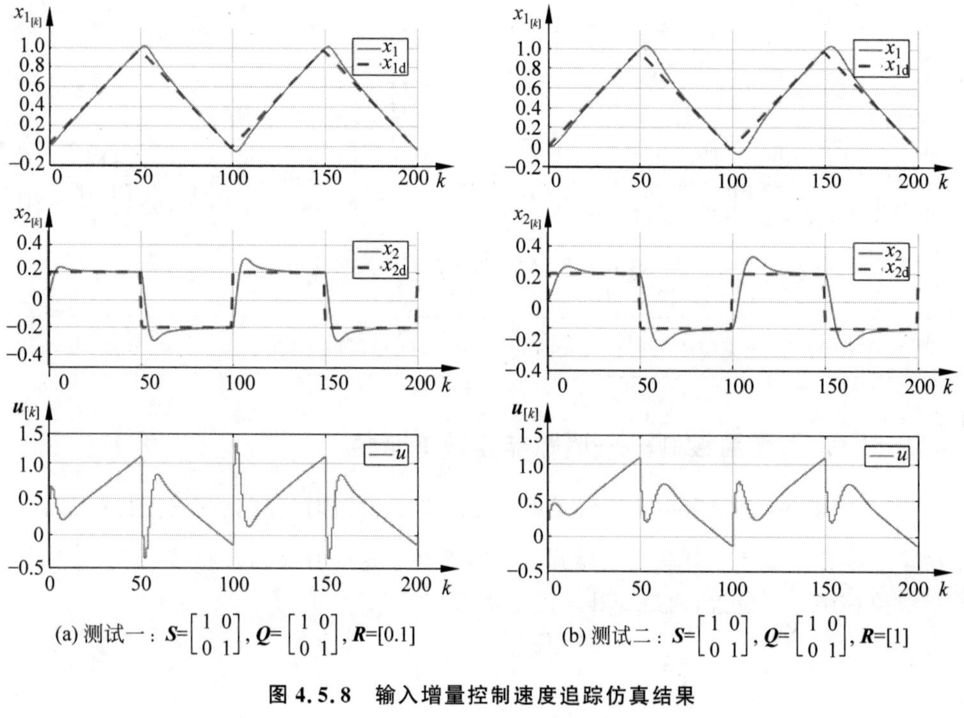

(a) 测试一：$\boldsymbol{S}=\begin{bmatrix}1 & 0\\0 & 1\end{bmatrix}$, $\boldsymbol{Q}=\begin{bmatrix}1 & 0\\0 & 1\end{bmatrix}$, $\boldsymbol{R}=[0.1]$　　(b) 测试二：$\boldsymbol{S}=\begin{bmatrix}1 & 0\\0 & 1\end{bmatrix}$, $\boldsymbol{Q}=\begin{bmatrix}1 & 0\\0 & 1\end{bmatrix}$, $\boldsymbol{R}=[1]$

图 4.5.8 输入增量控制速度追踪仿真结果

请参考代码 4.10：LQR_Test_tracking_Delta_U_AD_MSD.m。

4.6 无人机控制案例分析

本节将利用 LQR 方法分析无人机高度控制问题，并尝试与 4.2 节的数值方法进行比较。

4.6.1 模型与系统的建立

若要使用 LQR，首先需要确定系统的离散型状态空间方程，根据 3.3.2 节，无人机高度控制的状态空间方程为

$$\boldsymbol{x}_{[k+1]} = \boldsymbol{A}\boldsymbol{x}_{[k]} + \boldsymbol{B}\boldsymbol{u}_{[k]} \tag{4.6.1a}$$

其中

$$\boldsymbol{A} = \begin{bmatrix} 1 & 0.1 & 0.005 \\ 0 & 1 & 0.1 \\ 0 & 0 & 1 \end{bmatrix} \quad \boldsymbol{B} = \begin{bmatrix} 0.005 \\ 0.1 \\ 0 \end{bmatrix} \tag{4.6.1b}$$

$x_{1_{[k]}}$ 代表高度位置，$x_{2_{[k]}}$ 代表速度，$x_{3_{[k]}} = -g$ 是重力加速度常数，作为系统输入的偏差。系统的初始状态为

$$\boldsymbol{x}_{[0]} = \begin{bmatrix} x_{1[0]} \\ x_{2_{[0]}} \\ x_{3[0]} \end{bmatrix} = \begin{bmatrix} 0 \\ 0 \\ -g \end{bmatrix} \tag{4.6.1c}$$

定义其控制目标为常数，即

$$\boldsymbol{x}_{\mathrm{d}} = \begin{bmatrix} x_{1\mathrm{d}} \\ x_{2\mathrm{d}} \\ x_{3\mathrm{d}} \end{bmatrix} = \begin{bmatrix} 10 \\ 0 \\ -g \end{bmatrix} \tag{4.6.1d}$$

与 4.2 节的数值方法要求一致，无人机将从地面出发，控制的目标是令其停在 10m 的高度。为了简化计算，在本节中选择 $g = 10\mathrm{m/s^2}$。

4.6.2 无约束轨迹追踪

这是一个轨迹追踪问题，因此需要使用 4.5 节所介绍的方法。因为控制目标是将无人机稳定在固定位置，所以使用 4.5.3 节的方法进行处理，当系统处于稳态时，根据式(4.5.11)可得

$$\begin{bmatrix} 0.005 \\ 0.1 \\ 0 \end{bmatrix} \boldsymbol{u}_{\mathrm{d}} = \left(\boldsymbol{I} - \begin{bmatrix} 1 & 0.1 & 0.005 \\ 0 & 1 & 0.1 \\ 0 & 0 & 1 \end{bmatrix} \right) \begin{bmatrix} 10 \\ 0 \\ -g \end{bmatrix} \Rightarrow \boldsymbol{u}_{\mathrm{d}} = [g] = [10] \tag{4.6.2}$$

在平衡位置，输入(外力)等于重力加速度。

因此在本例中，$\delta\boldsymbol{u}_{[k]} = \boldsymbol{u}_{[k]} - \boldsymbol{u}_{\mathrm{d}}$ 即无人机的加速度。

将式(4.6.1)代入式(4.5.16),可得增广形式的状态空间方程

$$\boldsymbol{x}_{\mathrm{a}_{[k+1]}}=\boldsymbol{A}_{\mathrm{a}}\boldsymbol{x}_{\mathrm{a}_{[k]}}+\boldsymbol{B}_{\mathrm{a}}\boldsymbol{\delta u}_{[k]} \tag{4.6.3a}$$

其中

$$\boldsymbol{x}_{\mathrm{a}_{[k]}}=\begin{bmatrix}\boldsymbol{x}_{[k]}\\ \boldsymbol{x}_{\mathrm{d}}\end{bmatrix}=\begin{bmatrix}x_{1_{[k]}}\\ x_{2_{[k]}}\\ x_{3_{[k]}}\\ 10\\ 0\\ -g\end{bmatrix}\quad \boldsymbol{A}_{\mathrm{a}}=\begin{bmatrix}\boldsymbol{A} & (\boldsymbol{I}-\boldsymbol{A})\\ \boldsymbol{0}_{3\times 3} & \boldsymbol{I}_{3\times 3}\end{bmatrix}=\begin{bmatrix}1 & 0.1 & 0.005 & 0 & -0.1 & -0.005\\ 0 & 1 & 0.1 & 0 & 0 & -0.1\\ 0 & 0 & 1 & 0 & 0 & 0\\ 0 & 0 & 0 & 1 & 0 & 0\\ 0 & 0 & 0 & 0 & 1 & 0\\ 0 & 0 & 0 & 0 & 0 & 1\end{bmatrix}$$

$$\boldsymbol{B}_{\mathrm{a}}=\begin{bmatrix}\boldsymbol{B}\\ \boldsymbol{0}_{3\times 1}\end{bmatrix}=\begin{bmatrix}0.005\\ 0.1\\ 0\\ 0\\ 0\\ 0\end{bmatrix} \tag{4.6.3b}$$

其性能指标为

$$J=\frac{1}{2}\boldsymbol{e}_{[N]}^{\mathrm{T}}\boldsymbol{S}\boldsymbol{e}_{[N]}+\frac{1}{2}\sum_{k=0}^{N-1}\left[\boldsymbol{e}_{[k]}^{\mathrm{T}}\boldsymbol{Q}\boldsymbol{e}_{[k]}+\boldsymbol{\delta u}_{[k]}^{\mathrm{T}}\boldsymbol{R}\boldsymbol{\delta u}_{[k]}\right] \tag{4.6.4a}$$

根据式(4.5.17),定义

$$\boldsymbol{C}_{\mathrm{a}}=\left[\boldsymbol{I}_{3\times 3}\quad -\boldsymbol{I}_{3\times 3}\right]=\begin{bmatrix}1 & 0 & 0 & -1 & 0 & 0\\ 0 & 1 & 0 & 0 & -1 & 0\\ 0 & 0 & 1 & 0 & 0 & -1\end{bmatrix} \tag{4.6.4b}$$

可得

$$\boldsymbol{e}_{[k]}=\boldsymbol{C}_{\mathrm{a}}\boldsymbol{x}_{\mathrm{a}_{[k]}} \tag{4.6.4c}$$

同时定义 $\boldsymbol{C}_{\mathrm{a}}^{\mathrm{T}}\boldsymbol{Q}\boldsymbol{C}_{\mathrm{a}}=\boldsymbol{Q}_{\mathrm{a}}$,$\boldsymbol{C}_{\mathrm{a}}^{\mathrm{T}}\boldsymbol{S}\boldsymbol{C}_{\mathrm{a}}=\boldsymbol{S}_{\mathrm{a}}$,可得

$$J=\frac{1}{2}\boldsymbol{x}_{\mathrm{a}_{[N]}}^{\mathrm{T}}\boldsymbol{S}_{\mathrm{a}}\boldsymbol{x}_{\mathrm{a}_{[k]}}+\frac{1}{2}\sum_{k=0}^{N-1}\left[\boldsymbol{x}_{\mathrm{a}_{[k]}}^{\mathrm{T}}\boldsymbol{Q}_{\mathrm{a}}\boldsymbol{x}_{\mathrm{a}_{[k]}}+\boldsymbol{\delta u}_{[k]}^{\mathrm{T}}\boldsymbol{R}\boldsymbol{\delta u}_{[k]}\right] \tag{4.6.5}$$

经过转化后,即可参考图 4.5.3 的控制思路进行编程求解。

考虑两组测试,第一组希望无人机迅速从初始位置运行到目标位置,可以定义误差的权重矩阵 $\boldsymbol{Q}$ 和 $\boldsymbol{S}$ 大于输入的权重矩阵 $\boldsymbol{R}$,令 $\boldsymbol{Q}=\begin{bmatrix}1 & 0 & 0\\ 0 & 1 & 0\\ 0 & 0 & 0\end{bmatrix}$,$\boldsymbol{S}=\begin{bmatrix}1 & 0 & 0\\ 0 & 1 & 0\\ 0 & 0 & 0\end{bmatrix}$,$\boldsymbol{R}=[0.1]$。这里定义 x_3 的权重系数为 0 是因为它代表的重力加速度是常数,无须控制,系统的表现如图 4.6.1(a)所示。第二组则选用 $\boldsymbol{R}=[1]$,加强输入的权重,令控制量向目标输入靠近,其表现如图 4.6.1(b)所示。

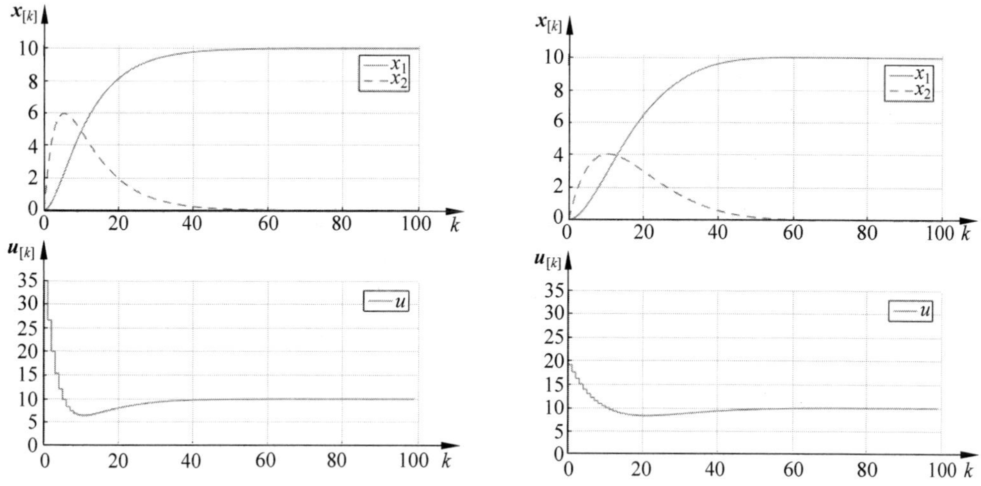

(a) 测试一：$\boldsymbol{S}=\begin{bmatrix}1&0&0\\0&1&0\\0&0&0\end{bmatrix}$，$\boldsymbol{Q}=\begin{bmatrix}1&0&0\\0&1&0\\0&0&0\end{bmatrix}$，$\boldsymbol{R}=[0.1]$

(b) 测试二：$\boldsymbol{S}=\begin{bmatrix}1&0&0\\0&1&0\\0&0&0\end{bmatrix}$，$\boldsymbol{Q}=\begin{bmatrix}1&0&0\\0&1&0\\0&0&0\end{bmatrix}$，$\boldsymbol{R}=[1]$

图 4.6.1　无人机高度控制

> 请参考代码 4.11：LQR_UAV_tracking_SS_U.m。

4.6.3　对输入的约束

图 4.6.1 展示了不含约束条件的最优控制。值得注意的是，在很多情况下，系统的输入是有限制的，例如此例中的电机转速会有极值。在 4.5 节推导 LQR 时并没有考虑到系统约束条件，这也是 LQR 所欠缺的功能。对输入的约束，一种简单的方法是通过对系统施加饱和函数实现，在实际操作中，可以根据具体的情况限制输入的最大值 $\boldsymbol{u}_{\max}$ 和最小值 $\boldsymbol{u}_{\min}$，当控制器计算出来的输入 $\boldsymbol{u}_{[k]}$ 超过了最大值或者小于最小值时，仅取最大值或最小值，即

$$\boldsymbol{u}_{[k]}=\begin{cases}\boldsymbol{u}_{\max} & \boldsymbol{u}_{[k]}>\boldsymbol{u}_{\max}\\ \boldsymbol{u}_{[k]} & \boldsymbol{u}_{\max}\geqslant\boldsymbol{u}_{[k]}\geqslant\boldsymbol{u}_{\min}\\ \boldsymbol{u}_{\min} & \boldsymbol{u}_{[k]}<\boldsymbol{u}_{\min}\end{cases}\tag{4.6.6}$$

对于无人机高度控制案例，在 4.2 节提出的问题中要求对加速度有限制，$[-3]\mathrm{m/s^2}\leqslant\boldsymbol{u}_{a_{(t)}}\leqslant[2]\mathrm{m/s^2}$，对应于本系统，综合考虑重力加速度为 $10\mathrm{m/s^2}$，即要求 $\boldsymbol{u}_{\max}=[12]$，$\boldsymbol{u}_{\min}=[7]$。对该系统使用饱和函数，仍采用上一小节的测试方法和权重矩阵，结果如图 4.6.2 所示。与图 4.6.1 相比，无人机上升的时间变长，能达到的最高速度也相应减小，这是对输入限制造成的结果。增加饱和函数的系统设计流程框图如图 4.6.3 所示。

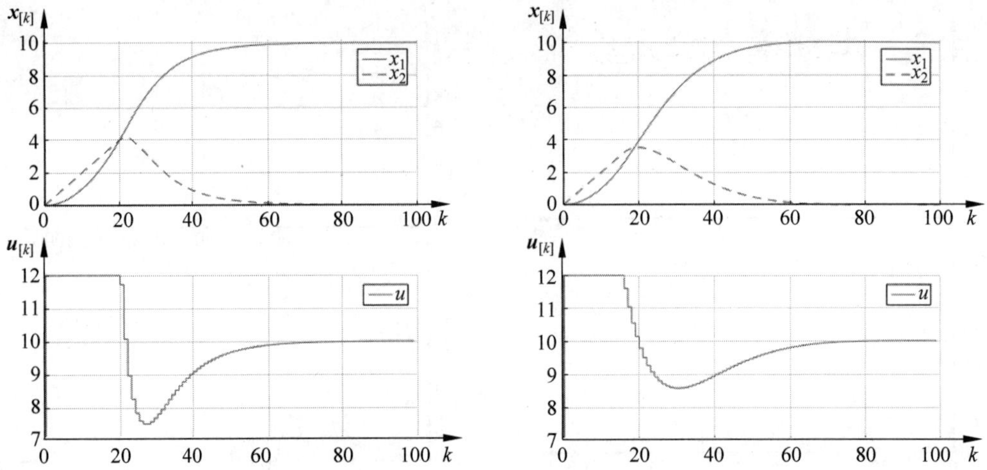

(a) 测试一：$\boldsymbol{S}=\begin{bmatrix}1&0&0\\0&1&0\\0&0&0\end{bmatrix}$, $\boldsymbol{Q}=\begin{bmatrix}1&0&0\\0&1&0\\0&0&0\end{bmatrix}$, $\boldsymbol{R}=[0.1]$

(b) 测试二：$\boldsymbol{S}=\begin{bmatrix}1&0&0\\0&1&0\\0&0&0\end{bmatrix}$, $\boldsymbol{Q}=\begin{bmatrix}1&0&0\\0&1&0\\0&0&0\end{bmatrix}$, $\boldsymbol{R}=[1]$

图 4.6.2 含饱和函数的无人机高度控制

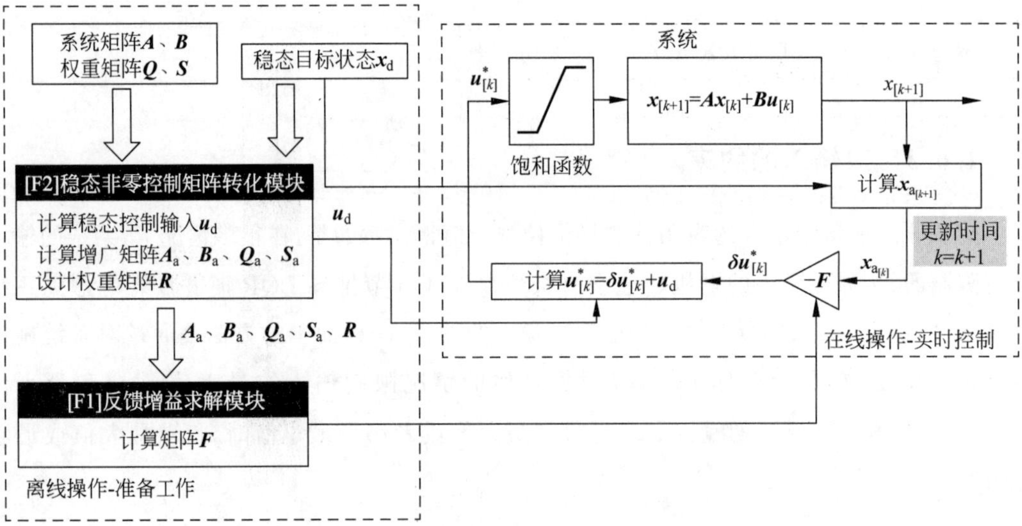

图 4.6.3 含饱和函数的轨迹追踪控制

如果对比图 4.6.2 和 4.2 节使用数值方法得到的结果图 4.2.6，可以发现它们有很大的差距，这是因为在 4.2 节中，除了对输入进行了约束，对状态变量也进行了约束。而 LQR 算法不具备对状态变量约束的条件。若使用饱和函数约束状态变量也并不合理，因此需要其他的手段解决这一问题。带着这个问题，在第 5 章中，我们将利用模型预测控制的方法处理带有约束的控制。

请参考代码 4.12：LQR_UAV_tracking_SS_U_InputConstraints.m。

4.7　本章重点公式总结

- 动态规划解析方法——递归关系

	离散系统	连续系统
状态空间方程	$\boldsymbol{x}_{[k+1]}=\boldsymbol{f}(\boldsymbol{x}_{[k]},\boldsymbol{u}_{[k]})$	$\dot{\boldsymbol{x}}_{(t)}=f(\boldsymbol{x}_{(t)},\boldsymbol{u}_{(t)},t)$
性能指标	$J=h(\boldsymbol{x}_{[N]})+\sum_{k=0}^{N-1}g(\boldsymbol{x}_{[k]},\boldsymbol{u}_{[k]})$	$J_{t\to t_{\mathrm{f}}}(\boldsymbol{x}_{(t)},t,\boldsymbol{u}_{(\tau)})=h(\boldsymbol{x}_{(t_{\mathrm{f}})},t_{\mathrm{f}})+\int_t^{t_{\mathrm{f}}}g(\boldsymbol{x}_{(\tau)},\boldsymbol{u}_{(\tau)},\tau)\mathrm{d}\tau,\quad t\leqslant\tau\leqslant t_{\mathrm{f}}$
递归方程	$J^*_{N-k\to N}(\boldsymbol{x}_{[N-k]})=\min\limits_{\boldsymbol{u}_{[N-k]}}(J^*_{N-(k-1)\to N}(f(\boldsymbol{x}_{[N-k]},\boldsymbol{u}_{[N-k]}))+g(\boldsymbol{x}_{[N-k]},\boldsymbol{u}_{[N-k]}))$	$0=J_t^*(\boldsymbol{x}_{(t)},t)+\min\limits_{\boldsymbol{u}_{(t)}}\{\boldsymbol{J}_{\boldsymbol{x}}^*(\boldsymbol{x}_{(t)},t)^{\mathrm{T}}f(\boldsymbol{x}_{(t)},\boldsymbol{u}_{(t)},t)+g(\boldsymbol{x}_{(t)},\boldsymbol{u}_{(t)},t)\}$（HJB 方程）
边界条件	$J_{N\to N}(\boldsymbol{x}_{[N]})=h(\boldsymbol{x}_{[N]})$	$J^*_{t_{\mathrm{f}}\to t_{\mathrm{f}}}(\boldsymbol{x}_{(t_{\mathrm{f}})},t_{\mathrm{f}})=h(\boldsymbol{x}_{(t_{\mathrm{f}})},t_{\mathrm{f}})$

- 线性二次型调节器

	离散系统	连续系统
状态空间方程	$\boldsymbol{x}_{[k+1]}=f(\boldsymbol{x}_{[k]},\boldsymbol{u}_{[k]})=\boldsymbol{A}_{[k]}\boldsymbol{x}_{[k]}+\boldsymbol{B}_{[k]}\boldsymbol{u}_{[k]}$	$\dot{\boldsymbol{x}}_{(t)}=f(\boldsymbol{x}_{(t)},\boldsymbol{u}_{(t)},t)=\boldsymbol{A}_{(t)}\boldsymbol{x}_{(t)}+\boldsymbol{B}_{(t)}\boldsymbol{u}_{(t)}$
性能指标	$J=\frac{1}{2}\boldsymbol{x}_{[N]}^{\mathrm{T}}\boldsymbol{S}\boldsymbol{x}_{[N]}+\frac{1}{2}\sum_{k=0}^{N-1}[\boldsymbol{x}_{[k]}^{\mathrm{T}}\boldsymbol{Q}_{[k]}\boldsymbol{x}_{[k]}+\boldsymbol{u}_{[k]}^{\mathrm{T}}\boldsymbol{R}_{[k]}\boldsymbol{u}_{[k]}]$	$J_{t\to t_{\mathrm{f}}}(\boldsymbol{x}_{(t)},t,\boldsymbol{u}_{(\tau)})=\frac{1}{2}\boldsymbol{x}_{(t_{\mathrm{f}})}^{\mathrm{T}}\boldsymbol{S}\boldsymbol{x}_{(t_{\mathrm{f}})}+\int_t^{t_{\mathrm{f}}}\frac{1}{2}(\boldsymbol{x}_{(\tau)}^{\mathrm{T}}\boldsymbol{Q}_{(\tau)}\boldsymbol{x}_{(\tau)}+u_{(\tau)}^{\mathrm{T}}\boldsymbol{R}_{(\tau)}\boldsymbol{u}_{(\tau)})\mathrm{d}\tau\ ,t\leqslant\tau\leqslant t_{\mathrm{f}}$
解析解	$\boldsymbol{u}^*_{[N-k]}=-\boldsymbol{F}_{[N-k]}x_{[N-k]}$	$\boldsymbol{u}^*_{(t)}=-\boldsymbol{R}_{(t)}^{-1}\boldsymbol{B}_{(t)}^{\mathrm{T}}\boldsymbol{P}_{(t)}\boldsymbol{x}_{(t)}$
递归方程	$\boldsymbol{F}_{[N-k]}=(\boldsymbol{B}_{[N-k]}^{\mathrm{T}}\boldsymbol{P}_{[k-1]}\boldsymbol{B}_{[N-k]}+\boldsymbol{R}_{[N-k]})^{-1}\boldsymbol{B}_{[N-k]}^{\mathrm{T}}\boldsymbol{P}_{[k-1]}\boldsymbol{A}_{[N-k]}$ $\boldsymbol{P}_{[k]}=(\boldsymbol{A}_{[N-k]}-\boldsymbol{B}_{[N-k]}\boldsymbol{F}_{[N-k]})^{\mathrm{T}}\boldsymbol{P}_{[k-1]}\cdot(\boldsymbol{A}_{[N-k]}-\boldsymbol{B}_{[N-k]}\boldsymbol{F}_{[N-k]})+\boldsymbol{F}_{[N-k]}^{\mathrm{T}}\boldsymbol{R}_{[N-k]}\boldsymbol{F}_{[N-k]}+\boldsymbol{Q}_{[N-k]}$	$\boldsymbol{0}=\dot{\boldsymbol{P}}_{(t)}+\boldsymbol{P}_{(t)}\boldsymbol{A}_{(t)}+\boldsymbol{A}_{(t)}^{\mathrm{T}}\boldsymbol{P}_{(t)}-\boldsymbol{P}_{(t)}\boldsymbol{B}_{(t)}\boldsymbol{R}_{(t)}^{-1}\boldsymbol{B}_{(t)}^{\mathrm{T}}\boldsymbol{P}_{(t)}+\boldsymbol{Q}_{(t)}$ （Riccati 方程） 稳态时$\dot{\boldsymbol{P}}_{(t)}=\boldsymbol{0}$
边界条件	$\boldsymbol{P}_{[0]}=\boldsymbol{S}$	$\boldsymbol{P}_{(t_{\mathrm{f}})}=\boldsymbol{S}_{(t_{\mathrm{f}})}$

- 非零参考点控制——轨迹追踪(转换为调节问题)

	方法 1	方法 2	方法 3
处理方式	引入控制目标误差	稳态非零参考值控制	输入增量控制
参考值方程	$\boldsymbol{x}_{\mathrm{d}_{[k+1]}}=\boldsymbol{A}_{\mathrm{D}}\boldsymbol{x}_{\mathrm{d}_{[k]}}$	$\boldsymbol{x}_{\mathrm{d}}$ 为常数	$\boldsymbol{x}_{\mathrm{d}_{[k+1]}}=\boldsymbol{A}_{\mathrm{D}}\boldsymbol{x}_{\mathrm{d}_{[k]}}$
增广状态变量	$\boldsymbol{x}_{\mathrm{a}_{[k]}}\triangleq\begin{bmatrix}\boldsymbol{x}_{[k]}\\\boldsymbol{x}_{\mathrm{d}_{[k]}}\end{bmatrix}$	$\boldsymbol{x}_{\mathrm{a}_{[k]}}=\begin{bmatrix}\boldsymbol{x}_{[k]}\\\boldsymbol{x}_{\mathrm{d}}\end{bmatrix}$	$\boldsymbol{x}_{\mathrm{a}_{[k]}}=\begin{bmatrix}\boldsymbol{x}_{[k]}\\\boldsymbol{x}_{\mathrm{d}_{[k]}}\\\boldsymbol{u}_{[k-1]}\end{bmatrix}$
增广系统矩阵	$\boldsymbol{A}_{\mathrm{a}}\triangleq\begin{bmatrix}\boldsymbol{A}&\boldsymbol{0}_{n\times n}\\\boldsymbol{0}_{n\times n}&\boldsymbol{A}_{\mathrm{D}}\end{bmatrix}$	$\boldsymbol{A}_{\mathrm{a}}\triangleq\begin{bmatrix}\boldsymbol{A}&\boldsymbol{I}-\boldsymbol{A}\\\boldsymbol{0}_{n\times n}&\boldsymbol{I}_{n\times n}\end{bmatrix}$	$\boldsymbol{A}_{\mathrm{a}}=\begin{bmatrix}\boldsymbol{A}&\boldsymbol{0}_{n\times n}&\boldsymbol{B}\\\boldsymbol{0}_{n\times n}&\boldsymbol{A}_{\mathrm{D}}&\boldsymbol{0}_{n\times p}\\\boldsymbol{0}_{p\times n}&\boldsymbol{0}_{p\times n}&\boldsymbol{I}_{p\times p}\end{bmatrix}$
增广输入矩阵	$\boldsymbol{B}_{\mathrm{a}}\triangleq\begin{bmatrix}\boldsymbol{B}\\\boldsymbol{0}_{n\times p}\end{bmatrix}$	$\boldsymbol{B}_{\mathrm{a}}\triangleq\begin{bmatrix}\boldsymbol{B}\\\boldsymbol{0}_{n\times p}\end{bmatrix}$	$\boldsymbol{B}_{\mathrm{a}}=\begin{bmatrix}\boldsymbol{B}\\\boldsymbol{0}_{n\times p}\\\boldsymbol{I}_{p\times p}\end{bmatrix}$
误差矩阵	$\boldsymbol{C}_{\mathrm{a}}\triangleq[\boldsymbol{I}_{n\times n}\quad -\boldsymbol{I}_{n\times n}]$	$\boldsymbol{C}_{\mathrm{a}}\triangleq[\boldsymbol{I}_{n\times n}\quad -\boldsymbol{I}_{n\times n}]$	$\boldsymbol{C}_{\mathrm{a}}=[\boldsymbol{I}_{n\times n}\quad -\boldsymbol{I}_{n\times n}\quad \boldsymbol{0}_{n\times p}]$
性能指标	$J=\frac{1}{2}\boldsymbol{x}_{\mathrm{a}_{[N]}}^{\mathrm{T}}\boldsymbol{S}_{\mathrm{a}}\boldsymbol{x}_{\mathrm{a}_{[k]}}+\frac{1}{2}\sum_{k=0}^{N-1}[\boldsymbol{x}_{\mathrm{a}_{[k]}}^{\mathrm{T}}\boldsymbol{Q}_{\mathrm{a}}\boldsymbol{x}_{\mathrm{a}_{[k]}}+\boldsymbol{u}_{[k]}^{\mathrm{T}}\boldsymbol{R}\boldsymbol{u}_{[k]}]$	$J=\frac{1}{2}\boldsymbol{x}_{\mathrm{a}_{[N]}}^{\mathrm{T}}\boldsymbol{S}_{\mathrm{a}}\boldsymbol{x}_{\mathrm{a}_{[k]}}+\frac{1}{2}\sum_{k=0}^{N-1}[\boldsymbol{x}_{\mathrm{a}_{[k]}}^{\mathrm{T}}\boldsymbol{Q}_{\mathrm{a}}\boldsymbol{x}_{\mathrm{a}_{[k]}}+\delta\boldsymbol{u}_{[k]}^{\mathrm{T}}\boldsymbol{R}\delta\boldsymbol{u}_{[k]}]$	$J=\frac{1}{2}\boldsymbol{x}_{\mathrm{a}_{[N]}}^{\mathrm{T}}\boldsymbol{S}_{\mathrm{a}}\boldsymbol{x}_{\mathrm{a}_{[k]}}+\frac{1}{2}\sum_{k=0}^{N-1}[\boldsymbol{x}_{\mathrm{a}_{[k]}}^{\mathrm{T}}\boldsymbol{Q}_{\mathrm{a}}\boldsymbol{x}_{\mathrm{a}_{[k]}}+\Delta\boldsymbol{u}_{[k]}^{\mathrm{T}}\boldsymbol{R}\Delta\boldsymbol{u}_{[k]}]$
权重矩阵	$\boldsymbol{C}_{\mathrm{a}}^{\mathrm{T}}\boldsymbol{Q}\boldsymbol{C}_{\mathrm{a}}=\boldsymbol{Q}_{\mathrm{a}}\quad\boldsymbol{C}_{\mathrm{a}}^{\mathrm{T}}\boldsymbol{S}\boldsymbol{C}_{\mathrm{a}}=\boldsymbol{S}_{\mathrm{a}}$		
注释	结果可能存在稳态误差，需要通过调节代价权重系数综合考量系统表现	需要求解稳态输入，要求目标状态为常数	输入增量控制可以处理非常数参考值控制

模型预测控制

模型预测控制(**Model Predictive Control,MPC**)是一种广泛应用于工业控制领域的高级控制策略。MPC 的基本思想是利用当前时刻系统的状态及约束条件,对未来一段时间内的状态、输入变量进行预测,并求解出一组最优的控制输入序列。随后,只选取最优控制序列中的第一组结果,将其应用于系统中。在下一时刻,重复同样的操作,得到新的最优控制序列,直到系统达到期望状态。

相比于 LQR,MPC 的一个重要特点是可以考虑到多种约束条件,如输入限制、状态变量限制等,因此可以适用于多种工业控制领域。

本章的学习目标包括:

- 理解滚动优化的概念。
- 掌握二次规划问题的基本形式以及使用商业软件求解的方法,学习如何将模型预测控制问题转化为标准的二次规划问题。
- 掌握 MPC 控制器的推导方法,包括如何建立系统模型、构建性能指标,并通过最优化方法求解最优控制序列。
- 掌握使用 MPC 控制器分析轨迹追踪问题的方法。
- 理解预测区间与采样时间对控制器的影响,了解如何选择合适的预测区间和采样时间以兼顾系统的稳定性和实时性。

5.1 模型预测控制的基本概念

MPC 是一种**滚动优化**(**receding horizon control**)的控制方法。在每个采样时刻,MPC 会通过求解一个有限时间内的最优化问题来计算最优控制序列,这一有限时间称为**预测区间**(**prediction horizon**)。考虑系统的不确定性、测量误差等因素,在实际控制中,只选取预测区间内最优控制序列中的第一项施加到系统中。MPC 通常针对离散系统,因此预测区间通常指的是预测的离散步数。

为了帮助读者理解滚动优化的概念,下面通过一个简单的例子进行说明。考虑一个单输入单状态系统,其离散型状态空间方程为

$$\boldsymbol{x}_{[k+1]}=f(\boldsymbol{x}_{[k]},\boldsymbol{u}_{[k]}) \tag{5.1.1a}$$

性能指标为

$$J = h(\boldsymbol{x}_{[N]}, \boldsymbol{x}_{\mathrm{d}}) + \sum_{k=1}^{N_{\mathrm{p}}-1} g(\boldsymbol{x}_{[k]}, \boldsymbol{x}_{\mathrm{d}}, \boldsymbol{u}_{[k]}) \tag{5.1.1b}$$

滚动优化的概念如图 5.1.1 所示。其中**预测区间**(**prediction horizon**)定义为 N_{p},**控制区间**(**control horizon**)定义为 N_{c},在本例中 $N_{\mathrm{p}}=N_{\mathrm{c}}=5$。系统从 k 时刻开始,初始状态为 $\boldsymbol{x}_{[k]}$。滚动优化控制会通过求解预测区间内的最优化问题(令 $N_{\mathrm{p}}=5$ 时的性能指标 J 最小),计算出最优控制序列 $\boldsymbol{u}_{[k|k]}, \boldsymbol{u}_{[k+1|k]}, \boldsymbol{u}_{[k+2|k]}, \boldsymbol{u}_{[k+3|k]}, \boldsymbol{u}_{[k+4|k]}$。同时根据式(5.1.1a)的系统模型预测系统在这样的控制序列下状态值的变化 $\boldsymbol{x}_{[k+1|k]}, \boldsymbol{x}_{[k+2|k]}, \boldsymbol{x}_{[k+3|k]}, \boldsymbol{x}_{[k+4|k]}, \boldsymbol{x}_{[k+5|k]}$。在完成控制量的计算和模型预测之后,只对系统施加 $\boldsymbol{u}_{[k|k]}$ 而舍去其余控制序列。

> 请注意控制序列以及状态变量的标注方法,$\boldsymbol{u}_{[k+i|k]}$ 代表在 k 时刻计算得到的 $k+i$ 时刻的控制策略。$\boldsymbol{x}_{[k+i|k]}$ 代表在 k 时刻预测得到的 $k+i$ 时刻的状态变量的值。以此类推,$\boldsymbol{x}_{[k+i|k+1]}$ 代表了在 $k+1$ 时刻预测得到的 $k+i$ 时刻的状态变量的值。

在 $k+1$ 时刻,系统将重复 k 时刻的操作,如图 5.1.1(b)所示,此时的系统状态在上一次控制 $\boldsymbol{u}_{[k|k]}$ 的作用下达到了 $\boldsymbol{x}_{[k+1]}$,$\boldsymbol{x}_{[k+1]}$ 将作为 $k+1$ 时刻的初始状态。预测区间将向前移动一个离散步长,计算出最优控制序列 $\boldsymbol{u}_{[k+1|k+1]}, \boldsymbol{u}_{[k+2|k+1]}, \boldsymbol{u}_{[k+3|k+1]}, \boldsymbol{u}_{[k+4|k+1]}, \boldsymbol{u}_{[k+5|k+1]}$ 并预测系统在这样的控制序列下状态值的变化 $\boldsymbol{x}_{[k+2|k+1]}, \boldsymbol{x}_{[k+3|k+1]}, \boldsymbol{x}_{[k+4|k+1]}, \boldsymbol{x}_{[k+5|k+1]}, \boldsymbol{x}_{[k+6|k+1]}$。同样,在 $k+1$ 时刻只对系统施加 $\boldsymbol{u}_{[k+1|k+1]}$ 这一项输入。重复这样的操作,预测控制随着时间的前进不断反复地在线运行,在每一个新的时刻都需要计算与分析预测区间内发生的情况。在每一次优化开始时,系统的状态变量会作为初始条件用于系统的模型预测,也可以理解为系统的反馈项。

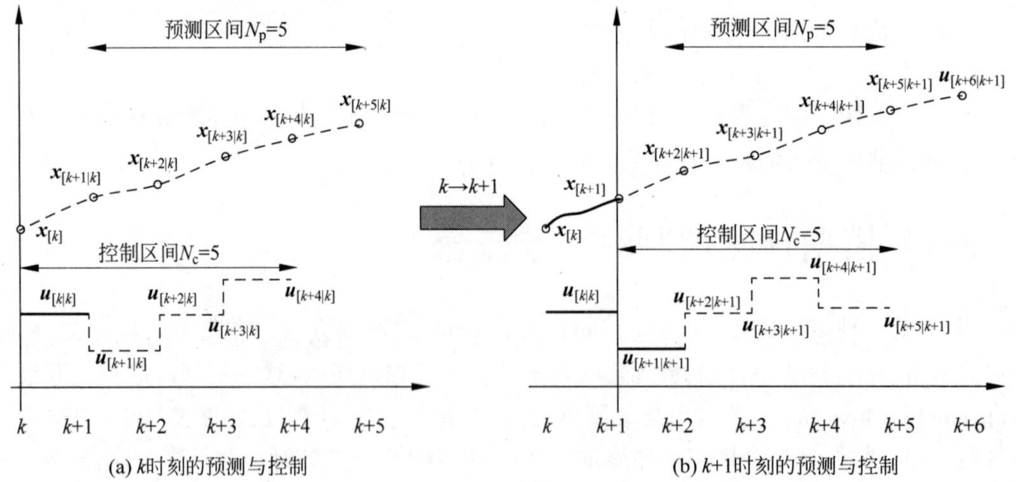

图 5.1.1 模型预测控制的基本概念举例($N_{\mathrm{p}}=N_{\mathrm{c}}=5$)

在上述案例中,预测区间与控制区间相等($N_{\mathrm{p}}=N_{\mathrm{c}}=5$)。在某些情况下,为了节省计算资源,会选择 $N_{\mathrm{c}}<N_{\mathrm{p}}$。当时间超过控制区间之后,控制量将保持为常数(与前值一致),如图 5.1.2 所示,当控制区间 $N_{\mathrm{c}}=2$ 时,$k+1$ 时刻之后的控制量将保持与 $\boldsymbol{u}_{[k+1|k]}$ 一致。

在本书的后续推导过程中,为了方便讲解,将默认选择 $N_p = N_c$。

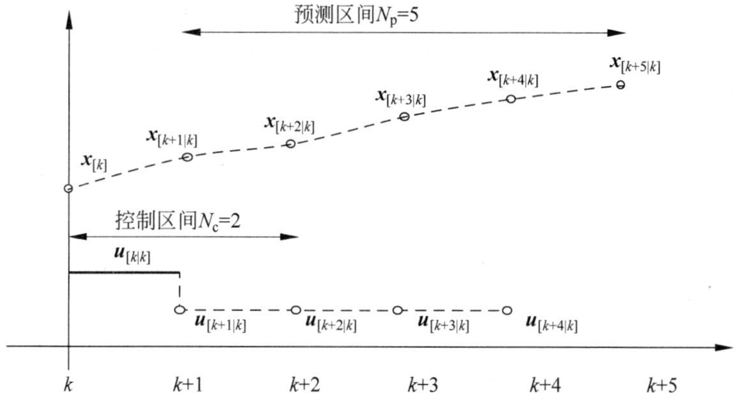

图 5.1.2 模型预测控制的基本概念举例($N_p = 5$, $N_c = 2$)

式(5.1.1a)中系统的状态空间方程 $f()$可以是线性的,也可以是非线性的,本书只讨论线性动态系统以及用二次型作为性能指标的表现形式。后面几节将介绍如何将最优控制问题转化为二次规划的标准形式,以及构建模型预测控制的方法。

5.2 二次规划问题

二次规划问题(quadratic programming,QP)与线性 MPC 有着密切的关系。在模型预测控制中,我们需要在每个时刻通过预测模型来计算未来一段时间内的最优控制输入,而这个过程就可以转化为一个带有约束的二次规划问题。本节将讨论二次规划问题的求解及其一般形式。

二次规划问题的标准形式可以表达为

$$\min_{\boldsymbol{u}} J = \frac{1}{2}\boldsymbol{u}^{\mathrm{T}}\boldsymbol{H}\boldsymbol{u} + \boldsymbol{u}^{\mathrm{T}}\boldsymbol{f} \tag{5.2.1a}$$

即寻找令性能指标 J 最小的 $\boldsymbol{u}$ 值,同时满足约束条件

$$\begin{cases} \boldsymbol{M}\boldsymbol{u} \leqslant \boldsymbol{b} \\ \boldsymbol{M}_{\mathrm{eq}}\boldsymbol{u} = \boldsymbol{b}_{\mathrm{eq}} \\ \mathbf{LB} \leqslant \boldsymbol{u} \leqslant \mathbf{UB} \end{cases} \tag{5.2.1b}$$

式(5.2.1)中,$\boldsymbol{u}$ 是 $n\times 1$ 向量;$\boldsymbol{H}$ 是 $n\times n$ 对称正定矩阵。目标函数由两部分构成,第一部分是二次型 $\boldsymbol{u}^{\mathrm{T}}\boldsymbol{H}\boldsymbol{u}$,第二部分是线性项 $\boldsymbol{u}^{\mathrm{T}}\boldsymbol{f}$,其中 $\boldsymbol{f}$ 为 $n\times 1$ 向量。约束条件可以包含等式约束和不等式约束,同时也包含了 $\boldsymbol{u}$ 的取值范围,其中 **LB** 代表下限(lower bound),**UB** 代表上限(upper bound),都是 $n\times 1$ 向量。

5.2.1 无约束情况的解析解

对于无约束情况的二次规划问题,当 $\boldsymbol{H}$ 可逆时,可以求其解析解,令 $\frac{\partial J}{\partial \boldsymbol{u}} = \mathbf{0}$,根据**矩阵求导公式 2.3.1** 和**矩阵求导公式 2.3.3**,可得

$$\frac{\partial J}{\partial \boldsymbol{u}}=\frac{\partial\left(\frac{1}{2}\boldsymbol{u}^{\mathrm{T}}\boldsymbol{H}\boldsymbol{u}+\boldsymbol{u}^{\mathrm{T}}\boldsymbol{f}\right)}{\partial \boldsymbol{u}}=\boldsymbol{0}$$

$$\Rightarrow \boldsymbol{H}\boldsymbol{u}+\boldsymbol{f}=\boldsymbol{0}$$

$$\Rightarrow \boldsymbol{u}^{*}=-\boldsymbol{H}^{-1}\boldsymbol{f} \tag{5.2.2a}$$

$\boldsymbol{u}^{*}$ 是令 J 取极值的点。同时其二次导数

$$\frac{\partial^{2} J}{\partial \boldsymbol{u}^{2}}=\boldsymbol{H} \tag{5.2.2b}$$

根据定义,$\boldsymbol{H}$ 是正定矩阵,因此极值点是 J 的最小值点。

例 5.2.1 求令 $J=\frac{1}{2}(u_1^2+u_2^2)+u_1+u_2$ 最小的 u_1 和 u_2 值。

解:性能指标可以写成向量与矩阵的形式,即

$$J=\frac{1}{2}\boldsymbol{u}^{\mathrm{T}}\boldsymbol{H}\boldsymbol{u}+\boldsymbol{u}^{\mathrm{T}}\boldsymbol{f} \tag{5.2.3a}$$

其中

$$\boldsymbol{u}=\begin{bmatrix}u_1\\u_2\end{bmatrix}\quad \boldsymbol{H}=\begin{bmatrix}1&0\\0&1\end{bmatrix}\quad \boldsymbol{f}=\begin{bmatrix}1\\1\end{bmatrix} \tag{5.2.3b}$$

代入式(5.2.2a)可得

$$\boldsymbol{u}^{*}=-\boldsymbol{H}^{-1}\boldsymbol{f}=\begin{bmatrix}-1\\-1\end{bmatrix} \tag{5.2.4}$$

代入式(5.2.3a)可以得到 J 的最小值为

$$J=\frac{1}{2}\begin{bmatrix}-1&-1\end{bmatrix}\begin{bmatrix}1&0\\0&1\end{bmatrix}\begin{bmatrix}-1\\-1\end{bmatrix}+\begin{bmatrix}-1&-1\end{bmatrix}\begin{bmatrix}1\\1\end{bmatrix}=-1 \tag{5.2.5}$$

图 5.2.1(a)展示了本例中性能指标的三维图像,它是一个"碗状"的抛物面,极小值出现在"碗底"位置。图 5.2.1(b)是以 u_1 为横轴、u_2 为纵轴的等高线图,每一个圆环的"高度"是一致的(J 相同),最小值位置在图的中心点。

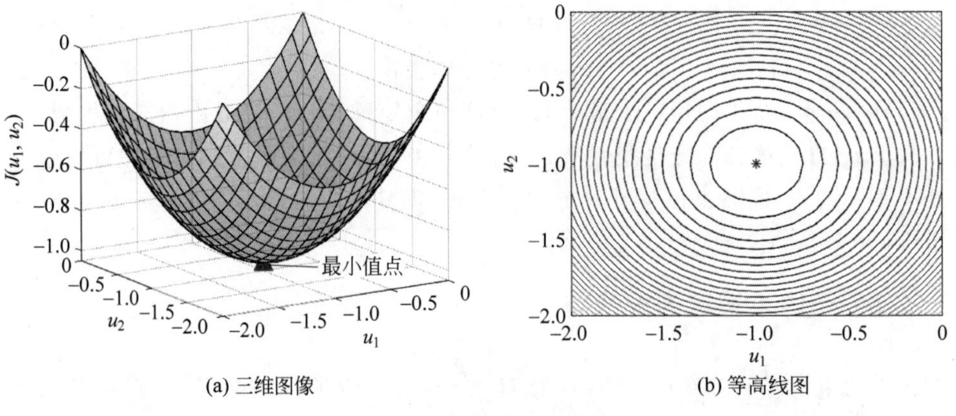

(a) 三维图像　　(b) 等高线图

图 5.2.1 无约束二次规划

请参考代码 5.1：QP_Free.m。

5.2.2 等式约束——拉格朗日乘数法

如果二次规划问题包含等式约束，则可以使用**拉格朗日乘数法**(**Lagrange multiplier**)将约束融合进性能指标。二次规划问题的性能指标为

$$J=\frac{1}{2}\boldsymbol{u}^{\mathrm{T}}\boldsymbol{H}\boldsymbol{u}+\boldsymbol{u}^{\mathrm{T}}\boldsymbol{f} \tag{5.2.6a}$$

满足约束条件

$$\boldsymbol{M}_{\mathrm{eq}}\boldsymbol{u}=\boldsymbol{b}_{\mathrm{eq}} \tag{5.2.6b}$$

其中 $\boldsymbol{M}_{\mathrm{eq}}$ 为 $m\times n$ 矩阵，$\boldsymbol{b}_{\mathrm{eq}}$ 为 $m\times 1$ 向量。

为了求解这一问题，引入 $m\times 1$ 拉格朗日乘数$\boldsymbol{\lambda}$，将约束融合进性能指标，得到新的含有约束条件的性能指标，即

$$J_{\mathrm{L}}=\frac{1}{2}\boldsymbol{u}^{\mathrm{T}}\boldsymbol{H}\boldsymbol{u}+\boldsymbol{u}^{\mathrm{T}}\boldsymbol{f}+\boldsymbol{\lambda}^{\mathrm{T}}(\boldsymbol{M}_{\mathrm{eq}}\boldsymbol{u}-\boldsymbol{b}_{\mathrm{eq}}) \tag{5.2.6c}$$

拉格朗日乘数法的具体方法是式(5.2.6c)对 $\boldsymbol{u}$ 和 $\boldsymbol{\lambda}$ 分别求偏导数并令其为 0，即

$$\frac{\partial J_{\mathrm{L}}}{\partial \boldsymbol{u}}=\boldsymbol{H}\boldsymbol{u}+\boldsymbol{f}+\boldsymbol{M}_{\mathrm{eq}}^{\mathrm{T}}\boldsymbol{\lambda}=\boldsymbol{0} \tag{5.2.7a}$$

$$\frac{\partial J_{\mathrm{L}}}{\partial \boldsymbol{\lambda}}=\boldsymbol{M}_{\mathrm{eq}}\boldsymbol{u}-\boldsymbol{b}_{\mathrm{eq}}=\boldsymbol{0} \tag{5.2.7b}$$

其中式(5.2.7b)即式(5.2.6b)。以上公式推导使用了**矩阵求导公式 2.3.1**、**矩阵求导公式 2.3.2** 和**矩阵求导公式 2.3.3** 进行化简。

将式(5.2.7)写成紧凑的矩阵形式，得到

$$\begin{bmatrix}\boldsymbol{H} & \boldsymbol{M}_{\mathrm{eq}}^{\mathrm{T}}\\ \boldsymbol{M}_{\mathrm{eq}} & \boldsymbol{0}\end{bmatrix}\begin{bmatrix}\boldsymbol{u}\\ \boldsymbol{\lambda}\end{bmatrix}=\begin{bmatrix}-\boldsymbol{f}\\ \boldsymbol{b}_{\mathrm{eq}}\end{bmatrix} \tag{5.2.8}$$

假设矩阵 $\begin{bmatrix}\boldsymbol{H} & \boldsymbol{M}_{\mathrm{eq}}^{\mathrm{T}}\\ \boldsymbol{M}_{\mathrm{eq}} & \boldsymbol{0}\end{bmatrix}$ 可逆，则可求解如下

$$\begin{bmatrix}\boldsymbol{u}^{*}\\ \boldsymbol{\lambda}^{*}\end{bmatrix}=\begin{bmatrix}\boldsymbol{H}_{n\times n} & \boldsymbol{M}_{\mathrm{eq}_{n\times m}}^{\mathrm{T}}\\ \boldsymbol{M}_{\mathrm{eq}_{m\times n}} & \boldsymbol{0}_{m\times m}\end{bmatrix}^{-1}\begin{bmatrix}-\boldsymbol{f}_{n\times 1}\\ \boldsymbol{b}_{\mathrm{eq}_{m\times 1}}\end{bmatrix} \tag{5.2.9}$$

在**例 5.2.1** 中增加一个等式约束条件，形成一个新的问题。

例 5.2.2 求令 $J=\frac{1}{2}(u_1^2+u_2^2)+u_1+u_2$ 最小的 u_1 和 u_2 值，同时满足 $u_1-u_2=1$。

解：性能指标可以写成

$$J=\frac{1}{2}\boldsymbol{u}^{\mathrm{T}}\boldsymbol{H}\boldsymbol{u}+\boldsymbol{u}^{\mathrm{T}}\boldsymbol{f} \tag{5.2.10a}$$

其中

$$\boldsymbol{u}=\begin{bmatrix}u_1\\ u_2\end{bmatrix}\quad \boldsymbol{H}=\begin{bmatrix}1 & 0\\ 0 & 1\end{bmatrix}\quad \boldsymbol{f}=\begin{bmatrix}1\\ 1\end{bmatrix} \tag{5.2.10b}$$

约束条件可以写成

$$\boldsymbol{M}_{\mathrm{eq}}\boldsymbol{u}=\boldsymbol{b}_{\mathrm{eq}} \tag{5.2.11a}$$

其中

$$\boldsymbol{M}_{\mathrm{eq}}=[1\quad -1]\quad \boldsymbol{b}_{\mathrm{eq}}=[1] \tag{5.2.11b}$$

代入式(5.2.9),可得

$$\begin{bmatrix}\boldsymbol{u}^*\\ \boldsymbol{\lambda}^*\end{bmatrix}=\begin{bmatrix}\boldsymbol{H} & \boldsymbol{M}_{\mathrm{eq}}^{\mathrm{T}}\\ \boldsymbol{M}_{\mathrm{eq}} & \boldsymbol{0}\end{bmatrix}^{-1}\begin{bmatrix}-\boldsymbol{f}\\ \boldsymbol{b}_{\mathrm{eq}}\end{bmatrix}=\begin{bmatrix}-0.5\\ -1.5\\ -0.5\end{bmatrix} \tag{5.2.12}$$

将最优的 $\boldsymbol{u}^*$ 代入式(5.2.10a),则可求解性能指标的最小值,这里不再赘述。如图 5.2.2(a)所示,约束 $u_1-u_2=1$ 在空间中是一个平面,它与性能指标相交的部分形成了一条曲线,即约束条件在性能指标上的投影。最小值点则需要在这一条投影曲线中做出选择。图 5.2.2(b)更好地说明了这一问题。

> 观察图 5.2.2(b),可以发现当代价函数取得最小值时,其等高线与约束曲线相切。因此这一点的约束的梯度方向一定与代价函数的梯度方向在一条直线上。式(5.2.7a)体现了这一思想,其中 $\boldsymbol{Hu}+\boldsymbol{f}$ 是代价函数的梯度方向,$\boldsymbol{M}_{\mathrm{eq}}^{\mathrm{T}}$ 则是约束的梯度方向,其中拉格朗日乘数 $\boldsymbol{\lambda}$ 使得它们在同一条直线上。

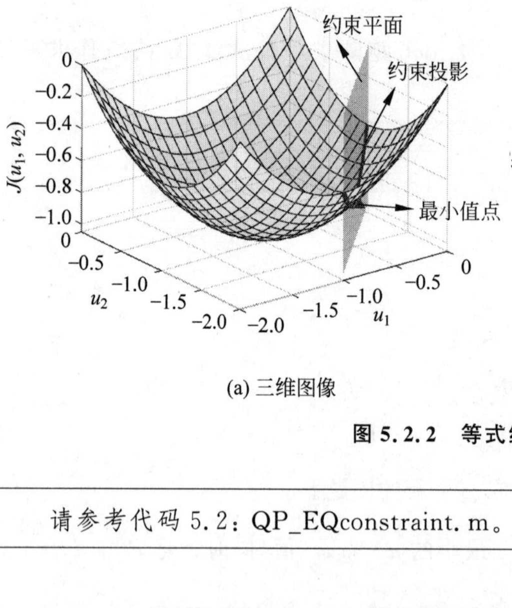

(a) 三维图像

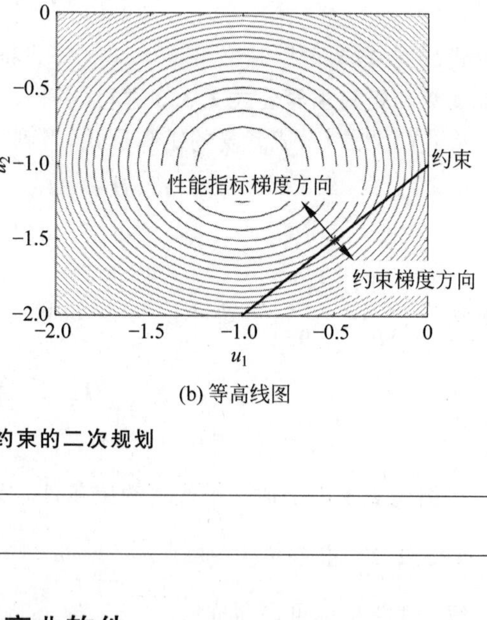

(b) 等高线图

图 5.2.2　等式约束的二次规划

> 请参考代码 5.2：QP_EQconstraint.m。

5.2.3　不等式约束——数值方法与商业软件

对于简单的无约束或等式约束问题,可以通过解析的方法来求解最优解。然而,对于更复杂的问题或者存在不等式约束的问题,解析解可能并不存在或者难以求得。这时,就需要采用数值解法来求解。幸运的是,现在已经有很多相关的研究,数值求解二次规划问题的相关技术已经非常成熟,有许多商业软件可以直接处理此类问题,也有一些专门为此设计的硬件系统。常用的数值二次型解法包括内点法、梯度法和牛顿法。本书不做重点讨论，有兴趣的读者可以自行查找资料。

在使用商业软件时，我们需要将二次规划问题转化为标准形式，即式(5.2.1)的表达形式。例如，在 MATLAB 或者 Octave 中输入以下命令，就可以求解最优的 $\boldsymbol{u}$。

$$\boldsymbol{u}=\text{quadprog}(\boldsymbol{H},\boldsymbol{f},\boldsymbol{M},\boldsymbol{b},\boldsymbol{M}_{\text{eq}},\boldsymbol{b}_{\text{eq}},\mathbf{LB},\mathbf{UB}) \tag{5.2.13}$$

例 5.2.3 求令 $J=\dfrac{1}{2}(u_1^2+u_2^2)+u_1+u_2$ 最小的 u_1 和 u_2 值，同时满足：$u_1+u_2\leqslant 2$，$-u_1+u_2\leqslant 1$，$0\leqslant u_1\leqslant 1$，$0\leqslant u_2\leqslant 2$。

解：这是带有约束的二次规划问题。若要使用软件求解，需要将其转化为标准形式。性能指标的标准形式已经在前两个小节中得到，如式(5.2.3)所示，$\boldsymbol{H}=\begin{bmatrix}1&0\\0&1\end{bmatrix}$，$\boldsymbol{f}=\begin{bmatrix}1\\1\end{bmatrix}$。

约束条件可以写成

$$\boldsymbol{M}\boldsymbol{u}\leqslant\boldsymbol{b} \tag{5.2.14a}$$

其中

$$\boldsymbol{M}=\begin{bmatrix}1&1\\-1&1\end{bmatrix}\quad \boldsymbol{b}=\begin{bmatrix}2\\1\end{bmatrix} \tag{5.2.14b}$$

以及

$$\mathbf{LB}\leqslant\boldsymbol{u}\leqslant\mathbf{UB} \tag{5.2.14c}$$

其中

$$\mathbf{LB}=\begin{bmatrix}0\\0\end{bmatrix}\quad \mathbf{UB}=\begin{bmatrix}1\\2\end{bmatrix} \tag{5.2.14d}$$

使用软件语句，输入 $\boldsymbol{H}$、$\boldsymbol{f}$、$\boldsymbol{M}$、$\boldsymbol{b}$、$\mathbf{LB}$ 和 $\mathbf{UB}$ 便可以得到最优解 $\boldsymbol{u}^*=\begin{bmatrix}0\\0\end{bmatrix}$。它的等高线图如图 5.2.3 所示，可以看到约束条件“合围”出一个可行域，最优算法将在这个可行域内寻找最小值。

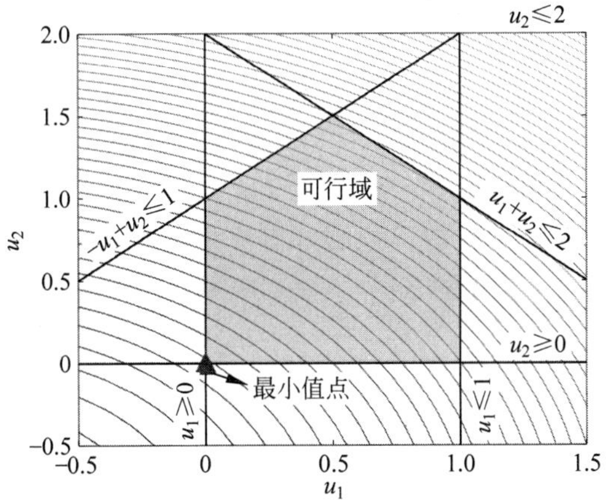

图 5.2.3 不等式约束的二次规划等高线图

请参考代码 5.3：QP_nonEQconstraint.m。

本章后续内容将会重点探讨如何将最优控制问题转化为二次规划的标准形式，并介绍构建模型预测控制的方法。至于二次规划问题的求解，则留给商业软件来处理。

5.3 模型预测控制推导——无约束调节问题

在本节中，我们将首先通过不含约束条件的调节控制问题，详细分析讨论模型预测控制器的推导过程。读者可以将这个推导过程与第 4 章 4.4 节的 LQR 进行比较，以便更好地理解。

5.3.1 线性离散系统转化为标准形式

模型预测控制器多为数字控制，因此使用离散系统进行分析。离散线性时不变系统的状态空间方程为

$$\boldsymbol{x}_{[k+1]}=\boldsymbol{A}\boldsymbol{x}_{[k]}+\boldsymbol{B}\boldsymbol{u}_{[k]} \tag{5.3.1}$$

其中 $\boldsymbol{x}_{[k]}$ 为 $n\times1$ 状态向量，$\boldsymbol{A}$ 为 $n\times n$ 状态矩阵，$\boldsymbol{u}_{[k]}$ 为 $p\times1$ 控制向量（系统输入），$\boldsymbol{B}$ 为 $n\times p$ 输入矩阵。从调节问题（控制目标为 0）入手，定义二次型性能指标为

$$J=\frac{1}{2}\boldsymbol{x}_{[N_\mathrm{p}]}^{\mathrm{T}}\boldsymbol{S}\boldsymbol{x}_{[N_\mathrm{p}]}+\frac{1}{2}\sum_{k=0}^{N_\mathrm{p}-1}[\boldsymbol{x}_{[k]}^{\mathrm{T}}\boldsymbol{Q}\boldsymbol{x}_{[k]}+\boldsymbol{u}_{[k]}^{\mathrm{T}}\boldsymbol{R}\boldsymbol{u}_{[k]}] \tag{5.3.2a}$$

其中

$$\boldsymbol{S}=\begin{bmatrix}s_1 & \cdots & 0\\ \vdots & \ddots & \vdots\\ 0 & \cdots & s_n\end{bmatrix},\quad s_1,s_2,\cdots,s_n\geqslant0$$

$$\boldsymbol{Q}=\begin{bmatrix}q_1 & \cdots & 0\\ \vdots & \ddots & \vdots\\ 0 & \cdots & q_n\end{bmatrix},\quad q_1,q_2,\cdots,q_n\geqslant0$$

$$\boldsymbol{R}=\begin{bmatrix}r_1 & \cdots & 0\\ \vdots & \ddots & \vdots\\ 0 & \cdots & r_\mathrm{p}\end{bmatrix},\quad r_1,r_2,\cdots,r_\mathrm{p}>0 \tag{5.3.2b}$$

分别代表系统的末端代价、运行代价以及控制量代价的权重矩阵。

在模型预测控制中，N_p 代表预测区间。在 k 时刻，系统将预测 N_p 以内的状态变量的变化趋势（从 $\boldsymbol{x}_{[k+1|k]}$ 到 $\boldsymbol{x}_{[k+N_\mathrm{p}|k]}$），其中 $k+1$ 时刻的状态变量预测值为

$$\boldsymbol{x}_{[k+1|k]}=\boldsymbol{A}\boldsymbol{x}_{[k|k]}+\boldsymbol{B}\boldsymbol{u}_{[k|k]} \tag{5.3.3a}$$

$k+2$ 时刻的状态变量预测值为

$$\boldsymbol{x}_{[k+2|k]}=\boldsymbol{A}\boldsymbol{x}_{[k+1|k]}+\boldsymbol{B}\boldsymbol{u}_{[k+1|k]} \tag{5.3.3b}$$

将式(5.3.3a)代入式(5.3.3b)，可得

$$\boldsymbol{x}_{[k+2|k]}=\boldsymbol{A}(\boldsymbol{A}\boldsymbol{x}_{[k|k]}+\boldsymbol{B}\boldsymbol{u}_{[k|k]})+\boldsymbol{B}\boldsymbol{u}_{[k+1|k]}=\boldsymbol{A}^2\boldsymbol{x}_{[k|k]}+\boldsymbol{A}\boldsymbol{B}\boldsymbol{u}_{[k|k]}+\boldsymbol{B}\boldsymbol{u}_{[k+1|k]} \tag{5.3.3c}$$

它与初始状态 $\boldsymbol{x}_{[k|k]}$、输入序列 $\boldsymbol{u}_{[k|k]}$ 和 $\boldsymbol{u}_{[k+1|k]}$ 相关。以此类推，可以得到 $k+N_\mathrm{p}$ 时刻的

状态,即

$$\boldsymbol{x}_{[k+N_\mathrm{p}|k]}=\boldsymbol{A}^{N_\mathrm{p}}\boldsymbol{x}_{[k|k]}+\boldsymbol{A}^{N_\mathrm{p}-1}\boldsymbol{B}\boldsymbol{u}_{[k|k]}+\cdots+\boldsymbol{A}\boldsymbol{B}\boldsymbol{u}_{[k+N_\mathrm{p}-2|k]}+\boldsymbol{B}\boldsymbol{u}_{[k+N_\mathrm{p}-1|k]} \tag{5.3.3d}$$

它与初始状态 $\boldsymbol{x}_{[k|k]}$ 以及预测区间内的输入序列相关。

为了简化系统分析,定义

$$\boldsymbol{X}_{[k]}\triangleq\begin{bmatrix}\boldsymbol{x}_{[k+1|k]}\\ \boldsymbol{x}_{[k+2|k]}\\ \vdots\\ \boldsymbol{x}_{[k+N_\mathrm{p}|k]}\end{bmatrix}_{(nN_\mathrm{p})\times 1} \tag{5.3.4a}$$

$$\boldsymbol{U}_{[k]}\triangleq\begin{bmatrix}\boldsymbol{u}_{[k|k]}\\ \boldsymbol{u}_{[k+1|k]}\\ \vdots\\ \boldsymbol{u}_{[k+N_\mathrm{p}-1|k]}\end{bmatrix}_{(pN_\mathrm{p})\times 1} \tag{5.3.4b}$$

其中 $\boldsymbol{X}_{[k]}$ 为$(nN_\mathrm{p})\times 1$ 向量,包含了在 k 时刻预测的所有预测区间内的状态变量;$\boldsymbol{U}_{[k]}$ 为$(pN_\mathrm{p})\times 1$ 向量,表示 k 时刻计算得到的控制量(输入)序列。根据式(5.3.3)和式(5.3.4),可以得到一个紧凑的形式

$$\boldsymbol{X}_{[k]}=\boldsymbol{\Phi}\boldsymbol{x}_{[k|k]}+\boldsymbol{\Gamma}\boldsymbol{U}_{[k]} \tag{5.3.5a}$$

其中

$$\boldsymbol{\Phi}=\begin{bmatrix}\boldsymbol{A}_{n\times n}\\ \boldsymbol{A}^2\\ \vdots\\ \boldsymbol{A}^{N_\mathrm{p}}\end{bmatrix}_{(nN_\mathrm{p})\times n} \tag{5.3.5b}$$

$$\boldsymbol{\Gamma}=\begin{bmatrix}\boldsymbol{B} & \boldsymbol{0} & \cdots & \boldsymbol{0}\\ \boldsymbol{A}\boldsymbol{B} & \boldsymbol{B} & \cdots & \boldsymbol{0}\\ \vdots & \vdots & \ddots & \vdots\\ \boldsymbol{A}^{N_\mathrm{p}-1}\boldsymbol{B} & \boldsymbol{A}^{N_\mathrm{p}-2}\boldsymbol{B} & \cdots & \boldsymbol{B}\end{bmatrix}_{(nN_\mathrm{p})\times(pN_\mathrm{p})} \tag{5.3.5c}$$

请读者务必注意矩阵的维度,这在编写程序和系统调试中非常重要。特别的,矩阵中的黑体字 **0** 代表的是元素都为 0 的矩阵,而不是一个简单的标量。

$\boldsymbol{U}_{[k]}$是通过计算得到的输入序列,那么设计的目标就是找到最优的控制序列 $\boldsymbol{U}^*_{[k]}=\begin{bmatrix}\boldsymbol{u}^*_{[k|k]}\\ \vdots\\ \boldsymbol{u}^*_{[k+N_\mathrm{p}-1|k]}\end{bmatrix}$,使式(5.3.2a)中的性能指标 J 最小。为了达成这样的目标,需要将性能指标 J 用 $\boldsymbol{U}_{[k]}$来表示,并把它写成式(5.2.1)中标准二次规划的形式。在得到最优的控制序列 $\boldsymbol{U}^*_{[k]}$之后,对系统仅施加预测序列中的第一项 $\boldsymbol{u}^*_{[k|k]}$便实现了 MPC 滚动优化控制。由于现有的二次规划求解软件已经非常成熟,因此在处理模型预测控制问题时,我们的重点将放在如何将问题转化为标准的二次规划形式,以便能够使用现有的软件进行求解。

从本质上讲，MPC 与 LQR 的目标是一样的，都是找到最优的控制序列 $\boldsymbol{u}^*_{[k|k]}$，$\boldsymbol{u}^*_{[k+1|k]}$，…。在 LQR 中，使用逆向分级的方法逐一计算每一时刻的最优控制量(在编程中使用循环的方法)；而在 MPC 中，控制序列被写成了紧凑的向量形式，整体求解预测区间内的最优控制序列。

5.3.2 将性能指标转化为二次规划的标准形式

本小节将介绍如何将性能指标写成标准的二次规划形式。在 k 时刻，当预测区间为 N_p 时，这一预测区间内的性能指标根据式(5.3.2a)可以写成

$$J=\frac{1}{2}\boldsymbol{x}^\text{T}_{[k+N_\text{p}|k]}\boldsymbol{S}\boldsymbol{x}_{[k+N_\text{p}|k]}+\frac{1}{2}\sum_{i=0}^{N_\text{p}-1}\left[\boldsymbol{x}^\text{T}_{[k+i|k]}\boldsymbol{Q}\boldsymbol{x}_{[k+i|k]}+\boldsymbol{u}^\text{T}_{[k+i|k]}\boldsymbol{R}\boldsymbol{u}_{[k+i|k]}\right] \tag{5.3.6}$$

调整式(5.3.6)，将初始值的代价 $\boldsymbol{x}^\text{T}_{[k|k]}\boldsymbol{Q}\boldsymbol{x}_{[k|k]}$ 从加和中提取出来(这一项在 k 时刻是一个确定的值，不随输入变化)，调整后可以得到

$$\begin{aligned}J=&\frac{1}{2}\boldsymbol{x}^\text{T}_{[k|k]}\boldsymbol{Q}\boldsymbol{x}_{[k|k]}+\frac{1}{2}\boldsymbol{x}^\text{T}_{[k+N_\text{p}|k]}\boldsymbol{S}\boldsymbol{x}_{[k+N_\text{p}|k]}+\\&\frac{1}{2}\sum_{i=1}^{N_\text{p}-1}\boldsymbol{x}^\text{T}_{[k+i|k]}\boldsymbol{Q}\boldsymbol{x}_{[k+i|k]}+\frac{1}{2}\sum_{i=0}^{N_\text{p}-1}\boldsymbol{u}^\text{T}_{[k+i|k]}\boldsymbol{R}\boldsymbol{u}_{[k+i|k]}\end{aligned} \tag{5.3.7}$$

将式(5.3.7)中的加和写成矩阵相乘的形式，利用上一节定义的 $\boldsymbol{X}_{[k]}$ 和 $\boldsymbol{U}_{[k]}$，可以得到

$$\begin{aligned}J=&\frac{1}{2}\boldsymbol{x}^\text{T}_{[k|k]}\boldsymbol{Q}\boldsymbol{x}_{[k|k]}+\frac{1}{2}\boldsymbol{X}^\text{T}_{[k]}\begin{bmatrix}\boldsymbol{Q}&\cdots&\boldsymbol{0}\\\vdots&\boldsymbol{Q}&\vdots\\\boldsymbol{0}&\cdots&\boldsymbol{S}\end{bmatrix}\boldsymbol{X}_{[k]}+\\&\frac{1}{2}\boldsymbol{U}^\text{T}_{[k]}\begin{bmatrix}\boldsymbol{R}&\cdots&\boldsymbol{0}\\\vdots&\ddots&\vdots\\\boldsymbol{0}&\cdots&\boldsymbol{R}\end{bmatrix}\boldsymbol{U}_{[k]}\end{aligned} \tag{5.3.8a}$$

定义

$$\boldsymbol{\Omega}\triangleq\begin{bmatrix}\boldsymbol{Q}&\cdots&\boldsymbol{0}\\\vdots&\boldsymbol{Q}&\vdots\\\boldsymbol{0}&\cdots&\boldsymbol{S}\end{bmatrix}_{(nN_\text{p})\times(nN_\text{p})}\qquad\boldsymbol{\Psi}\triangleq\begin{bmatrix}\boldsymbol{R}&\cdots&\boldsymbol{0}\\\vdots&\ddots&\vdots\\\boldsymbol{0}&\cdots&\boldsymbol{R}\end{bmatrix}_{(pN_\text{p})\times(pN_\text{p})} \tag{5.3.8b}$$

$\boldsymbol{\Omega}$ 和 $\boldsymbol{\Psi}$ 都是对称矩阵，代入式(5.3.8a)可得

$$J=\frac{1}{2}\boldsymbol{x}^\text{T}_{[k|k]}\boldsymbol{Q}\boldsymbol{x}_{[k|k]}+\frac{1}{2}\boldsymbol{X}^\text{T}_{[k]}\boldsymbol{\Omega}\boldsymbol{X}_{[k]}+\frac{1}{2}\boldsymbol{U}^\text{T}_{[k]}\boldsymbol{\Psi}\boldsymbol{U}_{[k]} \tag{5.3.9}$$

下一步工作是通过变换用 $\boldsymbol{U}_{[k]}$ 表达 $\boldsymbol{X}_{[k]}$。将式(5.3.5a)代入式(5.3.9)可得

$$\begin{aligned}J=&\frac{1}{2}\boldsymbol{x}^\text{T}_{[k|k]}\boldsymbol{Q}\boldsymbol{x}_{[k|k]}+\frac{1}{2}(\boldsymbol{\Phi}\boldsymbol{x}_{[k|k]}+\boldsymbol{\Gamma}\boldsymbol{U}_{[k]})^\text{T}\boldsymbol{\Omega}(\boldsymbol{\Phi}\boldsymbol{x}_{[k|k]}+\boldsymbol{\Gamma}\boldsymbol{U}_{[k]})+\frac{1}{2}\boldsymbol{U}^\text{T}_{[k]}\boldsymbol{\Psi}\boldsymbol{U}_{[k]}\\=&\frac{1}{2}\boldsymbol{x}^\text{T}_{[k|k]}\boldsymbol{Q}\boldsymbol{x}_{[k|k]}+\frac{1}{2}(\boldsymbol{x}^\text{T}_{[k|k]}\boldsymbol{\Phi}^\text{T}+\boldsymbol{U}^\text{T}_{[k]}\boldsymbol{\Gamma}^\text{T})\boldsymbol{\Omega}(\boldsymbol{\Phi}\boldsymbol{x}_{[k|k]}+\boldsymbol{\Gamma}\boldsymbol{U}_{[k]})+\frac{1}{2}\boldsymbol{U}^\text{T}_{[k]}\boldsymbol{\Psi}\boldsymbol{U}_{[k]}\\=&\frac{1}{2}\boldsymbol{x}^\text{T}_{[k|k]}\boldsymbol{Q}\boldsymbol{x}_{[k|k]}+\frac{1}{2}\boldsymbol{x}^\text{T}_{[k|k]}\boldsymbol{\Phi}^\text{T}\boldsymbol{\Omega}\boldsymbol{\Phi}\boldsymbol{x}_{[k|k]}+\frac{1}{2}\boldsymbol{x}^\text{T}_{[k|k]}\boldsymbol{\Phi}^\text{T}\boldsymbol{\Omega}\boldsymbol{\Gamma}\boldsymbol{U}_{[k]}+\end{aligned}$$

$$\frac{1}{2}\boldsymbol{U}_{[k]}^{\mathrm{T}}\boldsymbol{\Gamma}^{\mathrm{T}}\boldsymbol{\Omega}\boldsymbol{\Phi}\boldsymbol{x}_{[k|k]}+\frac{1}{2}\boldsymbol{U}_{[k]}^{\mathrm{T}}\boldsymbol{\Gamma}^{\mathrm{T}}\boldsymbol{\Omega}\boldsymbol{\Gamma}\boldsymbol{U}_{[k]}+\frac{1}{2}\boldsymbol{U}_{[k]}^{\mathrm{T}}\boldsymbol{\Psi}\boldsymbol{U}_{[k]} \tag{5.3.10}$$

其中，$\frac{1}{2}\boldsymbol{x}_{[k|k]}^{\mathrm{T}}\boldsymbol{\Phi}^{\mathrm{T}}\boldsymbol{\Omega}\boldsymbol{\Gamma}\boldsymbol{U}_{[k]}$与$\frac{1}{2}\boldsymbol{U}_{[k]}^{\mathrm{T}}\boldsymbol{\Gamma}^{\mathrm{T}}\boldsymbol{\Omega}\boldsymbol{\Phi}\boldsymbol{x}_{[k|k]}$互为转置（$\boldsymbol{\Omega}$ 为对称矩阵），同时它们都是标量，因此$\frac{1}{2}\boldsymbol{x}_{[k|k]}^{\mathrm{T}}\boldsymbol{\Phi}^{\mathrm{T}}\boldsymbol{\Omega}\boldsymbol{\Gamma}\boldsymbol{U}_{[k]}=\frac{1}{2}\boldsymbol{U}_{[k]}^{\mathrm{T}}\boldsymbol{\Gamma}^{\mathrm{T}}\boldsymbol{\Omega}\boldsymbol{\Phi}\boldsymbol{x}_{[k|k]}$。式(5.3.10)可以写成

$$J=\frac{1}{2}\boldsymbol{x}_{[k|k]}^{\mathrm{T}}(\boldsymbol{Q}+\boldsymbol{\Phi}^{\mathrm{T}}\boldsymbol{\Omega}\boldsymbol{\Phi})\boldsymbol{x}_{[k|k]}+\boldsymbol{U}_{[k]}^{\mathrm{T}}\boldsymbol{\Gamma}^{\mathrm{T}}\boldsymbol{\Omega}\boldsymbol{\Phi}\boldsymbol{x}_{[k|k]}+\frac{1}{2}\boldsymbol{U}_{[k]}^{\mathrm{T}}(\boldsymbol{\Gamma}^{\mathrm{T}}\boldsymbol{\Omega}\boldsymbol{\Gamma}+\boldsymbol{\Psi})\boldsymbol{U}_{[k]} \tag{5.3.11}$$

其中，第一项$\frac{1}{2}\boldsymbol{x}_{[k|k]}^{\mathrm{T}}(\boldsymbol{Q}+\boldsymbol{\Phi}^{\mathrm{T}}\boldsymbol{\Omega}\boldsymbol{\Phi})\boldsymbol{x}_{[k|k]}$是由初始状态 $\boldsymbol{x}_{[k|k]}$决定的，不受控制量$\boldsymbol{U}_{[k]}$的影响。因此在进行最优化计算时可以将其忽略，得到新的性能指标

$$\begin{aligned}J&=\boldsymbol{U}_{[k]}^{\mathrm{T}}\boldsymbol{\Gamma}^{\mathrm{T}}\boldsymbol{\Omega}\boldsymbol{\Phi}\boldsymbol{x}_{[k|k]}+\frac{1}{2}\boldsymbol{U}_{[k]}^{\mathrm{T}}(\boldsymbol{\Gamma}^{\mathrm{T}}\boldsymbol{\Omega}\boldsymbol{\Gamma}+\boldsymbol{\Psi})\boldsymbol{U}_{[k]}\\&=\boldsymbol{U}_{[k]}^{\mathrm{T}}(\boldsymbol{\Gamma}^{\mathrm{T}}\boldsymbol{\Omega}\boldsymbol{\Phi}\boldsymbol{x}_{[k|k]})+\frac{1}{2}\boldsymbol{U}_{[k]}^{\mathrm{T}}(\boldsymbol{\Gamma}^{\mathrm{T}}\boldsymbol{\Omega}\boldsymbol{\Gamma}+\boldsymbol{\Psi})\boldsymbol{U}_{[k]}\end{aligned} \tag{5.3.12}$$

为了让表达式更简洁，定义

$$\boldsymbol{F}\triangleq\boldsymbol{\Gamma}^{\mathrm{T}}\boldsymbol{\Omega}\boldsymbol{\Phi} \tag{5.3.13a}$$

$$\boldsymbol{H}\triangleq\boldsymbol{\Gamma}^{\mathrm{T}}\boldsymbol{\Omega}\boldsymbol{\Gamma}+\boldsymbol{\Psi} \tag{5.3.13b}$$

可得

$$J=\boldsymbol{U}_{[k]}^{\mathrm{T}}\boldsymbol{F}\boldsymbol{x}_{[k|k]}+\frac{1}{2}\boldsymbol{U}_{[k]}^{\mathrm{T}}\boldsymbol{H}\boldsymbol{U}_{[k]} \tag{5.3.14}$$

式(5.3.14)与式(5.2.1)的形式相同，至此，经过推导，我们将控制问题转化成了二次规划的标准形式，可以直接使用软件求解得到最优控制序列。观察式(5.3.14)，其中的线性项与初始状态 $\boldsymbol{x}_{[k|k]}$相关，它将作为反馈项作用在控制器中，请参考 5.3.5 节。

与第 4 章一致，我们将采用模块化的编程设计方法。设计[**F4**]**性能指标矩阵转换模块**，通过系统矩阵与权重矩阵离线计算出二次规划转换过程所需要的矩阵$\boldsymbol{\Phi}$、$\boldsymbol{\Gamma}$、$\boldsymbol{\Omega}$、$\boldsymbol{\Psi}$、$\boldsymbol{H}$、$\boldsymbol{F}$，对应于本书所附代码中的 **F4_MPC_Matrices_PM.m**。

请参考代码 5.4：F4_MPC_Matrices_PM.m。

设计[**F5**]**无约束二次规划求解模块**在线求解二次型问题，得到最优控制序列$\boldsymbol{U}_{[k]}^{*}$，并只选取其中的第一项 $\boldsymbol{u}_{[k]}^{*}$ 作为该模块的输出，对应于本书所附代码中的 **F5_MPC_Controller_noConstraints.m**。

请参考代码 5.5：F5_MPC_Controller_noConstraints.m。

无约束 MPC 控制器的控制思路如图 5.3.1 所示。

MPC 控制器有能力处理多输入多输出系统，现在分析下面的例子。

例 5.3.1　考虑一个含有两个状态变量 $\boldsymbol{x}_{[k]}=\begin{bmatrix}x_{1_{[k]}} & x_{2_{[k]}}\end{bmatrix}^{\mathrm{T}}$ 和两个输入 $\boldsymbol{u}_{[k]}=$

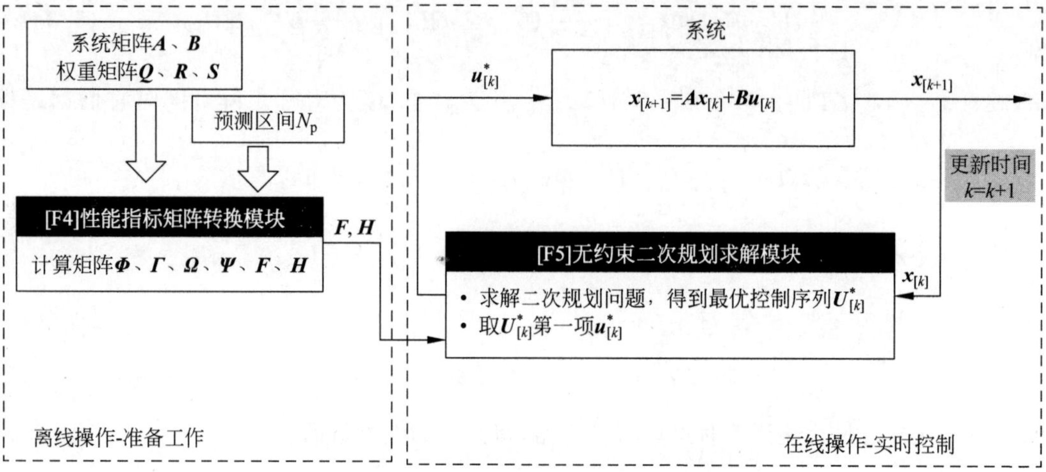

图 5.3.1　无约束 MPC 控制器的控制思路

$\begin{bmatrix} u_{1_{[k]}} & u_{2_{[k]}} \end{bmatrix}^{\mathrm{T}}$ 的系统

$$x_{[k+1]} = Ax_{[k]} + Bu_{[k]} \tag{5.3.15a}$$

其中

$$A = \begin{bmatrix} 1 & 0.1 \\ 0 & -2 \end{bmatrix} \quad B = \begin{bmatrix} 0 & 0.2 \\ -0.1 & 0.5 \end{bmatrix} \tag{5.3.15b}$$

定义性能指标为

$$J = \frac{1}{2} x_{[N_p]}^{\mathrm{T}} S x_{[N_p]} + \frac{1}{2} \sum_{k=0}^{N_p - 1} [x_{[k]}^{\mathrm{T}} Q x_{[k]} + u_{[k]}^{\mathrm{T}} R u_{[k]}] \tag{5.3.15c}$$

其中

$$S = \begin{bmatrix} 1 & 0 \\ 0 & 1 \end{bmatrix} \quad Q = \begin{bmatrix} 1 & 0 \\ 0 & 1 \end{bmatrix} \quad R = \begin{bmatrix} 0.1 & 0 \\ 0 & 0.1 \end{bmatrix} \tag{5.3.15d}$$

求解预测区间 $N_p = 2$ 时的矩阵$\boldsymbol{\Phi}$、$\boldsymbol{\Gamma}$、$\boldsymbol{\Omega}$、$\boldsymbol{\Psi}$、H、F。

解：根据式(5.3.5b)和式(5.3.5c)可得

$$\boldsymbol{\Phi} = \begin{bmatrix} A \\ A^2 \end{bmatrix} = \begin{bmatrix} 1 & 0.1 \\ 0 & -2 \\ 1 & -0.1 \\ 0 & 4 \end{bmatrix} \tag{5.3.15e}$$

$$\boldsymbol{\Gamma} = \begin{bmatrix} B & 0 \\ AB & B \end{bmatrix} = \begin{bmatrix} 0 & 0.2 & 0 & 0 \\ -0.1 & 0.5 & 0 & 0 \\ -0.01 & 0.25 & 0 & 0.2 \\ 0.2 & -1 & -0.1 & 0.5 \end{bmatrix} \tag{5.3.15f}$$

$\boldsymbol{\Phi}$ 的维度是$(n \times N_p) \times n = (2\times 2)\times 2 = 4\times 2$，$\boldsymbol{\Gamma}$ 的维度是$(n \times N_p)\times(p \times N_p) = (2\times 2)\times(2\times 2) = 4\times 4$。将式(5.3.15d)代入式(5.3.8b)，可得

$$\boldsymbol{\Omega}=\begin{bmatrix}\boldsymbol{Q} & \boldsymbol{0}\\ \boldsymbol{0} & \boldsymbol{S}\end{bmatrix}=\begin{bmatrix}1 & 0 & 0 & 0\\ 0 & 1 & 0 & 0\\ 0 & 0 & 1 & 0\\ 0 & 0 & 0 & 1\end{bmatrix} \tag{5.3.15g}$$

$$\boldsymbol{\Psi}\triangleq\begin{bmatrix}\boldsymbol{R} & \boldsymbol{0}\\ \boldsymbol{0} & \boldsymbol{R}\end{bmatrix}=\begin{bmatrix}0.1 & 0 & 0 & 0\\ 0 & 0.1 & 0 & 0\\ 0 & 0 & 0.1 & 0\\ 0 & 0 & 0 & 0.1\end{bmatrix} \tag{5.3.15h}$$

$\boldsymbol{\Omega}$ 的维度是$(n\times N_{\mathrm{p}})\times(n\times N_{\mathrm{p}})=(2\times2)\times(2\times2)=4\times4$，$\boldsymbol{\Psi}$ 的维度是$(p\times N_{\mathrm{p}})\times(p\times N_{\mathrm{p}})=(2\times2)\times(2\times2)=4\times4$。代入式(5.3.13)可以计算得到

$$\boldsymbol{H}\triangleq\boldsymbol{\Gamma}^{\mathrm{T}}\boldsymbol{\Omega}\boldsymbol{\Gamma}+\boldsymbol{\Psi}=\begin{bmatrix}0.1501 & -0.2525 & -0.02 & 0.098\\ -0.2525 & 1.4525 & 0.1 & -0.45\\ -0.02 & 0.1 & 0.11 & -0.05\\ 0.098 & -0.45 & -0.05 & 0.39\end{bmatrix} \tag{5.3.15i}$$

$$\boldsymbol{F}\triangleq\boldsymbol{\Gamma}^{\mathrm{T}}\boldsymbol{\Omega}\boldsymbol{\Phi}=\begin{bmatrix}-0.01 & 1.001\\ 0.45 & -5.005\\ 0 & -0.4\\ 0.2 & 1.98\end{bmatrix} \tag{5.3.15j}$$

可以发现随着预测区间的增加，矩阵会变得很大，需要使用软件进行计算。在实际操作中，以上矩阵都可以通过[**F4**]**性能指标矩阵转换模块**离线计算。

5.3.3 无约束条件下的解析解

在无约束条件下，可以尝试求其解析解。根据式(5.2.2a)求解式(5.3.14)，可得最优控制序列为

$$\boldsymbol{U}^{*}_{[k]}=-\boldsymbol{H}^{-1}\boldsymbol{F}\boldsymbol{x}_{[k|k]} \tag{5.3.16}$$

在实际应用中，根据滚动优化的要求，只需要在计算之后提取 $\boldsymbol{U}^{*}_{[k]}$ 中的第一项(即矩阵的前 $p\times1$ 行)$\boldsymbol{u}^{*}_{[k|k]}$ 作用在系统上即可。当然，对于这个简单的例子，也可以直接将 $\boldsymbol{u}_{[k|k]}$ 表达出来，即

$$\begin{aligned}\boldsymbol{u}^{*}_{[k|k]}&=\begin{bmatrix}\boldsymbol{I}_{p\times p} & \boldsymbol{0} & \cdots & \boldsymbol{0}\end{bmatrix}_{p\times(p\times N)}\boldsymbol{U}_{[k]}\\&=-\begin{bmatrix}\boldsymbol{I}_{p\times p} & \boldsymbol{0} & \cdots & \boldsymbol{0}\end{bmatrix}\boldsymbol{H}^{-1}\boldsymbol{F}\boldsymbol{x}_{[k|k]}\end{aligned} \tag{5.3.17a}$$

定义

$$\boldsymbol{k}_{\mathrm{mpc}}=\begin{bmatrix}\boldsymbol{I}_{p\times p} & \boldsymbol{0} & \cdots & \boldsymbol{0}\end{bmatrix}\boldsymbol{H}^{-1}\boldsymbol{F} \tag{5.3.17b}$$

可得

$$\boldsymbol{u}^*_{[k|k]} = -\boldsymbol{k}_{\text{mpc}}\boldsymbol{x}_{[k|k]} \tag{5.3.18}$$

与 LQR 的控制策略一致,这是一个负反馈系统,实际上它的结果也与 LQR 所得到的结果式(4.4.23a)保持一致,具体请参考下一节的例子。

5.3.4 一维案例分析——与 LQR 的比较

在本小节中,我们将使用 MPC 来分析一个简单的一维调节系统,该系统在第 4 章**例 4.3.1** 中曾经使用 LQR 方法进行过分析和求解,现在我们将比较这两种不同的方法。系统的状态空间方程为

$$\boldsymbol{x}_{[k+1]} = \boldsymbol{A}\boldsymbol{x}_{[k]} + \boldsymbol{B}\boldsymbol{u}_{[k]} \tag{5.3.19a}$$

这是一个调节问题,因此性能指标可以定义为

$$J = \frac{1}{2}\boldsymbol{x}^{\mathrm{T}}_{[k+N|k]}\boldsymbol{S}\boldsymbol{x}_{[k+N|k]} + \frac{1}{2}\sum_{i=0}^{N_{\mathrm{p}}-1}\left[\boldsymbol{x}^{\mathrm{T}}_{[k+i|k]}\boldsymbol{Q}\boldsymbol{x}_{[k+i|k]} + \boldsymbol{u}^{\mathrm{T}}_{[k+i|k]}\boldsymbol{R}\boldsymbol{u}_{[k+i|k]}\right] \tag{5.3.19b}$$

其中,$\boldsymbol{A}=\boldsymbol{B}=\boldsymbol{S}=\boldsymbol{R}=\boldsymbol{Q}=[1]$。定义预测区间为 $N_{\mathrm{p}}=2$,初始状态为 $\boldsymbol{x}_{[k]}=[1]$。首先需要计算矩阵$\boldsymbol{\Phi}$ 、$\boldsymbol{\Gamma}$ 、$\boldsymbol{\Omega}$ 、$\boldsymbol{\Psi}$ 、$\boldsymbol{H}$、$\boldsymbol{F}$,可得

$$\boldsymbol{\Phi} = \begin{bmatrix}\boldsymbol{A}\\ \boldsymbol{A}^2\end{bmatrix} = \begin{bmatrix}1\\1\end{bmatrix} \tag{5.3.20a}$$

$$\boldsymbol{\Gamma} = \begin{bmatrix}\boldsymbol{B} & \boldsymbol{0}\\ \boldsymbol{AB} & \boldsymbol{B}\end{bmatrix} = \begin{bmatrix}1 & 0\\1 & 1\end{bmatrix} \tag{5.3.20b}$$

$$\boldsymbol{\Omega} = \begin{bmatrix}\boldsymbol{Q} & \boldsymbol{0}\\ \boldsymbol{0} & \boldsymbol{S}\end{bmatrix} = \begin{bmatrix}1 & 0\\0 & 1\end{bmatrix} \quad \boldsymbol{\Psi} = \begin{bmatrix}\boldsymbol{R} & \boldsymbol{0}\\ \boldsymbol{0} & \boldsymbol{R}\end{bmatrix} = \begin{bmatrix}1 & 0\\0 & 1\end{bmatrix} \tag{5.3.20c}$$

代入式(5.3.13)可得

$$\boldsymbol{H} = \boldsymbol{\Gamma}^{\mathrm{T}}\boldsymbol{\Omega}\boldsymbol{\Gamma} + \boldsymbol{\Psi} = \begin{bmatrix}3 & 1\\1 & 2\end{bmatrix} \quad \boldsymbol{F} = \boldsymbol{\Gamma}^{\mathrm{T}}\boldsymbol{\Omega}\boldsymbol{\Phi} = \begin{bmatrix}2\\1\end{bmatrix} \tag{5.3.20d}$$

代入式(5.3.16)可得

$$\boldsymbol{U}^*_{[k]} = -\boldsymbol{H}^{-1}\boldsymbol{F}\boldsymbol{x}_{[k|k]} = -\begin{bmatrix}3 & 1\\1 & 2\end{bmatrix}^{-1}\begin{bmatrix}2\\1\end{bmatrix}\times[1] = -\begin{bmatrix}0.6\\0.2\end{bmatrix} \tag{5.3.21}$$

> 请读者把这一结果与 4.4.2 节中的结果进行比较,可以发现最优控制序列 $\boldsymbol{U}^*_{[k]}$ 与使用 LQR 的结果是一致的,只是在表达形式上有所不同。因为这两种方法求解的是同一个最优化问题。LQR 使用贝尔曼最优化理论从末端向前递归求解;而 MPC 则将未来的控制序列作为求解项,预测未来的情况并使用二次规划进行求解。
>
> 同时需要注意的是,通过 LQR 求解得到的是一个反馈矩阵,控制量则需要使用反馈矩阵乘以当前状态变量得到;而通过 MPC 求解得到的最优控制序列则是当前预测区间内的一系列最优控制量。

表 5.3.1 展示了在不同预测区间 N_p 的情况下 k 时刻的最优控制序列，可以发现当预测区间 $N_p>6$ 时，最优控制序列的第一项将收敛至[−0.61803]。这也与 4.4.2 节的结果相同。表 5.3.1 中加粗的数字是为了强调取值来源，不代表矩阵。

表 5.3.1 不同预测区间的最优控制序列

预测区间	$U^*_{[k]}$	$u^*_{[k\|k]}$
1	−[**0.5**]^T	[−**0.5**]
2	−[**0.6** 0.2]^T	[−**0.6**]
3	−[**0.61538** 0.23077 0.07692]^T	[−**0.61538**]
4	−[**0.61765** 0.23529 0.08823 0.02941]^T	[−**0.61765**]
5	−[**0.61798** 0.23595 0.08989 0.03371 0.01124]^T	[−**0.61798**]
6	−[**0.61803** 0.23605 0.09013 0.03434 0.01288 0.00429]^T	[−**0.61803**]
7	−[**0.61803** 0.23607 0.09016 0.03443 0.01312 0.00492 0.00164]^T	[−**0.61803**]

5.3.5 一维案例分析——MPC 控制器的反馈特性

在 MPC 的实际应用中，只会将求解出的最优控制序列 $\boldsymbol{U}^*_{[k]}$ 的第一项 $\boldsymbol{u}^*_{[k|k]}$ 施加到系统中，然后在下一时刻重新计算新的控制序列，这就需要控制器有足够的运算资源和存储空间。那么，为什么要"舍掉"$\boldsymbol{U}^*_{[k]}$ 中后面的结果而不是直接按照最优控制序列来控制系统？为什么不通过离线计算的方式算好后面每一时刻的最优控制量再按照时间序列输入到系统当中？

本小节将结合前面的一维案例进行分析说明。

以预测空间 $N_p=5$ 为例，图 5.3.2(a)的上半部分是 $k=0$ 时刻计算得到的控制序列 $\boldsymbol{U}^*_{[0]}$，下半部分是在线计算在每个时刻的最优控制序列 $\boldsymbol{U}^*_{[k]}$。可以发现 $\boldsymbol{U}^*_{[0]}$ 序列里的各个元素与 $\boldsymbol{U}^*_{[i]}$ 中的第一项之间的差距可以忽略不计。图 5.3.2(b)显示了直接使用 $\boldsymbol{U}^*_{[0]}$ 与使用 $\boldsymbol{U}^*_{[i]}$ 控制序列中第一项这两种算法时系统的表现，离线和在线的控制效果几乎是一致的。图 5.3.2 中，加粗的数字是为了强调取值来源，不代表矩阵。

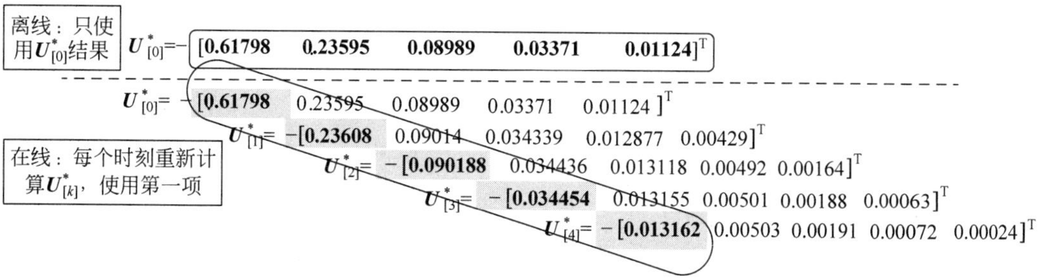

(a)

图 5.3.2 "完美"系统在线与离线算法比较

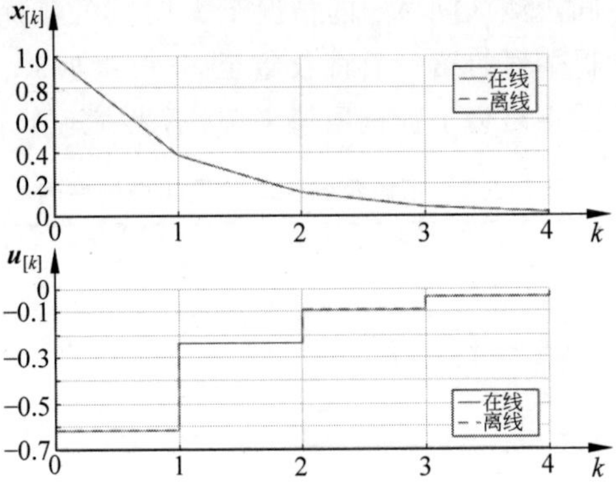

(b)

图 5.3.2 （续）

以上结论似乎说明了我们可以离线计算出 $\boldsymbol{U}^*_{[0]}$，并在未来按顺序将 $\boldsymbol{U}^*_{[0]}$ 里面的最优控制量逐一施加到系统中，这样可以节省运算资源。但实际情况并非如此。之所以会产生图 5.3.2(b)的结果，是因为上述测试是在软件仿真的条件下运行的，模型是“完美”的。而在实际情况中不存在完美系统，一旦为系统加入不确定的扰动，结果就将会不同。

现在为系统加入一些扰动，假设在 $k=2$ 时，系统受到一个大小为[0.2]的外界扰动，即

$$\boldsymbol{x}_{[2+1]}=\boldsymbol{A}\boldsymbol{x}_{[2]}+\boldsymbol{B}\boldsymbol{u}_{[2]}+[0.2] \tag{5.3.22}$$

如图 5.3.3 所示。图中的粗体数字是为了强调取值来源。当系统加入扰动时，在线算法及时地调整了控制输入策略，而离线算法仍按照 $k=0$ 时刻计算出来的控制序列 $\boldsymbol{U}^*_{[0]}$ 运行。

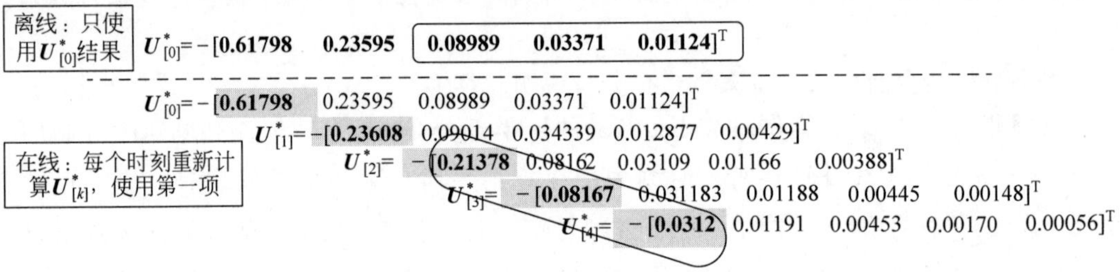

(a)

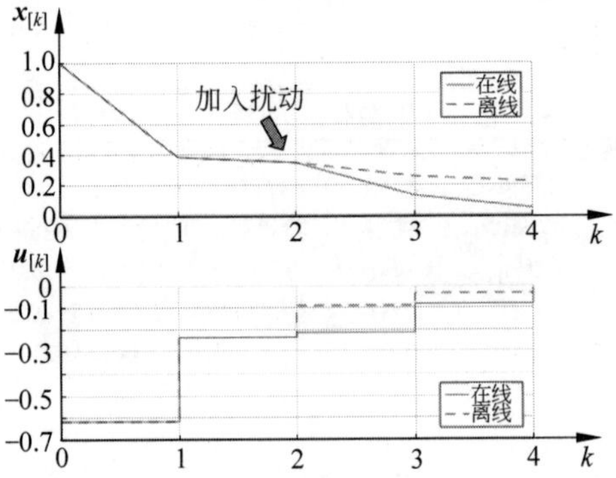

(b)

图 5.3.3 含有扰动的系统在线与离线算法比较

图 5.3.3(b)表明,在线算法可以很好地处理这一扰动并最终将系统调节到[0],而离线算法则在“错误”的基础上继续按照原计划执行。

以上分析说明了 MPC 控制器的反馈特性。

直接使用初始时刻计算出的最优控制序列 $\boldsymbol{U}_{[0]}^{*}$ 的离线算法本质上是一个开环控制器;而在线算法则是一个闭环控制器,在每个采样时刻都会重新计算最优控制序列,状态变量的实时反馈使得控制器能够及时响应系统的变化,从而提高控制系统的稳定性。

需要说明的是,LQR 虽然也是离线计算,但是 LQR 计算的结果是一个反馈矩阵,每一次的控制量都需要用反馈矩阵乘以状态变量得到,因此它也是闭环控制器。

请参考代码 5.6:MPC_1D.m。

5.4 轨迹追踪问题分析

在上一小节的分析中,我们讨论了无约束 MPC 的调节控制问题。而在实际情况下,控制的目标往往是非零参考值。第 4 章 4.5 节介绍了两种轨迹追踪的方法,相同的思路也可以用于 MPC 控制器,其要点是通过矩阵变换得到符合轨迹追踪的增广矩阵。同时,本节也将使用第 4 章 4.5 节的弹簧质量阻尼系统作为案例进行分析。

5.4.1 稳态非零参考值控制

首先讨论稳态非零参考值控制,这一问题在 4.5.3 节中进行过详细推导。若系统的控制目标是一个稳定的非零常数参考点 $\boldsymbol{x}_{\mathrm{d}}$,同时系统达到目标 $\boldsymbol{x}_{\mathrm{d}}$ 时处于稳定的状态,便可以使用稳态非零参考点控制方法,其控制思路如图 5.4.1 所示。利用在 4.5.3 节中得到的**[F2]稳态非零控制矩阵转化模块**,将原系统矩阵以及权重矩阵转换为增广矩阵,并计算稳态控制输入 $\boldsymbol{u}_{\mathrm{d}}$。之后将增广矩阵输入到**[F4]性能指标矩阵转换模块**,得到求解二次规划问题所需要的矩阵。

在线计算中,使用**[F5]无约束二次规划求解模块**得到最优控制序列 $\boldsymbol{\delta U}_{[k]}^{*}$ 并选取其中的第一项 $\boldsymbol{\delta u}_{[k]}^{*}$,通过式(4.5.12b)计算得到最优控制 $\boldsymbol{u}_{[k]}^{*}$ 并施加到系统中进行控制。当使用该控制器时,弹簧阻尼系统的表现如图 5.4.2 所示。模拟时使用的预测区间为 $N_{\mathrm{p}}=20$。其效果与使用 LQR 一致,这是因为在没有约束的条件下且当 N_{p} 足够大时,这两种算法在本质上没有区别。

请参考代码 5.7:MPC_MSD_SS_U.m。

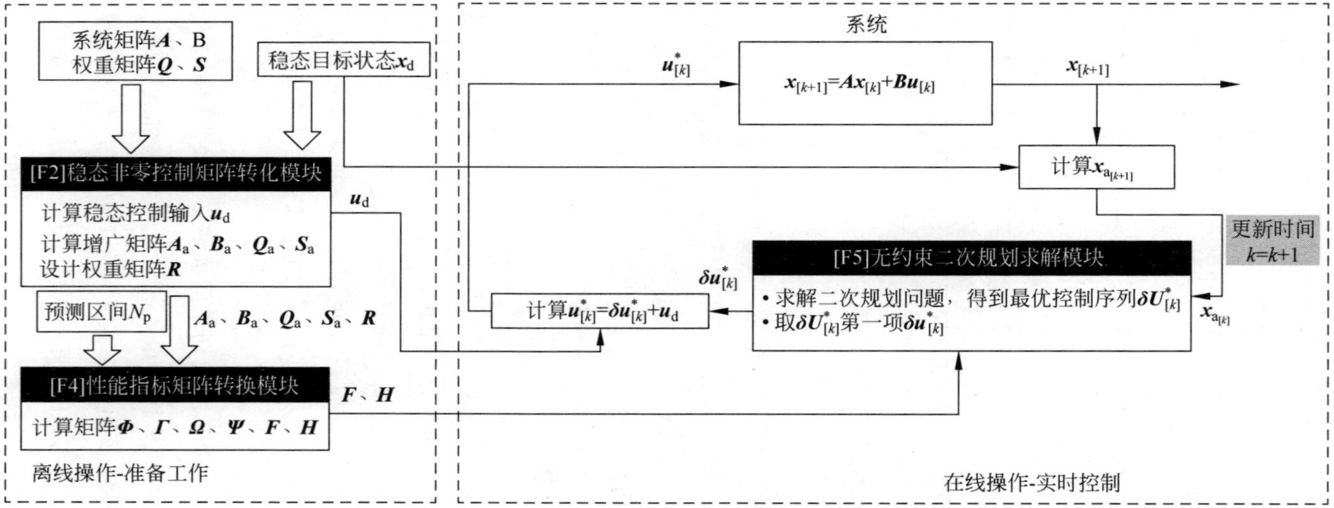

图 5.4.1 无约束 MPC 轨迹追踪控制器设计思路——稳态非零参考点控制

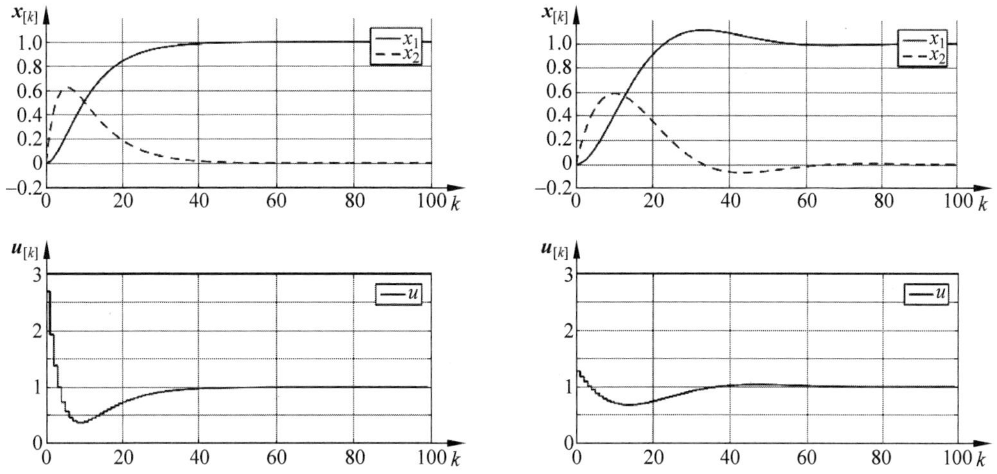

(a) 测试一：$\boldsymbol{S}=\begin{bmatrix}1&0\\0&1\end{bmatrix}$，$\boldsymbol{Q}=\begin{bmatrix}1&0\\0&1\end{bmatrix}$，$\boldsymbol{R}=[0.1]$

(b) 测试二：$\boldsymbol{S}=\begin{bmatrix}1&0\\0&1\end{bmatrix}$，$\boldsymbol{Q}=\begin{bmatrix}1&0\\0&1\end{bmatrix}$，$\boldsymbol{R}=[1]$

图 5.4.2　MPC 轨迹追踪——稳态非零参考点控制

5.4.2　输入增量控制

在使用 MPC 控制器进行轨迹追踪时，更为常见的是使用输入增量控制，在 4.5.3 节中已经详细介绍了这种方法。如图 5.4.3 所示，将［**F3**］**输入增量控制矩阵转换模块**、［**F4**］**性能指标矩阵转换模块**和［**F5**］**无约束二次规划求解模块**组合运用，便可以构建出输入增量控制的 MPC 轨迹追踪控制器。

当使用该控制器时，弹簧阻尼系统的表现如图 5.4.4 所示。模拟时使用的预测区间为 $N_p=20$。其效果与第 4 章的 LQR 一致。

> 请参考代码 5.8：MPC_MSD_Delta_U. m。

同时，使用这种方法也可以追踪非常数的目标轨迹，当使用这种算法处理第 4 章 4.5.4 节的案例时，其表现如图 5.4.5 所示，模拟时使用的预测区间为 $N_p=20$。系统的表现与 LQR 一致。可以看到在以上示例中，MPC 在整体上与 LQR 具有相似的表现，在无约束条件下，MPC 并没有展现出其优势与特点。

> 请参考代码 5.9：MPC_MSD_Delta_AD. m。

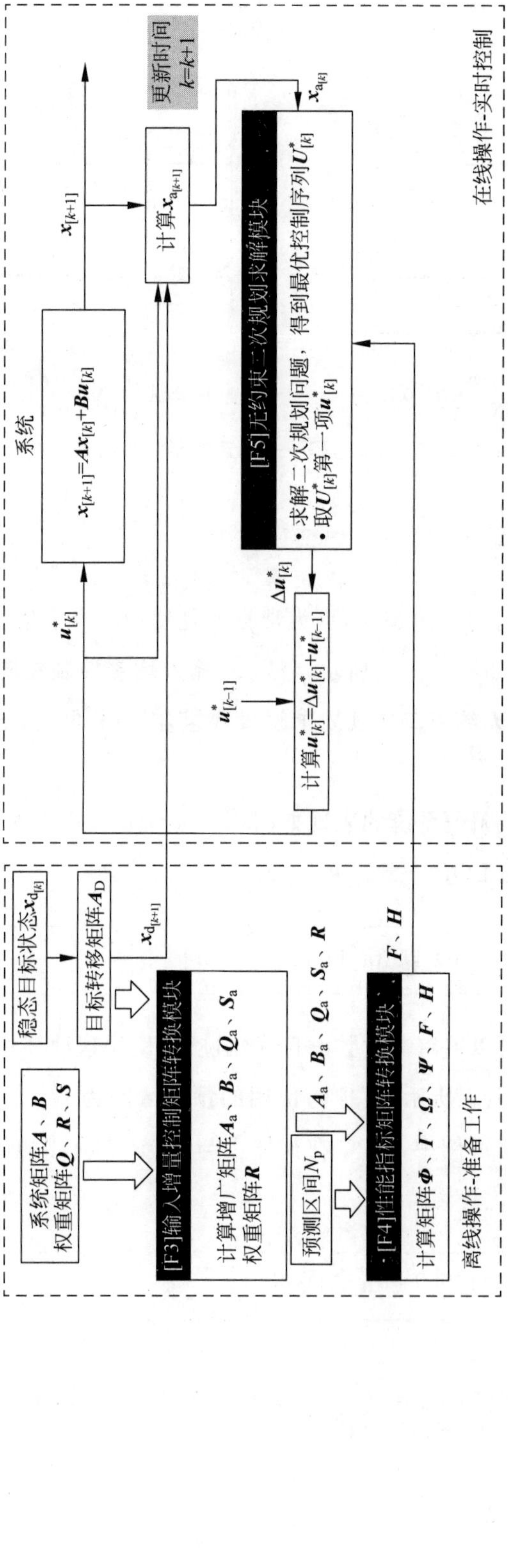

图 5.4.3 无约束 MPC 轨迹追踪控制器设计思路——输入增量控制

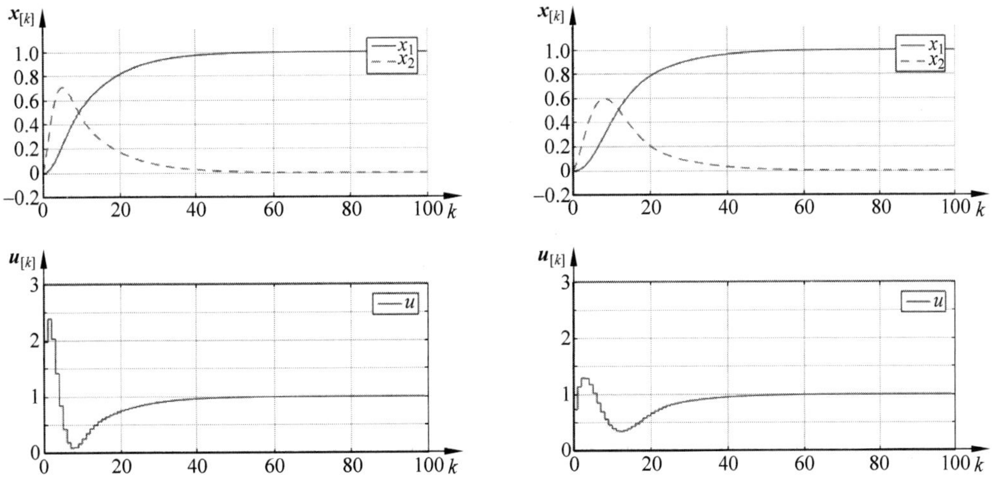

(a) 测试一：$\boldsymbol{S}=\begin{bmatrix}1 & 0\\0 & 1\end{bmatrix}$，$\boldsymbol{Q}=\begin{bmatrix}1 & 0\\0 & 1\end{bmatrix}$，$\boldsymbol{R}=[0.1]$　　(b) 测试二：$\boldsymbol{S}=\begin{bmatrix}1 & 0\\0 & 1\end{bmatrix}$，$\boldsymbol{Q}=\begin{bmatrix}1 & 0\\0 & 1\end{bmatrix}$，$\boldsymbol{R}=[1]$

图 5.4.4　MPC 轨迹追踪——输入增量控制

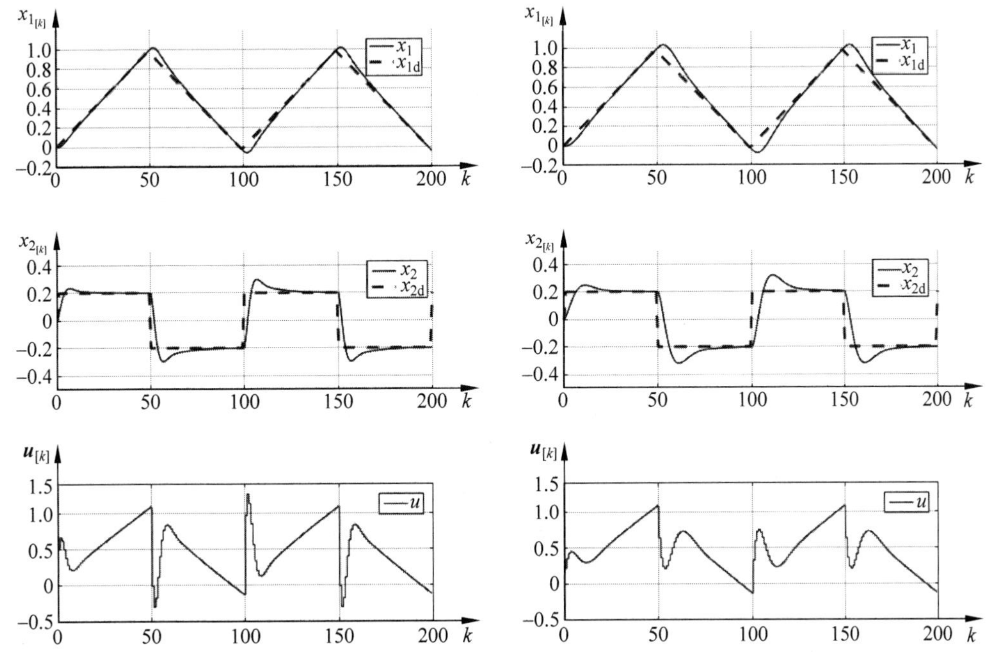

(a) 测试一：$\boldsymbol{S}=\begin{bmatrix}1 & 0\\0 & 1\end{bmatrix}$，$\boldsymbol{Q}=\begin{bmatrix}1 & 0\\0 & 1\end{bmatrix}$，$\boldsymbol{R}=[0.1]$　　(b) 测试二：$\boldsymbol{S}=\begin{bmatrix}1 & 0\\0 & 1\end{bmatrix}$，$\boldsymbol{Q}=\begin{bmatrix}1 & 0\\0 & 1\end{bmatrix}$，$\boldsymbol{R}=[1]$

图 5.4.5　输入增量控制速度追踪仿真结果

5.5 含有约束的模型预测控制

在实际的控制应用中，通常会遇到各种约束条件，如输出限制、输入限制、状态限制等。这些约束条件往往是由物理限制、安全限制以及经济因素等各方面综合确定的。在本节中，我们将探讨如何处理带有约束条件的最优控制问题，并详细介绍如何将这些约束条件转化为标准的二次规划问题。相较于线性二次调节(LQR)方法，模型预测控制(MPC)的一个重要优势在于可以将约束条件直接嵌入控制器中进行求解。在本书中，我们将讨论线性约束的形式。

5.5.1 约束转化为标准形式

考虑一个线性时不变系统，其离散形式的状态空间方程为

$$\boldsymbol{x}_{[k+1]}=\boldsymbol{A}\boldsymbol{x}_{[k]}+\boldsymbol{B}\boldsymbol{u}_{[k]} \tag{5.5.1}$$

从调节器(归零调节)入手，考虑初始时间点为 k，预测区间为 N_{p}，在 k 时刻做出预测时其二次型性能指标为

$$J=\frac{1}{2}\boldsymbol{x}_{[k+N_{\mathrm{p}}|k]}^{\mathrm{T}}\boldsymbol{S}\boldsymbol{x}_{[k+N_{\mathrm{p}}|k]}+\frac{1}{2}\sum_{i=0}^{N_{\mathrm{p}}-1}\left[\boldsymbol{x}_{[k+i|k]}^{\mathrm{T}}\boldsymbol{Q}\boldsymbol{x}_{[k+i|k]}+\boldsymbol{u}_{[k+i|k]}^{\mathrm{T}}\boldsymbol{R}\boldsymbol{u}_{[k+i|k]}\right] \tag{5.5.2}$$

同时考虑系统的线性约束条件为

$$\boldsymbol{\mathcal{M}}_{[k+i]_{m\times n}}\boldsymbol{x}_{[k+i]_{n\times 1}}+\boldsymbol{\mathcal{F}}_{[k+i]_{m\times p}}\boldsymbol{u}_{[k+i]_{p\times 1}}\leqslant\boldsymbol{\beta}_{[k+i]_{m\times 1}},\quad i=0,1,2,\cdots,N_{\mathrm{p}}-1 \tag{5.5.3a}$$

$$\boldsymbol{\mathcal{M}}_{N_{\mathrm{p}}{}_{l\times n}}\boldsymbol{x}_{[k+N_{\mathrm{p}}]_{n\times 1}}\leqslant\boldsymbol{\beta}_{N_{\mathrm{p}}{}_{l\times 1}} \tag{5.5.3b}$$

其中$\boldsymbol{\mathcal{M}}_{[k+i]}$为 $m\times n$ 矩阵，$\boldsymbol{\mathcal{M}}_{N_{\mathrm{p}}}$为 $l\times n$ 矩阵，$\boldsymbol{\mathcal{F}}_{[k+i]}$为 $m\times p$ 矩阵，$\boldsymbol{\beta}_{[k+i]}$为 $m\times 1$ 向量，$\boldsymbol{\beta}_{N_{\mathrm{p}}}$ 为 $l\times 1$ 向量。

式(5.5.3)是一个通用的约束条件，可以约束每一个时刻的控制量(输入)与状态变量的组合。特别的，当$\boldsymbol{\mathcal{M}}_{[k+i]}=\boldsymbol{0}$ 且$\boldsymbol{\mathcal{M}}_{N_{\mathrm{p}}}=\boldsymbol{0}$ 时，系统只对控制量(输入)施加约束；如果$\boldsymbol{\mathcal{F}}_{[k+i]}=\boldsymbol{0}$，则系统只对状态变量进行约束。在一些参考资料中会出现对输出 $\boldsymbol{y}_{[k]}$ 的约束，而由于输出是状态变量和输入的线性组合，即 $\boldsymbol{y}_{[k]}=\boldsymbol{C}\boldsymbol{x}_{[k]}+\boldsymbol{D}\boldsymbol{u}_{[k]}$，这样就可以通过线性变换将对输出的约束转化为对状态变量的约束，因此本书只讨论对状态变量和控制量的约束。

在本章开始的时候，我们讨论过求解 MPC 问题的目标是将性能指标与约束条件转化为式(5.2.1)中的标准二次规划形式，这样就可以使用商业的二次规划软件进行求解。在5.3 节中，我们介绍了如何将性能指标转化为标准形式，其中求解的变量是预测区间内的控制序列 $\boldsymbol{U}_{[k]}$。因此若需要加入约束条件，就必须将式(5.5.3)转化为使用 $\boldsymbol{U}_{[k]}$ 来表达的标准约束形式。

约束条件式(5.5.3)可以展开为

$$\begin{aligned}
&\boldsymbol{\mathcal{M}}_{[k]}\boldsymbol{x}_{[k|k]}+\boldsymbol{\mathcal{F}}_{[k]}\boldsymbol{u}_{[k|k]}\leqslant\boldsymbol{\beta}_{[k]}\\
&\boldsymbol{\mathcal{M}}_{[k+1]}\boldsymbol{x}_{[k+1|k]}+\boldsymbol{\mathcal{F}}_{[k+1]}\boldsymbol{u}_{[k+1|k]}\leqslant\boldsymbol{\beta}_{[k+1]}\\
&\vdots\\
&\boldsymbol{\mathcal{M}}_{[k+N_{\mathrm{p}}-1]}\boldsymbol{x}_{[k+N_{\mathrm{p}}-1|k]}+\boldsymbol{\mathcal{F}}_{[k+N_{\mathrm{p}}-1]}\boldsymbol{u}_{[k+N_{\mathrm{p}}-1|k]}\leqslant\boldsymbol{\beta}_{[k+N_{\mathrm{p}}-1]}\\
&\boldsymbol{\mathcal{M}}_{N_{\mathrm{p}}}\boldsymbol{x}_{[k+N_{\mathrm{p}}]}\leqslant\boldsymbol{\beta}_{N_{\mathrm{p}}}
\end{aligned} \tag{5.5.4}$$

将其写成紧凑的矩阵形式，可以得到

$$\begin{bmatrix}\mathcal{M}_{[k]}\\ \mathbf{0}\\ \vdots\\ \mathbf{0}\end{bmatrix}\boldsymbol{x}_{[k|k]}+\begin{bmatrix}\mathbf{0} & \cdots & \cdots & \mathbf{0}\\ \mathcal{M}_{[k+1]} & \mathbf{0} & \cdots & \vdots\\ \mathbf{0} & \mathcal{M}_{[k+2]} & \mathbf{0} & \vdots\\ \vdots & \mathbf{0} & \ddots & \mathbf{0}\\ \mathbf{0} & \cdots & \mathbf{0} & \mathcal{M}_{N_{\mathrm{p}}}\end{bmatrix}\begin{bmatrix}\boldsymbol{x}_{[k+1|k]}\\ \boldsymbol{x}_{[k+2|k]}\\ \vdots\\ \boldsymbol{x}_{[k+N_{\mathrm{p}}|k]}\end{bmatrix}+$$

$$\begin{bmatrix}\mathcal{F}_{[k]} & \mathbf{0} & \cdots & \mathbf{0}\\ \mathbf{0} & \mathcal{F}_{[k+1]} & \cdots & \vdots\\ \vdots & \mathbf{0} & \ddots & \mathbf{0}\\ \vdots & \cdots & \mathbf{0} & \mathcal{F}_{[k+N_{\mathrm{p}}-1]}\\ \mathbf{0} & \cdots & \cdots & \mathbf{0}\end{bmatrix}\begin{bmatrix}\boldsymbol{u}_{[k|k]}\\ \boldsymbol{u}_{[k+1|k]}\\ \vdots\\ \boldsymbol{u}_{[k+N_{\mathrm{p}}-1|k]}\end{bmatrix}\leqslant\begin{bmatrix}\boldsymbol{\beta}_{[k]}\\ \boldsymbol{\beta}_{[k+1]}\\ \vdots\\ \boldsymbol{\beta}_{N_{\mathrm{p}}}\end{bmatrix} \tag{5.5.5}$$

根据式(5.3.4)中的定义，$\boldsymbol{X}_{[k]}\triangleq\begin{bmatrix}\boldsymbol{x}_{[k+1|k]}\\ \boldsymbol{x}_{[k+2|k]}\\ \vdots\\ \boldsymbol{x}_{[k+N_{\mathrm{p}}|k]}\end{bmatrix}_{(nN_{\mathrm{p}})\times 1}$，$\boldsymbol{U}_{[k]}\triangleq\begin{bmatrix}\boldsymbol{u}_{[k|k]}\\ \boldsymbol{u}_{[k+1|k]}\\ \vdots\\ \boldsymbol{u}_{[k+N_{\mathrm{p}}-1|k]}\end{bmatrix}_{(pN_{\mathrm{p}})\times 1}$，同时定义

$$\overline{\mathcal{M}}\triangleq\begin{bmatrix}\mathcal{M}_{[k]_{m\times n}}\\ \mathbf{0}_{m\times n}\\ \vdots\\ \mathbf{0}_{l\times n}\end{bmatrix}_{(mN_{\mathrm{p}}+l)\times n} \tag{5.5.6a}$$

$$\overline{\overline{\mathcal{M}}}\triangleq\begin{bmatrix}\mathbf{0}_{m\times n} & \cdots & \cdots & \mathbf{0}\\ \mathcal{M}_{[k+1]_{m\times n}} & \mathbf{0} & \cdots & \vdots\\ \mathbf{0}_{m\times n} & \mathcal{M}_{[k+2]_{m\times n}} & \mathbf{0} & \vdots\\ \vdots & \mathbf{0} & \ddots & \mathbf{0}\\ \mathbf{0}_{l\times n} & \cdots & \mathbf{0} & \mathcal{M}_{N_{\mathrm{p}_{l\times n}}}\end{bmatrix}_{(mN_{\mathrm{p}}+l)\times(nN_{\mathrm{p}})} \tag{5.5.6b}$$

$$\overline{\overline{\mathcal{F}}}\triangleq\begin{bmatrix}\mathcal{F}_{[k]_{m\times p}} & \mathbf{0} & \cdots & \mathbf{0}\\ \mathbf{0}_{m\times p} & \mathcal{F}_{[k+1]} & \cdots & \vdots\\ \vdots & \mathbf{0} & \ddots & \mathbf{0}\\ \vdots & \cdots & \mathbf{0} & \mathcal{F}_{[k+N_{\mathrm{p}}-1]}\\ \mathbf{0}_{l\times p} & \cdots & \cdots & \mathbf{0}_{l\times p}\end{bmatrix}_{(mN_{\mathrm{p}}+l)\times(pN_{\mathrm{p}})} \tag{5.5.6c}$$

$$\bar{\boldsymbol{\beta}}\triangleq\begin{bmatrix}\boldsymbol{\beta}_{[k]_{m\times 1}}\\ \boldsymbol{\beta}_{[k+1]_{m\times 1}}\\ \vdots\\ \boldsymbol{\beta}_{N_{\mathrm{p}_{l\times 1}}}\end{bmatrix}_{(mN_{\mathrm{p}}+l)\times 1} \tag{5.5.6d}$$

式(5.5.5)可以简化为

$$\overline{\boldsymbol{\mathcal{M}}}\boldsymbol{x}_{[k|k]}+\overline{\overline{\boldsymbol{\mathcal{M}}}}\boldsymbol{X}_{[k]}+\overline{\overline{\boldsymbol{\mathcal{F}}}}\boldsymbol{U}_{[k]}\leqslant\bar{\boldsymbol{\beta}} \tag{5.5.7}$$

在式(5.5.6)中,各矩阵的下标表示它们的维度,在进行模型预测控制时,各个矩阵的维度是非常重要的。特别是在构建大型矩阵时,在编程的过程中需要格外小心,避免出现维度不匹配或者维度错误的情况。

为了用 $\boldsymbol{U}_{[k]}$ 表示 $\boldsymbol{X}_{[k]}$,将式(5.3.5a)代入式(5.5.7),整理可得

$$\overline{\boldsymbol{\mathcal{M}}}\boldsymbol{x}_{[k|k]}+\overline{\overline{\boldsymbol{\mathcal{M}}}}(\boldsymbol{\Phi}\boldsymbol{x}_{[k|k]}+\boldsymbol{\Gamma}\boldsymbol{U}_{[k]})+\overline{\overline{\boldsymbol{\mathcal{F}}}}\boldsymbol{U}_{[k]}\leqslant\bar{\boldsymbol{\beta}}$$

$$\Rightarrow(\overline{\overline{\boldsymbol{\mathcal{M}}}}\boldsymbol{\Gamma}+\overline{\overline{\boldsymbol{\mathcal{F}}}})\boldsymbol{U}_{[k]}\leqslant\bar{\boldsymbol{\beta}}-(\overline{\boldsymbol{\mathcal{M}}}+\overline{\overline{\boldsymbol{\mathcal{M}}}}\boldsymbol{\Phi})\boldsymbol{x}_{[k|k]} \tag{5.5.8}$$

其中 $\boldsymbol{x}_{[k|k]}$ 是 k 时刻的状态变量初始值,是已知的。进一步简化式(5.5.8),定义

$$\boldsymbol{M}\triangleq\overline{\overline{\boldsymbol{\mathcal{M}}}}\boldsymbol{\Gamma}+\overline{\overline{\boldsymbol{\mathcal{F}}}}\quad \boldsymbol{b}\triangleq-(\overline{\boldsymbol{\mathcal{M}}}+\overline{\overline{\boldsymbol{\mathcal{M}}}}\boldsymbol{\Phi}) \tag{5.5.9}$$

则式(5.5.8)可以写成

$$\boldsymbol{M}\boldsymbol{U}_{[k]}\leqslant\bar{\boldsymbol{\beta}}+\boldsymbol{b}\boldsymbol{x}_{[k|k]} \tag{5.5.10}$$

式(5.5.10)中只含有待求解的控制序列 $\boldsymbol{U}_{[k]}$ 以及 k 时刻的初始值 $\boldsymbol{x}_{[k|k]}$,因此不等号右侧的表达式可以看作已知量。同时,这样的表达形式也符合式(5.2.1b)中的标准二次规划的约束形式。

式(5.3.14)和式(5.5.10)便构成了含有约束的二次规划问题,寻找最优控制序列 $\boldsymbol{U}^*_{[k]}$,即求解

最小化

$$J=\boldsymbol{U}_{[k]}^{\mathrm{T}}\boldsymbol{F}\boldsymbol{x}_{[k|k]}+\frac{1}{2}\boldsymbol{U}_{[k]}^{\mathrm{T}}\boldsymbol{H}\boldsymbol{U}_{[k]} \tag{5.5.11a}$$

同时满足约束

$$\boldsymbol{M}\boldsymbol{U}_{[k]}\leqslant\bar{\boldsymbol{\beta}}+\boldsymbol{b}\boldsymbol{x}_{[k|k]} \tag{5.5.11b}$$

> 将系统构建成以上形式,便可以利用软件求解。同时可以发现式(5.5.11b)中含有当前的状态变量 $\boldsymbol{x}_{[k|k]}$,因此约束条件随着 $\boldsymbol{x}_{[k|k]}$ 变化,也具有了反馈的效果。

5.5.2 控制量和状态变量上下限约束转化为标准形式

在实际应用中,最常见的约束形式是对输入量和状态变量施加上下限的约束,即

$$\boldsymbol{u}_{\text{low}}\leqslant\boldsymbol{u}_{[k]}\leqslant\boldsymbol{u}_{\text{high}} \tag{5.5.12a}$$

$$\boldsymbol{x}_{\text{low}}\leqslant\boldsymbol{x}_{[k]}\leqslant\boldsymbol{x}_{\text{high}} \tag{5.5.12b}$$

本小节将特别针对这一形式的约束进行分析。式(5.5.12)可以写成如下矩阵的形式

$$\begin{bmatrix}-\boldsymbol{I}_{p\times p}\\ \boldsymbol{I}_{p\times p}\end{bmatrix}\boldsymbol{u}_{[k]}\leqslant\begin{bmatrix}-\boldsymbol{u}_{\text{low}}\\ \boldsymbol{u}_{\text{high}}\end{bmatrix} \tag{5.5.13a}$$

$$\begin{bmatrix}-\boldsymbol{I}_{n\times n}\\ \boldsymbol{I}_{n\times n}\end{bmatrix}\boldsymbol{x}_{[k]}\leqslant\begin{bmatrix}-\boldsymbol{x}_{\text{low}}\\ \boldsymbol{x}_{\text{high}}\end{bmatrix} \tag{5.5.13b}$$

引入矩阵$\mathcal{M}$、$\mathcal{F}$和$\mathcal{M}_{N_\mathrm{p}}$，通过变换，式(5.5.13)可以转化为与式(5.5.3)类似的标准形式，且约束矩阵为常数矩阵，不随k变化，即

$$\mathcal{M}\boldsymbol{x}_{[k]}+\mathcal{F}\boldsymbol{u}_{[k]}\leqslant\boldsymbol{\beta} \tag{5.5.14a}$$

$$\mathcal{M}_{N_\mathrm{p}}\boldsymbol{x}_{[k+N_\mathrm{p}]}\leqslant\boldsymbol{\beta}_{N_\mathrm{p}} \tag{5.5.14b}$$

其中

$$\mathcal{M}=\begin{bmatrix}\boldsymbol{0}_{p\times n}\\ \boldsymbol{0}_{p\times n}\\ -\boldsymbol{I}_{n\times n}\\ \boldsymbol{I}_{n\times n}\end{bmatrix}_{(2n+2p)\times n}\quad \mathcal{F}=\begin{bmatrix}-\boldsymbol{I}_{p\times p}\\ \boldsymbol{I}_{p\times p}\\ \boldsymbol{0}_{n\times p}\\ \boldsymbol{0}_{n\times p}\end{bmatrix}_{(2n+2p)\times p}\quad \boldsymbol{\beta}=\begin{bmatrix}-\boldsymbol{u}_{\mathrm{low}}\\ \boldsymbol{u}_{\mathrm{high}}\\ -\boldsymbol{x}_{\mathrm{low}}\\ \boldsymbol{x}_{\mathrm{high}}\end{bmatrix}_{(2n+2p)\times 1} \tag{5.5.14c}$$

$$\mathcal{M}_{N_\mathrm{p}}=\begin{bmatrix}-\boldsymbol{I}_{n\times n}\\ \boldsymbol{I}_{n\times n}\end{bmatrix}_{2n\times n}\quad \boldsymbol{\beta}_{N_\mathrm{p}}=\begin{bmatrix}-\boldsymbol{x}_{\mathrm{low}}\\ \boldsymbol{x}_{\mathrm{high}}\end{bmatrix}_{2n\times 1} \tag{5.5.14d}$$

根据上一小节的分析，可以推导得到

$$\overline{\mathcal{M}}\boldsymbol{x}_{[k|k]}+\overline{\overline{\mathcal{M}}}\boldsymbol{X}_{[k]}+\overline{\overline{\mathcal{F}}}\boldsymbol{U}_{[k]}\leqslant\bar{\boldsymbol{\beta}} \tag{5.5.15a}$$

其中

$$\overline{\mathcal{M}}\triangleq\begin{bmatrix}\mathcal{M}_{(2n+2p)\times n}\\ \boldsymbol{0}_{(2n+2p)\times n}\\ \vdots\\ \boldsymbol{0}_{2n\times n}\end{bmatrix}_{((2n+2p)N_\mathrm{p}+2n)\times n} \tag{5.5.15b}$$

$$\overline{\overline{\mathcal{M}}}\triangleq\begin{bmatrix}\boldsymbol{0}_{(2n+2p)\times n} & \cdots & \cdots & \boldsymbol{0}\\ \mathcal{M}_{(2n+2p)\times n} & \boldsymbol{0} & \cdots & \vdots\\ \boldsymbol{0} & \mathcal{M}_{(2n+2p)\times n} & \boldsymbol{0} & \vdots\\ \vdots & \boldsymbol{0} & \ddots & \boldsymbol{0}\\ \boldsymbol{0} & \cdots & \boldsymbol{0} & \mathcal{M}_{N_{\mathrm{p}\,2n\times n}}\end{bmatrix}_{((2n+2p)N_\mathrm{p}+2n)\times(nN_\mathrm{p})} \tag{5.5.15c}$$

$$\overline{\overline{\mathcal{F}}}\triangleq\begin{bmatrix}\mathcal{F}_{(2n+2p)\times p} & \boldsymbol{0} & \cdots & \boldsymbol{0}\\ \boldsymbol{0}_{(2n+2p)\times p} & \mathcal{F}_{(2n+2p)\times p} & \cdots & \vdots\\ \vdots & \boldsymbol{0} & \ddots & \boldsymbol{0}\\ \vdots & \cdots & \boldsymbol{0} & \mathcal{F}_{(2n+2p)\times p}\\ \boldsymbol{0} & \cdots & \cdots & \boldsymbol{0}_{2n\times p}\end{bmatrix}_{((2n+2p)N_\mathrm{p}+2n)\times(pN_\mathrm{p})} \tag{5.5.15d}$$

$$\bar{\boldsymbol{\beta}}\triangleq\begin{bmatrix}\boldsymbol{\beta}_{(2n+2p)\times 1}\\ \boldsymbol{\beta}_{(2n+2p)\times 1}\\ \vdots\\ \boldsymbol{\beta}_{N_{\mathrm{p}_{2n\times 1}}}\end{bmatrix}_{((2n+2p)N_\mathrm{p}+2n)\times 1} \tag{5.5.15e}$$

代入式(5.5.10)便可推导出标准形式的约束表达式。在使用中需要注意各矩阵的维度。

例 5.5.1 考虑**例 5.3.1** 中的二维系统，预测区间为 $N_p=2$，将下述约束条件转化为标准形式 $\boldsymbol{M}\boldsymbol{U}_{[k]}\leqslant\bar{\boldsymbol{\beta}}+\boldsymbol{b}\boldsymbol{x}_{[k|k]}$，其中

$$\begin{bmatrix}-\infty\\-\infty\end{bmatrix}\leqslant\boldsymbol{x}_{[k]}\leqslant\begin{bmatrix}\infty\\0\end{bmatrix} \tag{5.5.16a}$$

$$\begin{bmatrix}-\infty\\-3\end{bmatrix}\leqslant\boldsymbol{u}_{[k]}\leqslant\begin{bmatrix}\infty\\\infty\end{bmatrix} \tag{5.5.16b}$$

当约束条件为$\pm\infty$时即不设限。

解：将式(5.5.16)代入式(5.5.14)，得到

$$\mathcal{M}\boldsymbol{x}_{[k]}+\mathcal{F}\boldsymbol{u}_{[k]}\leqslant\boldsymbol{\beta} \tag{5.5.17a}$$

$$\mathcal{M}_{N_p}\boldsymbol{x}_{[N]}\leqslant\boldsymbol{\beta}_{N_p} \tag{5.5.17b}$$

其中

$$\mathcal{M}=\begin{bmatrix}\boldsymbol{0}_{p\times n}\\\boldsymbol{0}_{p\times n}\\-\boldsymbol{I}_{n\times n}\\\boldsymbol{I}_{n\times n}\end{bmatrix}_{(2n+2p)\times n}=\begin{bmatrix}0&0\\0&0\\\hline 0&0\\0&0\\\hline -1&0\\0&-1\\\hline 1&0\\0&1\end{bmatrix}_{8\times 2} \tag{5.5.17c}$$

$$\mathcal{F}=\begin{bmatrix}-\boldsymbol{I}_{p\times p}\\\boldsymbol{I}_{p\times p}\\\boldsymbol{0}_{n\times p}\\\boldsymbol{0}_{n\times p}\end{bmatrix}_{(2n+2p)\times p}=\begin{bmatrix}-1&0\\0&-1\\\hline 0&0\\1&0\\\hline 0&1\\0&0\\\hline 0&0\\0&0\end{bmatrix}_{8\times 2} \tag{5.5.17d}$$

$$\boldsymbol{\beta}=\begin{bmatrix}-\boldsymbol{u}_{\text{low}}\\\boldsymbol{u}_{\text{high}}\\-\boldsymbol{x}_{\text{low}}\\\boldsymbol{x}_{\text{high}}\end{bmatrix}_{(2n+2p)\times 1}=\begin{bmatrix}\infty\\3\\\infty\\\infty\\\infty\\\infty\\\infty\\0\end{bmatrix}_{8\times 1} \tag{5.5.17e}$$

$$\mathcal{M}_{N_p}=\begin{bmatrix}-\boldsymbol{I}_{n\times n}\\ \boldsymbol{I}_{n\times n}\end{bmatrix}_{2n\times n}=\begin{bmatrix}-1 & 0\\ 0 & -1\\ 1 & 0\\ 0 & 1\end{bmatrix}_{4\times 2} \tag{5.5.17f}$$

$$\boldsymbol{\beta}_N=\begin{bmatrix}-\boldsymbol{x}_{\text{low}}\\ \boldsymbol{x}_{\text{high}}\end{bmatrix}_{2n\times 1}=\begin{bmatrix}\infty\\ \infty\\ \infty\\ 0\end{bmatrix}_{4\times 1} \tag{5.5.17g}$$

当 $N_p=2$ 时，将式(5.5.17)代入式(5.5.15)可得

$$\overline{\mathcal{M}}\boldsymbol{x}_{[k|k]}+\overline{\overline{\mathcal{M}}}\boldsymbol{X}_{[k]}+\overline{\overline{\mathcal{F}}}\boldsymbol{U}_{[k]}\leqslant\bar{\boldsymbol{\beta}} \tag{5.5.18a}$$

其中

$$\overline{\mathcal{M}}=\begin{bmatrix}\mathcal{M}_{(2n+2p)\times n}\\ \boldsymbol{0}_{(2n+2p)\times n}\\ \boldsymbol{0}_{2n\times n}\end{bmatrix}=\begin{bmatrix}0 & 0\\ 0 & 0\\ 0 & 0\\ 0 & 0\\ -1 & 0\\ 0 & -1\\ 1 & 0\\ 0 & 1\\ \hline 0 & 0\\ 0 & 0\\ 0 & 0\\ 0 & 0\\ 0 & 0\\ 0 & 0\\ 0 & 0\\ 0 & 0\\ \hline 0 & 0\\ 0 & 0\\ 0 & 0\\ 0 & 0\end{bmatrix}_{20\times 2}$$

$$\overline{\boldsymbol{\mathcal{M}}}=\begin{bmatrix}\mathbf{0}_{(2n+2p)\times n} & \mathbf{0}\\ \boldsymbol{\mathcal{M}}_{(2n+2p)\times n} & \mathbf{0}\\ \mathbf{0} & \boldsymbol{\mathcal{M}}_{N_{\mathrm{p}_{2n\times n}}}\end{bmatrix}=\left[\begin{array}{cc:cc}0&0&0&0\\0&0&0&0\\0&0&0&0\\0&0&0&0\\0&0&0&0\\0&0&0&0\\0&0&0&0\\0&0&0&0\\ \hline 0&0&0&0\\0&0&0&0\\0&0&0&0\\0&0&0&0\\-1&0&0&0\\0&-1&0&0\\1&0&0&0\\0&1&0&0\\ \hline 0&0&-1&0\\0&0&0&-1\\0&0&1&0\\0&0&0&1\end{array}\right]_{20\times 4}$$

$$\bar{\boldsymbol{\beta}}=\begin{bmatrix}\boldsymbol{\beta}_{(2n+2p)\times 1}\\ \boldsymbol{\beta}_{(2n+2p)\times 1}\\ \boldsymbol{\beta}_{N_{\mathrm{p}_{2n\times 1}}}\end{bmatrix}=\left[\begin{array}{c}\infty\\3\\\infty\\\infty\\\infty\\\infty\\\infty\\0\\ \hline \infty\\3\\\infty\\\infty\\\infty\\\infty\\\infty\\0\\ \hline \infty\\\infty\\\infty\\0\end{array}\right]_{20\times 1}\qquad \overline{\overline{\boldsymbol{\mathcal{F}}}}=\begin{bmatrix}\boldsymbol{\mathcal{F}}_{(2n+2p)\times p} & \mathbf{0}\\ \mathbf{0}_{(2n+2p)\times p} & \boldsymbol{\mathcal{F}}_{(2n+2p)\times p}\\ \mathbf{0} & \mathbf{0}_{2n\times p}\end{bmatrix}=\left[\begin{array}{cc:cc}-1&0&0&0\\0&-1&0&0\\0&0&0&0\\1&0&0&0\\0&1&0&0\\0&0&0&0\\0&0&0&0\\0&0&0&0\\ \hline 0&0&-1&0\\0&0&0&-1\\0&0&0&0\\0&0&1&0\\0&0&0&1\\0&0&0&0\\0&0&0&0\\0&0&0&0\\ \hline 0&0&0&0\\0&0&0&0\\0&0&0&0\\0&0&0&0\end{array}\right]_{20\times 4}\tag{5.5.18b}$$

为了便于读者理解上述大矩阵中的小矩阵的从属关系，我们对上述矩阵进行了“分块”标注。代入式(5.5.9)即可求得 $\boldsymbol{M}$、$\boldsymbol{b}$。这一部分内容也可以通过编写代码离线计算，并将其保存为一个新的模块**[F6]约束条件矩阵转换模块**，对应于代码中的 **F6_MPC_Matrices_Constraints.m**。这一模块可以将约束转化为标准形式，输出标准约束形式所需的 $\boldsymbol{M}$、$\boldsymbol{b}$ 和 $\bar{\boldsymbol{\beta}}$。

请参考代码 5.10：F6_MPC_Matrices_Constraints.m。

可以看到在引入约束后，随着预测区间 N_p 的增加，约束矩阵的维度会变得非常大。因此，在处理含有约束的问题时，我们需要慎重选择预测区间的长度。在下一节中，我们将讨论如何使用实时优化方法来处理这一问题。

在求解过程中也需要使用含约束的二次规划进行求解。可以将这一部分写成另一个模块**[F7]含约束二次规划求解模块**，对应于代码中的 **F7_MPC_Controller_withConstraints.m**。完整的含约束 MPC 控制器设计思路如图 5.5.1 所示。

请参考代码 5.11：F7_MPC_Controller_withConstraints.m。

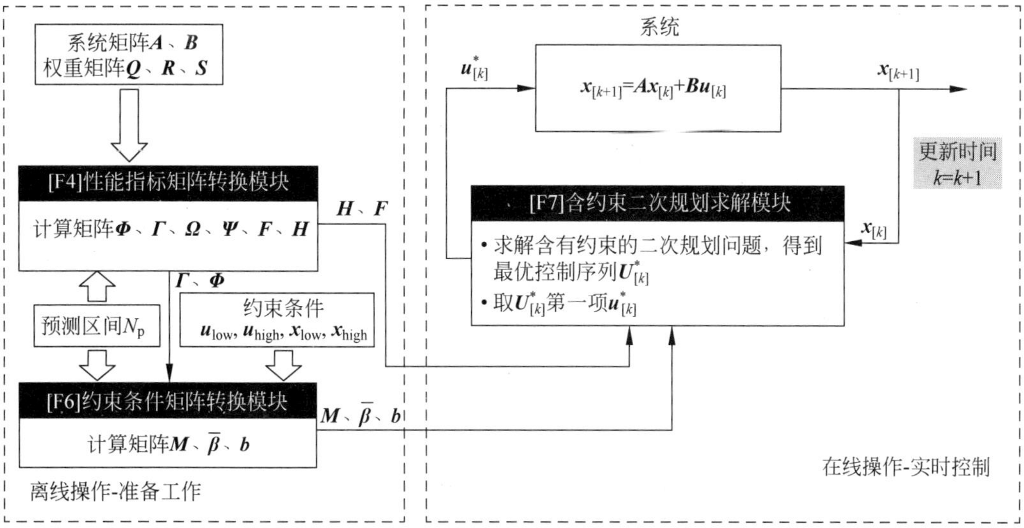

图 5.5.1　含约束 MPC 控制器设计思路

图 5.5.2 显示了**例 5.5.1** 的仿真结果，控制算法成功地将状态变量调节到了零点位置。作为对比，图 5.5.2(a)显示的是无约束的情况，可以看到状态变量 $x_{2_{[k]}}$ 的最大值超过了 0，且控制量 $u_{2_{[k]}}$ 的最小值小于－3。在加入约束条件后，控制策略发生了变化，状态变量和控制量都满足式(5.5.16)的约束条件。

值得注意的是，在对系统施加约束条件以后，$u_{1_{[k]}}$ 变大很多，这是因为本系统的输入之间以及状态之间都是耦合的，是联动的。因此在设定约束、选取性能指标时需要考虑到系统的可行性，以免约束设置过于严格，导致系统无法找到可行解。读者可以通过调整随书所附代码中的约束条件观察系统的响应，加深理解。

对于上述两个仿真结果，我们使用了同样的代码，对于无约束的案例，可以将约束条件设为

$$\begin{bmatrix} -\infty \\ -\infty \end{bmatrix} \leqslant \boldsymbol{x}_{[k]} \leqslant \begin{bmatrix} \infty \\ \infty \end{bmatrix} \tag{5.5.19a}$$

$$\begin{bmatrix} -\infty \\ -\infty \end{bmatrix} \leqslant \boldsymbol{u}_{[k]} \leqslant \begin{bmatrix} \infty \\ \infty \end{bmatrix} \tag{5.5.19b}$$

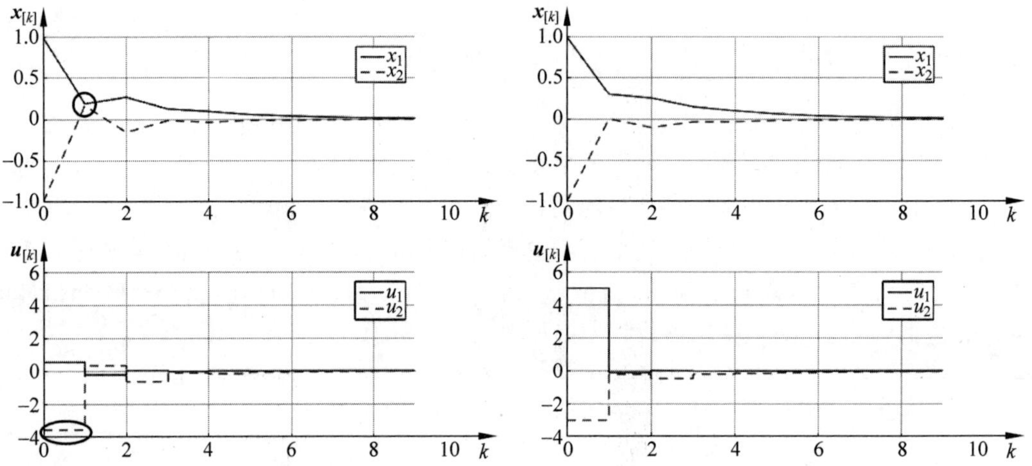

(a) 无约束　　(b) 含约束

图 5.5.2　例 5.5.1 仿真结果

> 请参考代码 5.12：MPC_2D.m。

5.5.3　案例分析——软约束与硬约束的讨论

在本小节中，我们将讨论软约束与硬约束对控制器设计以及系统表现的影响。在第 3 章曾经介绍过，硬约束是指系统必须严格满足的条件，在使用 MPC 控制器时，可以将它融入优化问题的求解过程中。软约束则相对灵活，可以通过调整性能指标中的权重系数来实现。当硬约束与软约束互相矛盾时，系统会调整在满足硬约束的条件下尽量满足软约束。

以 5.4.1 节的弹簧质量阻尼系统为例，观察图 5.4.2(b)，可以发现状态变量 $x_{1_{[k]}}$ 出现了超调，这一现象在 4.5.3 节中详细讨论过。因为当 $\boldsymbol{\delta u}_{[k]}$ 的权重矩阵 $\boldsymbol{R}$ 较大时，控制算法会倾向于将 $\boldsymbol{\delta u}_{[k]}$ 推向 $\boldsymbol{0}$。这就导致了 $\boldsymbol{u}_{[k]}$ 会尽可能地靠近 $\boldsymbol{u}_{\mathrm{d}}=[1]$。而常数输入 $\boldsymbol{u}_{\mathrm{d}}=[1]$ 会在零系统的情况下产生很大的超调量(见图 4.5.4)和振动。性能指标中 $\boldsymbol{\delta u}_{[k]}$ 的权重矩阵 $\boldsymbol{R}$ 相当于输入 $\boldsymbol{\delta u}_{[k]}$ 的软约束，$\boldsymbol{R}$ 越大，就会越限制 $\boldsymbol{\delta u}_{[k]}$ 的幅度，也就是限制 $\boldsymbol{u}_{[k]}$ 与 $\boldsymbol{u}_{\mathrm{d}}$ 之间的距离。

如果我们完全不希望在控制过程中产生超调量，可以为系统增加一个硬约束，即

$$\begin{bmatrix} 0 \\ -\infty \end{bmatrix} \leqslant \boldsymbol{x}_{[k]} \leqslant \begin{bmatrix} 1 \\ \infty \end{bmatrix} \tag{5.5.20}$$

这样便可以限制 $x_{1_{[k]}}$ 不超过 1，即没有超调。

这个问题就变成了带有约束的轨迹追踪问题。我们需要将前面所有的内容综合起来，其设计思路如图 5.5.3 所示。将[**F2**]**稳态非零控制矩阵转化模块**、[**F4**]**性能指标矩阵转换模块**、[**F6**]**约束条件矩阵转换模块**和[**F7**]**含约束二次规划求解模块**组合起来使用。

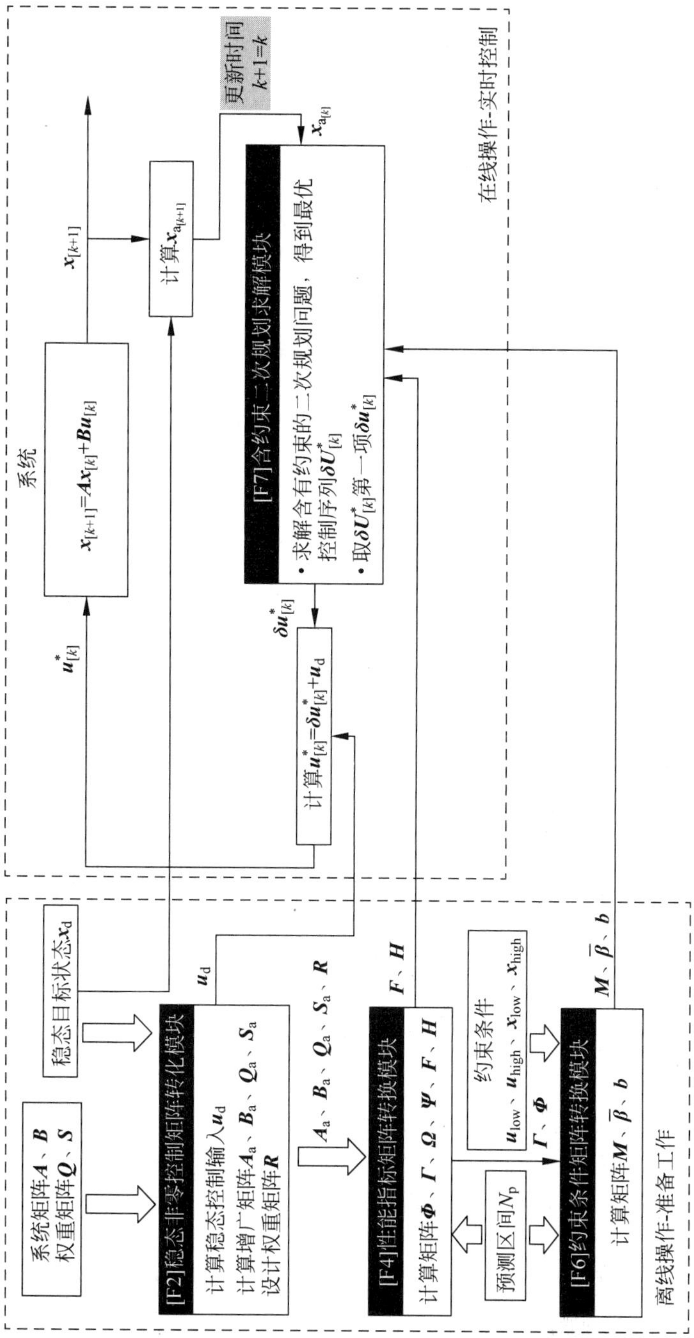

图 5.5.3 含约束 MPC 轨迹追踪控制器设计思路

通过这个案例可以发现，在处理复杂问题时，我们可以将其分解为几个简单的问题，并利用预先编写好的程序模块进行处理。这也是处理工程问题的一种非常有效的实践方法。

权重系数的选择仍为 $\boldsymbol{S}=\begin{bmatrix}1 & 0\\0 & 1\end{bmatrix}$，$\boldsymbol{Q}=\begin{bmatrix}1 & 0\\0 & 1\end{bmatrix}$，$\boldsymbol{R}=[1]$。系统的仿真结果如图 5.5.4 所示，观察图 5.5.4(a)可以发现新的控制器将硬约束考虑在内，成功地限制了 $x_{1_{[k]}}$ 最大超调；图 5.5.4(b)则是包含约束和不含约束的两组测试结果的对比(即图 5.5.4(a)与图 5.4.2(b)的对比，状态变量只考虑 $x_{1_{[k]}}$)，可以发现虽然性能指标中要求 $\boldsymbol{u}_{[k]}$ 尽量向 $\boldsymbol{u}_{\mathrm{d}}$ 靠拢(软约束要求)，但是加了约束条件的系统控制量仍然在较长时间内与 $\boldsymbol{u}_{\mathrm{d}}$ 保持一定距离，以此来满足没有超调量这一"硬约束"。

在实际控制系统设计中，平衡硬约束和软约束的权重是一个挑战，需要综合考虑系统的物理特性、安全要求和性能要求，通过适当的权重调整和控制策略设计，实现对系统有效控制的同时满足约束条件。例如在本例中，为了限制超调量，可以使用"硬约束"为 MPC 增加限制条件，也可以使用软约束，将 $\boldsymbol{\delta u}_{[k]}$ 的权重矩阵 $\boldsymbol{R}$ 调小(见图 5.4.2(a))。

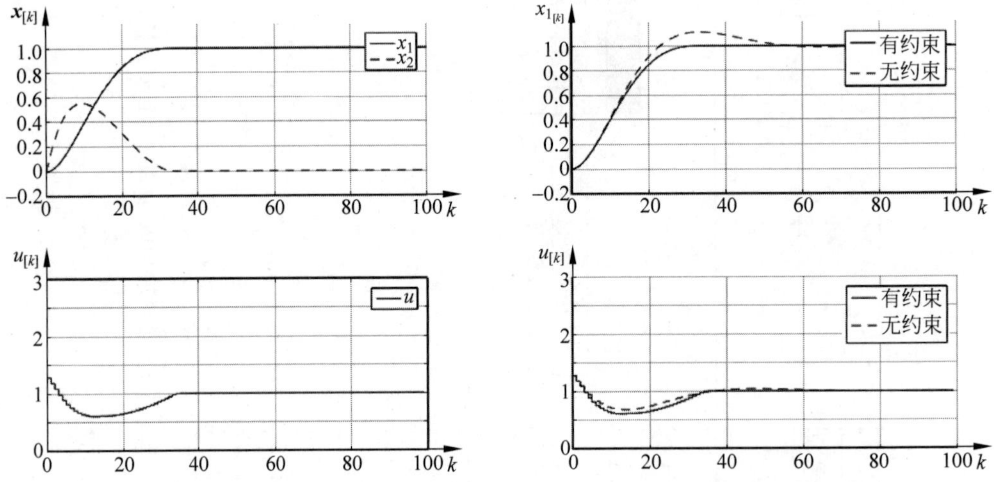

(a) 含约束情况　　(b) 与图5.4.2(b)的对比

图 5.5.4　含约束的弹簧阻尼系统控制仿真结果与对比

请参考代码 5.13：MPC_MSD_SS_U_withConstraints.m。

5.6　案例分析——无人机高度控制

图 5.5.3 给出了使用 MPC 控制器处理含有约束的轨迹追踪控制问题的设计思路，利用这一工具，我们可以解决在第 4 章 4.6 节无法处理的问题。在使用 LQR 处理无人机高度控制问题时遇到了两个问题：①无法对系统状态施加约束；②对系统输入的约束是在计算完成之后强制执行的。使用 MPC 控制器可以很好地解决这两个问题。

5.6.1 控制器的构建与结果分析

考虑与 4.6 节同样的问题，控制无人机从地面起飞并悬停在 10m 的高度。这是一个轨迹追踪问题，使用稳态非零参考点控制的方法，其增广系统的状态空间方程已经在 4.6.2 节中进行了详细介绍，即

$$\boldsymbol{x}_{a_{[k+1]}}=\boldsymbol{A}_a\boldsymbol{x}_{a_{[k]}}+\boldsymbol{B}_a\delta\boldsymbol{u}_{[k]} \tag{5.6.1}$$

在预测区间 N_p 内的性能指标为

$$J=\frac{1}{2}\boldsymbol{x}_{a_{[N]}}^{\mathrm{T}}\boldsymbol{S}_a\boldsymbol{x}_{a_{[N]}}+\frac{1}{2}\sum_{k=0}^{N_p-1}\left[\boldsymbol{x}_{a_{[k]}}^{\mathrm{T}}\boldsymbol{Q}_a\boldsymbol{x}_{a_{[k]}}+\delta\boldsymbol{u}_{[k]}^{\mathrm{T}}\boldsymbol{R}\delta\boldsymbol{u}_{[k]}\right] \tag{5.6.2}$$

具体参数请参考 4.6.1 节。

对系统加入约束条件，与 4.2 节一致，约束其加速度区间为 $[-3,2]$，高度区间为 $[0,10]$，速度区间为 $[0,3]$。在 4.6.2 节中曾经分析得出 $\delta\boldsymbol{u}_{[k]}$ 为加速度，因此可以得到系统的约束条件

$$[-3]\leqslant\delta\boldsymbol{u}_{[k]}\leqslant[2] \tag{5.6.3a}$$

$$0\leqslant x_{1_{[k]}}\leqslant 10 \tag{5.6.3b}$$

$$0\leqslant x_{2_{[k]}}\leqslant 3 \tag{5.6.3c}$$

使用增广矩阵，式(5.6.3b)和式(5.6.3c)转化为

$$\begin{bmatrix}0\\0\\-\infty\\-\infty\\-\infty\\-\infty\end{bmatrix}\leqslant\boldsymbol{x}_{a_{[k]}}\leqslant\begin{bmatrix}10\\3\\\infty\\\infty\\\infty\\\infty\end{bmatrix} \tag{5.6.3d}$$

在式(5.6.3d)中我们将不需要约束的条件都赋值正负无穷（实际上 $\boldsymbol{x}_{a_{[k]}}=[x_{1_{[k]}}\quad x_{2_{[k]}}\quad -g\quad 10\quad 0\quad -g]^{\mathrm{T}}$ 的后四项都是常数，只是为了构建增广矩阵，不随控制变化）。使用 5.5.2 节的方法可以将其转化为标准形式的二次型约束

$$\boldsymbol{M}\delta\boldsymbol{U}_{[k]}\leqslant\bar{\boldsymbol{\beta}}+\boldsymbol{b}\boldsymbol{x}_{a_{[k|k]}} \tag{5.6.4}$$

式(5.6.2)和式(5.6.4)组成了含有约束的二次规划问题，求解可得最优控制序列 $\delta\boldsymbol{U}_{[k]}^{*}$，选取其中的第一项 $\delta\boldsymbol{u}_{[k]}^{*}$，通过计算得到 $\boldsymbol{u}_{[k]}^{*}$ 并施加到系统中，即可控制无人机的飞行高度。在 $k+1$ 时刻，新的增广状态变量 $\boldsymbol{x}_{a_{[k]}}$ 将以反馈的形式输入式(5.6.2)和式(5.6.4)中，用于计算未来的最优控制量。

当预测区间 $N_p=20$ 时，仿真结果如图 5.6.1 所示。我们选取测试一的结果进行分析：与图 4.6.2(a)相比，可以观察到当使用含约束的 MPC 时，输入处于最高点($\boldsymbol{u}_{[k]}=[12]$)的时间要短，这是因为约束限制了无人机的最高速度不能超过 3m/s，所以无人机不可以一直保持加速的状态，在达到速度限制后就需要保持匀速。因此，在含有约束的情况下，无人机在达到最高速度后会更快地转向匀速状态。

当比较图 5.6.1(a)和第 4 章数值方法结果图 4.2.6 时，可以发现使用含约束的 MPC

进行计算时得到的结果已经非常接近使用数值方法求得的最优解。然而,两者之间存在着一些区别。首先,数值解法并没有考虑任何的输入能耗,而在 MPC 算法中,控制量输入是作为性能指标的一部分考虑的。其次,数值算法仅考虑无人机达到目标位置,并不考虑之后会发生什么;而在使用 MPC 时,由于它是滚动优化的方式,因此在达到目标位置后仍需要考虑使系统最终稳定,从而结果表现出无人机会缓慢地将加速度降低到 0,以保持系统的稳定性(即系统输入趋向于重力加速度常数 10)。这些因素导致了在相同问题下,MPC 和数值方法的结果可能存在细微差异。MPC 能够综合考虑输入能耗和系统稳定性,并通过滚动优化的方式进行动态调整,从而在实际应用中更加灵活和可靠。

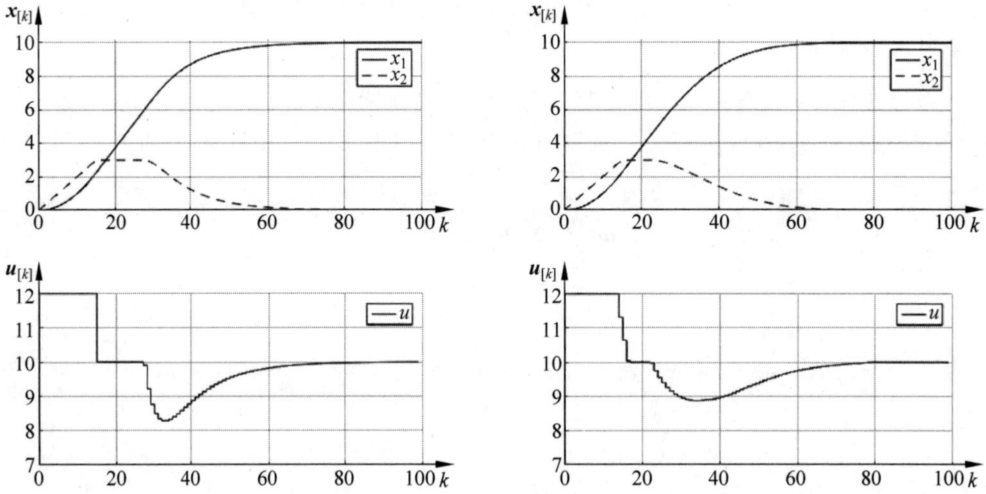

(a) 测试一: $\boldsymbol{S}=\begin{bmatrix}1&0&0\\0&1&0\\0&0&0\end{bmatrix}$, $\boldsymbol{Q}=\begin{bmatrix}1&0&0\\0&1&0\\0&0&0\end{bmatrix}$, $\boldsymbol{R}=[0.1]$

(b) 测试二: $\boldsymbol{S}=\begin{bmatrix}1&0&0\\0&1&0\\0&0&0\end{bmatrix}$, $\boldsymbol{Q}=\begin{bmatrix}1&0&0\\0&1&0\\0&0&0\end{bmatrix}$, $\boldsymbol{R}=[1]$

图 5.6.1 含约束 MPC 无人机高度控制

请参考代码 5.14: MPC_UAV.m。

5.6.2 预测区间的影响

在 MPC 中,预测区间是一个关键的设计参数。预测区间决定了控制器在未来多久的时间区间内进行优化和计划。选取合适的预测区间可以在性能和计算效率之间取得平衡。所以,预测区间的选择需要考虑以下几个因素。

- 控制性能:较长的预测区间可以提供更长期的系统预测,使控制器能够更好地响应系统的变化和扰动。这可以改善控制性能,减小误差,并更好地满足约束条件。
- 计算复杂度:较长的预测区间会导致计算复杂度增加,这是因为需要求解更大规模的矩阵。如果预测区间过长,计算时间可能会过长,不利于实时控制。
- 可行性:预测区间应足够长,以确保满足系统的约束条件。如果预测区间过短,可能无法满足约束条件,导致控制器无法生成可行的控制序列。

例如在上述无人机高度控制问题中,我们选择了预测区间 $N_p=20$,对应于 0.1s 的采样时间,相当于每一次在线计算都会预测无人机 2s 以后的表现。当选择较小的预测区间时,

如 $N_p=10$ 和 $N_p=5$，系统的表现如图 5.6.2 和图 5.6.3 所示。可以发现随着预测区间的缩小，系统的表现也开始不再理想，尤其是当预测区间 $N_p=5$ 时，这相当于只考虑无人机在 0.5s 之内的表现，导致控制器无法充分预测和适应未来的系统变化，使得系统的控制性能下降。

请读者自行调整程序中的预测区间，并体会不同预测区间对系统表现的影响。值得注意的是，当预测区间过大时，计算时间会显著增加。这是由于较长的预测区间会导致计算矩阵的规模变得庞大，需要更多的计算资源和时间来求解优化问题。因此在实际应用中，需要在计算复杂度和控制性能之间进行权衡，选择合适的预测区间以满足系统要求。

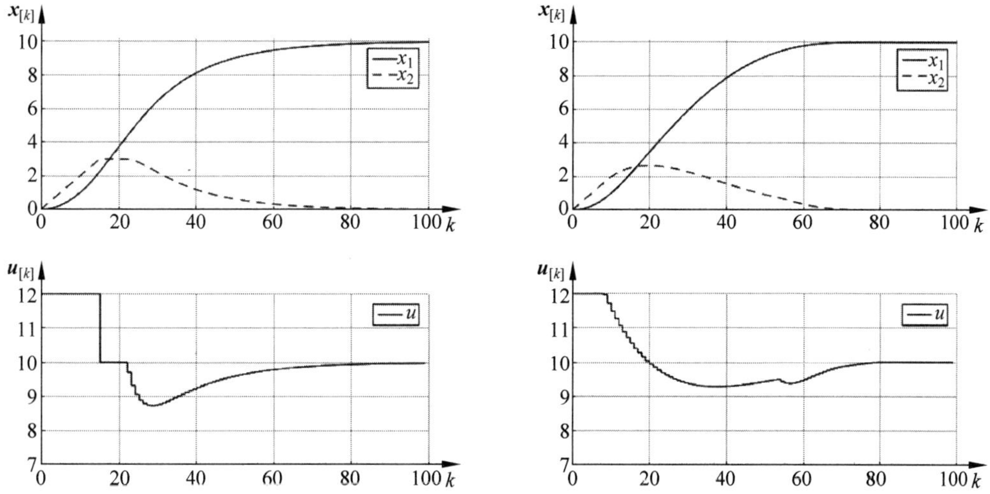

(a) 测试一：$\boldsymbol{S}=\begin{bmatrix}1&0&0\\0&1&0\\0&0&0\end{bmatrix}$，$\boldsymbol{Q}=\begin{bmatrix}1&0&0\\0&1&0\\0&0&0\end{bmatrix}$，$\boldsymbol{R}=[0.1]$　(b) 测试二：$\boldsymbol{S}=\begin{bmatrix}1&0&0\\0&1&0\\0&0&0\end{bmatrix}$，$\boldsymbol{Q}=\begin{bmatrix}1&0&0\\0&1&0\\0&0&0\end{bmatrix}$，$\boldsymbol{R}=[1]$

图 5.6.2　含约束 MPC 无人机高度控制（$N_p=10$）

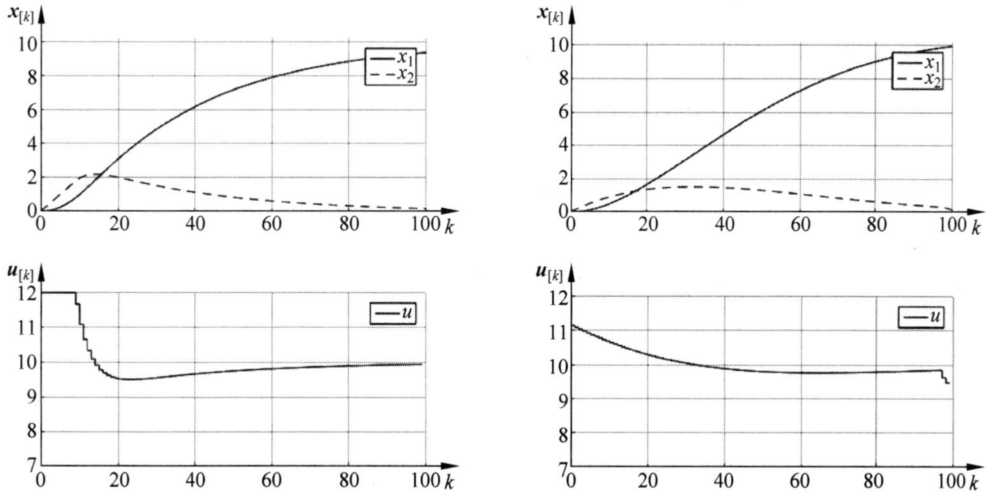

(a) 测试一：$\boldsymbol{S}=\begin{bmatrix}1&0&0\\0&1&0\\0&0&0\end{bmatrix}$，$\boldsymbol{Q}=\begin{bmatrix}1&0&0\\0&1&0\\0&0&0\end{bmatrix}$，$\boldsymbol{R}=[0.1]$　(b) 测试二：$\boldsymbol{S}=\begin{bmatrix}1&0&0\\0&1&0\\0&0&0\end{bmatrix}$，$\boldsymbol{Q}=\begin{bmatrix}1&0&0\\0&1&0\\0&0&0\end{bmatrix}$，$\boldsymbol{R}=[1]$

图 5.6.3　含约束 MPC 无人机高度控制（$N_p=5$）

5.6.3 采样时间的选择

在上一小节中，我们讨论了预测区间的选择，下面来讨论采样时间的选择。通过观察图 5.6.1 可以发现，对于本例中的无人机高度控制问题，在控制器的作用下，系统只需 8s 左右的时间就可以达到稳定的状态。因此我们不妨考虑一种极致的条件，直接将预测区间设定为 10s，这样便可以“完整”预测出无人机从初始状态到稳定状态的所有情况，由此得到的结果一定是理论上的最优值。当采样时间 $T_s=0.1\text{s}$ 时，这意味着预测区间需要 $N_p=100$，这将使得约束矩阵非常大，也将导致超长的运算时间。

以权重矩阵 $\boldsymbol{S}=\begin{bmatrix}1&0&0\\0&1&0\\0&0&0\end{bmatrix}$，$\boldsymbol{Q}=\begin{bmatrix}1&0&0\\0&1&0\\0&0&0\end{bmatrix}$，$\boldsymbol{R}=[0.1]$为例，测试结果如图 5.6.4(a)所示，其中第三幅图显示了每一步的耗时。需要说明的是，图 5.6.4(a)所示的结果是由本书作者使用的笔记本电脑(CPU：Intel i7，3GHz；RAM：16.0GB)运算得到的，对于不同的硬件，运算结果也会不同。

观察图 5.6.4(a)可以发现，随着系统状态逐渐接近稳定状态，运算耗时变得越来越小。这是因为当系统靠近平衡点时，约束条件的影响将逐渐减小，从而使优化问题的求解变得更加简单和高效。具体来说，当系统接近平衡时，约束条件的限制逐渐变得不那么紧密，使得控制序列的搜索空间变得更小，求解速度更快。

同时也可以观察到，这种算法只适用于仿真和实验，而无法直接应用于实际控制系统中。这是因为系统在开始阶段的计算时间远远超过了采样时间 $T_s=0.1\text{s}$，这将导致控制信号的计算结果还未得到时，系统已经处于下一个采样时刻。在实际应用中，我们需要更加高效的算法和硬件来满足实时性的要求，以确保控制信号能够及时应用于系统。

我们也可以适当地调整采样时间来提高系统的运算效率，例如将采样时间调整为 $T_s=0.5\text{s}$。当采样时间变大后，选择预测区间 $N_p=20$ 就可以预测无人机在 10s 以内的表现。这样的设计会使矩阵的维度显著减小，运算效率将有很大的提升，其仿真结果如图 5.6.4(b)所示。请注意图 5.6.4(a)与图 5.6.4(b)中的横坐标，由于采样时间不同，因此 k 的取值范围不同，但它们代表了同样的时间长度，同时第三幅图的纵坐标也不相同。读者在自己的计算机上运行时可以明显地感觉到两者的差距。

选用较长的采样时间会损失一些系统的表现，因为较长的采样时间意味着我们对系统的观测和控制更新的时间间隔更长，也就无法做出快速的控制响应。这就导致了系统响应延迟和精度降低。然而，从图 5.6.4(b)的第三幅图中我们可以观察到，控制器运算时间都在采样时间以内，这意味着这种算法在实际应用中是可行的。虽然系统的表现不如较短采样时间的情况，但在实际控制中，我们需要在计算效率和控制精度之间做出权衡。因此，根据具体应用的需求和系统的特性，选择合适的采样时间是至关重要的。

> “人无远虑，必有近忧。”如果只关注眼前或短期内的情况，就可能会错过长远的趋势。然而，如果“深虑”过远，就会影响当下的行动。我们需要在远见和眼下之间取得平衡。

> 请参考代码 5.15：MPC_UAV_ST_Analysis.m。

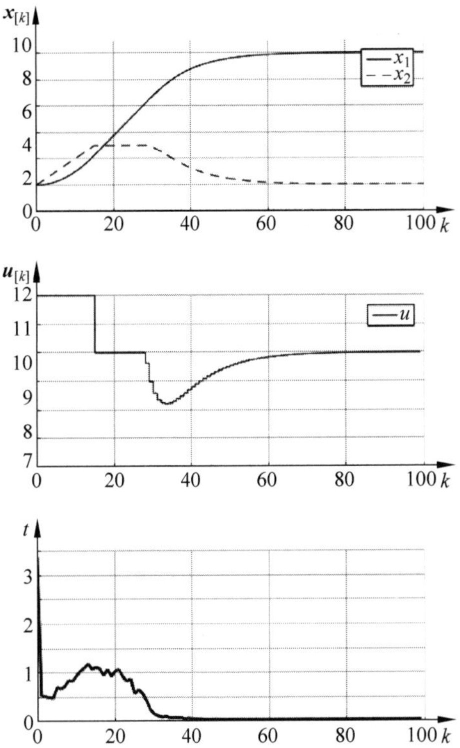

(a) $N_p=100,\ T_s=0.1$

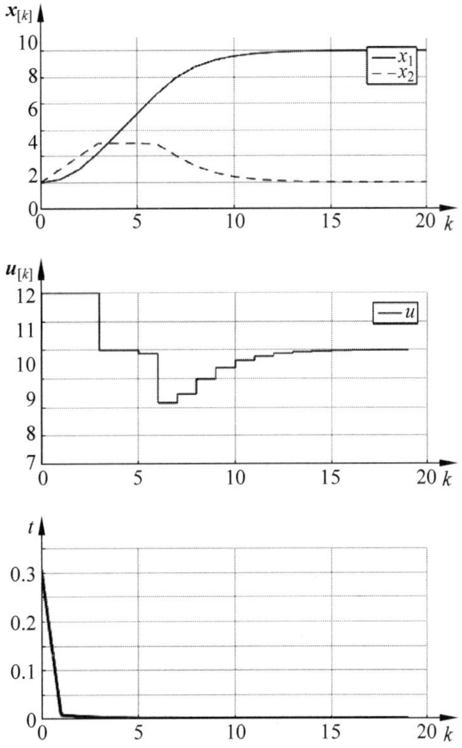

(b) $N_p=20,\ T_s=0.5$

图 5.6.4　不同采样时间、相同预测区间的运算时间比较

5.7　MPC 的发展方向讨论

值得一提的是，除了线性系统，MPC 还可以处理非线性系统。当处理非线性系统时，控制器的推导过程可能变得更加复杂，但核心的思想依然是相同的，即通过预测未来系统的行为并使用最优化方法来求解最优控制序列。在求解最优控制序列时，可以使用传统的非线性优化方法，如非线性规划（NLP）和非线性模型预测控制（NMPC）等。然而，需要注意的是，处理非线性系统时需要考虑计算复杂度和实时性的问题，因为非线性系统的预测和优化通常需要更多的计算资源和时间。

总之，MPC 是一种广泛应用于工业控制和自动化领域的控制策略。无论是线性还是非线性系统，MPC 的思想都是通过预测未来系统的行为并使用最优化方法来求解最优控制序列，以实现控制目标。有兴趣深入学习 MPC 的读者可以参考相关的文献和资料。MPC 未来的发展主要有以下几个方向。

- 非线性 MPC：MPC 最初是在线性系统中提出的，但是实际控制系统往往是非线性的。因此，如何将 MPC 应用到非线性系统中是未来研究的方向之一。研究人员正在探索使用非线性模型和优化算法来扩展 MPC 的适用范围，并解决非线性系统控制的问题。
- 大规模 MPC：目前，MPC 主要应用于小规模系统的控制，但是随着控制对象规模的增大，MPC 控制器需要处理更多的信息和更复杂的计算。因此，如何将 MPC 应用于大规模系统是一个重要的研究方向。研究人员正在探索分布式 MPC、并行计算和高效优化算法等技术，以应对大规模系统的控制挑战。

- 基于数据的 MPC：传统的 MPC 需要准确的系统模型，但是对于某些系统，其模型可能难以建立或者建立的模型存在不确定性。因此，如何基于数据进行 MPC 是未来研究的方向之一。研究人员正在研究数据驱动的建模和控制方法，以利用实时数据来改善 MPC 的性能和适用性。
- 多目标 MPC：传统的 MPC 只考虑单一的性能指标，但是在实际控制中，可能需要同时优化多个性能指标。例如，在某些控制问题中，除了追踪参考信号，还需要考虑能耗、安全性、鲁棒性等因素。因此，如何将多目标优化融入 MPC 中也是未来的研究方向之一。

5.8 本章重点公式总结

- 二次规划问题的一般形式：$\min\limits_{\boldsymbol{u}} J=\frac{1}{2}\boldsymbol{u}^{\mathrm{T}}\boldsymbol{H}\boldsymbol{u}+\boldsymbol{u}^{\mathrm{T}}\boldsymbol{f}$；约束条件：$\begin{cases}\boldsymbol{M}\boldsymbol{u}\leqslant\boldsymbol{b}\\ \boldsymbol{M}_{\mathrm{eq}}\boldsymbol{u}=\boldsymbol{b}_{\mathrm{eq}}\\ \mathbf{LB}\leqslant\boldsymbol{u}\leqslant\mathbf{UB}\end{cases}$
- 线性系统无约束调节问题转化

	无约束 MPC 二次规划转化过程
系统方程	$\boldsymbol{x}_{[k+1]}=\boldsymbol{A}\boldsymbol{x}_{[k]}+\boldsymbol{B}\boldsymbol{u}_{[k]}$
性能指标	$J=\frac{1}{2}\boldsymbol{x}_{[k+N_{\mathrm{p}}\mid k]}^{\mathrm{T}}\boldsymbol{S}\boldsymbol{x}_{[k+N_{\mathrm{p}}\mid k]}+\frac{1}{2}\sum_{i=0}^{N_{\mathrm{p}}-1}\left[\boldsymbol{x}_{[k+i\mid k]}^{\mathrm{T}}\boldsymbol{Q}\boldsymbol{x}_{[k+i\mid k]}+\boldsymbol{u}_{[k+i\mid k]}^{\mathrm{T}}\boldsymbol{R}\boldsymbol{u}_{[k+i\mid k]}\right]$
预测区间、状态序列、输入序列定义	预测区间：N_{p}；状态序列：$\boldsymbol{X}_{[k]}\triangleq\begin{bmatrix}\boldsymbol{x}_{[k+1\mid k]}\\ \boldsymbol{x}_{[k+2\mid k]}\\ \vdots\\ \boldsymbol{x}_{[k+N_{\mathrm{p}}\mid k]}\end{bmatrix}_{(nN_{\mathrm{p}})\times 1}$ 输入序列：$\boldsymbol{U}_{[k]}\triangleq\begin{bmatrix}\boldsymbol{u}_{[k\mid k]}\\ \boldsymbol{u}_{[k+1\mid k]}\\ \vdots\\ \boldsymbol{u}_{[k+N_{\mathrm{p}}-1\mid k]}\end{bmatrix}_{(pN_{\mathrm{p}})\times 1}$
系统方程转换	$\boldsymbol{X}_{[k]}=\boldsymbol{\Phi}\boldsymbol{x}_{[k\mid k]}+\boldsymbol{\Gamma}\boldsymbol{U}_{[k]}$；$\boldsymbol{\Phi}=\begin{bmatrix}\boldsymbol{A}_{n\times n}\\ \boldsymbol{A}^{2}\\ \vdots\\ \boldsymbol{A}^{N}\end{bmatrix}_{(nN_{\mathrm{p}})\times n}$ $\boldsymbol{\Gamma}=\begin{bmatrix}\boldsymbol{B} & \mathbf{0} & \cdots & \mathbf{0}\\ \boldsymbol{A}\boldsymbol{B} & \boldsymbol{B} & \cdots & \mathbf{0}\\ \vdots & \vdots & \ddots & \vdots\\ \boldsymbol{A}^{N_{\mathrm{p}}-1}\boldsymbol{B} & \boldsymbol{A}^{N_{\mathrm{p}}-2}\boldsymbol{B} & \cdots & \boldsymbol{B}\end{bmatrix}_{(nN_{\mathrm{p}})\times(pN_{\mathrm{p}})}$

续表

	无约束 MPC 二次规划转化过程
性能指标转换为二次规划标准形式	$\mathrm{J}=\boldsymbol{U}_{[k]}^{\mathrm{T}}\boldsymbol{F}\boldsymbol{x}_{[k\mid k]}+\frac{1}{2}\boldsymbol{U}_{[k]}^{\mathrm{T}}\boldsymbol{H}\boldsymbol{U}_{[k]}$ $\boldsymbol{F}\triangleq\boldsymbol{\Gamma}^{\mathrm{T}}\boldsymbol{\Omega}\boldsymbol{\Phi}$；$\boldsymbol{H}\triangleq\boldsymbol{\Gamma}^{\mathrm{T}}\boldsymbol{\Omega}\boldsymbol{\Gamma}+\boldsymbol{\Psi}$ $\boldsymbol{\Omega}\triangleq\begin{bmatrix}\boldsymbol{Q} & \cdots & \boldsymbol{0}\\ \vdots & \boldsymbol{Q} & \vdots\\ \boldsymbol{0} & \cdots & \boldsymbol{S}\end{bmatrix}_{(nN_{\mathrm{p}})\times(nN_{\mathrm{p}})}$；$\boldsymbol{\Psi}\triangleq\begin{bmatrix}\boldsymbol{R} & \cdots & \boldsymbol{0}\\ \vdots & \ddots & \vdots\\ \boldsymbol{0} & \cdots & \boldsymbol{R}\end{bmatrix}_{(pN_{\mathrm{p}})\times(pN_{\mathrm{p}})}$
求解	线性无约束问题解析解： $\boldsymbol{U}_{[k]}^{*}=-\boldsymbol{H}^{-1}\boldsymbol{F}\boldsymbol{x}_{[k\mid k]}$；$\boldsymbol{u}_{[k\mid k]}^{*}=\begin{bmatrix}\boldsymbol{I}_{p\times p} & \boldsymbol{0} & \cdots & \boldsymbol{0}\end{bmatrix}_{1\times(p\times N)}\boldsymbol{U}_{[k]}^{*}$ $=-\begin{bmatrix}\boldsymbol{I}_{p\times p} & \boldsymbol{0} & \cdots & \boldsymbol{0}\end{bmatrix}\boldsymbol{H}^{-1}\boldsymbol{F}\boldsymbol{x}_{[k\mid k]}$ 软件求解：quadprog 命令

- 轨迹追踪问题：参考第 4 章
- 线性含约束模型预测控制转化(二次规划转换与无约束情况一致，下表仅总结约束条件转换)

	一般形式	上下限形式
约束条件	$\mathcal{M}_{[k+i]_{m\times n}}\boldsymbol{x}_{[k+i]_{n\times 1}}+$ $\mathcal{F}_{[k+i]_{m\times p}}\boldsymbol{u}_{[k+i]_{p\times 1}}\leqslant$ $\boldsymbol{\beta}_{[k+i]_{m\times 1}}$ $\mathcal{M}_{N_{\mathrm{p}_{l\times n}}}\boldsymbol{x}_{[k+N_{\mathrm{p}}]n\times 1}\leqslant\boldsymbol{\beta}_{N_{\mathrm{p}_{l\times 1}}}$	$\boldsymbol{u}_{\mathrm{low}}\leqslant\boldsymbol{u}_{[k]}\leqslant\boldsymbol{u}_{\mathrm{high}}$ $\boldsymbol{x}_{\mathrm{low}}\leqslant\boldsymbol{x}_{[k]}\leqslant\boldsymbol{x}_{\mathrm{high}}$ 转化为一般形式： $\mathcal{M}=\begin{bmatrix}\boldsymbol{0}_{p\times n}\\ \boldsymbol{0}_{p\times n}\\ -\boldsymbol{I}_{n\times n}\\ \boldsymbol{I}_{n\times n}\end{bmatrix}_{(2n+2p)\times n}$　$\mathcal{F}=\begin{bmatrix}-\boldsymbol{I}_{p\times p}\\ \boldsymbol{I}_{p\times p}\\ \boldsymbol{0}_{n\times p}\\ \boldsymbol{0}_{n\times p}\end{bmatrix}_{(2n+2p)\times p}$ $\boldsymbol{\beta}=\begin{bmatrix}-\boldsymbol{u}_{\mathrm{low}}\\ \boldsymbol{u}_{\mathrm{high}}\\ -\boldsymbol{x}_{\mathrm{low}}\\ \boldsymbol{x}_{\mathrm{high}}\end{bmatrix}_{(2n+2p)\times 1}$　$\mathcal{M}_{N_{\mathrm{p}}}=\begin{bmatrix}-\boldsymbol{I}_{n\times n}\\ \boldsymbol{I}_{n\times n}\end{bmatrix}_{2n\times n}$ $\boldsymbol{\beta}_{N_{\mathrm{p}}}=\begin{bmatrix}-\boldsymbol{x}_{\mathrm{low}}\\ \boldsymbol{x}_{\mathrm{high}}\end{bmatrix}_{2n\times 1}$ 转化后维度：$m=2n+2p$；$l=2n$

	表达式
过渡矩阵	$\overline{\boldsymbol{\mathcal{M}}} \triangleq \begin{bmatrix} \boldsymbol{\mathcal{M}}_{m\times n} \\ \mathbf{0}_{m\times n} \\ \vdots \\ \mathbf{0}_{l\times n} \end{bmatrix}_{(mN_\mathrm{p}+l)\times n}$；$\overline{\overline{\boldsymbol{\mathcal{M}}}} \triangleq \begin{bmatrix} \mathbf{0}_{m\times n} & \cdots & \cdots & \mathbf{0} \\ \boldsymbol{\mathcal{M}}_{[k+1]_{m\times n}} & \mathbf{0} & \cdots & \vdots \\ \mathbf{0}_{m\times n} & \boldsymbol{\mathcal{M}}_{[k+2]} & \mathbf{0} & \vdots \\ \vdots & \mathbf{0} & \ddots & \mathbf{0} \\ \mathbf{0}_{l\times n} & \cdots & \mathbf{0} & \boldsymbol{\mathcal{M}}_{N_{\mathrm{p}_{l\times n}}} \end{bmatrix}_{(mN_\mathrm{p}+l)\times(nN_\mathrm{p})}$ $\overline{\overline{\boldsymbol{\mathcal{F}}}} \triangleq \begin{bmatrix} \boldsymbol{\mathcal{F}}_{[k]_{m\times p}} & \mathbf{0} & \cdots & \mathbf{0} \\ \mathbf{0}_{m\times p} & \boldsymbol{\mathcal{F}}_{[k+1]} & \cdots & \vdots \\ \vdots & \mathbf{0} & \ddots & \mathbf{0} \\ \vdots & \cdots & \mathbf{0} & \boldsymbol{\mathcal{F}}_{[k+N_\mathrm{p}-1]} \\ \mathbf{0}_{l\times p} & \cdots & \cdots & \mathbf{0}_{l\times p} \end{bmatrix}_{(mN_\mathrm{p}+l)\times(pN_\mathrm{p})}$；$\overline{\boldsymbol{\beta}} \triangleq \begin{bmatrix} \boldsymbol{\beta}_{[k]_{m\times 1}} \\ \boldsymbol{\beta}_{[k+1]_{m\times 1}} \\ \vdots \\ \boldsymbol{\beta}_{[k+N_\mathrm{p}]_{l\times 1}} \end{bmatrix}_{(mN_\mathrm{p}+l)\times 1}$
转化为标准约束形式	$\boldsymbol{M}\boldsymbol{U}_{[k]} \leqslant \overline{\boldsymbol{\beta}} + \boldsymbol{b}\boldsymbol{x}_{[k\mid k]}$ $\boldsymbol{M} \triangleq \overline{\overline{\boldsymbol{\mathcal{M}}}}\boldsymbol{\Gamma} + \overline{\overline{\boldsymbol{\mathcal{F}}}}$ $\boldsymbol{b} \triangleq -(\overline{\boldsymbol{\mathcal{M}}}_{[k]} + \overline{\overline{\boldsymbol{\mathcal{M}}}}\boldsymbol{\Phi})$
求解	与无约束问题联立： $J = \boldsymbol{U}_{[k]}^{\mathrm{T}}\boldsymbol{F}\boldsymbol{x}_{[k\mid k]} + \frac{1}{2}\boldsymbol{U}_{[k]}^{\mathrm{T}}\boldsymbol{H}\boldsymbol{U}_{[k]}$；$\boldsymbol{M}\boldsymbol{U}_{[k]} \leqslant \overline{\boldsymbol{\beta}} + \boldsymbol{b}\boldsymbol{x}_{[k\mid k]}$ 软件求解：quadprog 命令

卡尔曼滤波器

卡尔曼滤波器(Kalman filter)是一种最优化的、递归的、数字处理的算法。它兼具滤波器和观测器的特性。在某些应用中,卡尔曼滤波器主要用于对系统状态的估计和预测,因此被视为状态观测器;在其他应用中,卡尔曼滤波器主要用于对噪声信号的滤波和去噪,因此被视为信号滤波器。

卡尔曼滤波器的应用范围非常广泛,主要是因为在我们的生活和工作中存在着大量的不确定性。这些不确定性主要体现在三个方面。首先,现实世界中的物理系统往往很难建立完美的数学模型,因此需要一些估计方法来对系统状态进行推断。其次,系统的扰动常常是不可控的,也很难建模。这种扰动可能是来自环境的不确定性,也可能是系统自身的不确定性。最后,测量传感器本身存在着误差,这也会给系统状态的估计带来困难。

卡尔曼滤波器通过将多个传感器或测量器的数据进行融合,利用概率论和线性系统理论对状态进行估计和预测,从而有效地解决了上述不确定性带来的问题。它能够根据先验知识和测量信息来递归地更新状态估计,并提供对未来状态的最优预测。

本章的学习目标包括:

- 理解数据融合和递归算法的基本理念:学习如何将多个传感器的数据进行融合,以及递归算法的基本思想和原理。
- 掌握基础的概率论知识,如期望与方差、正态分布、协方差以及协方差矩阵等。
- 掌握线性卡尔曼滤波器的推导过程,理解卡尔曼滤波器的使用方法以及各参数的含义。
- 掌握卡尔曼滤波器与控制器结合使用的方法,实现对系统的状态估计和控制。
- 理解扩展卡尔曼滤波器的工作原理并掌握其使用方法,掌握如何使用扩展卡尔曼滤波器处理非线性系统。

6.1 递归算法与数据融合

卡尔曼滤波器结合了递归算法和数据融合的思想,下面通过具体的例子来直观地说明这两个概念。如图 6.1.1 所示,一台无人机使用压力传感器(气压计)来测量高度。$z_{[k]}$表示测量的结果,下标 k 代表第 k 次测量。在实际情况中,由于测量过程中存在随机误差,每次测量的结果都会有所不同。

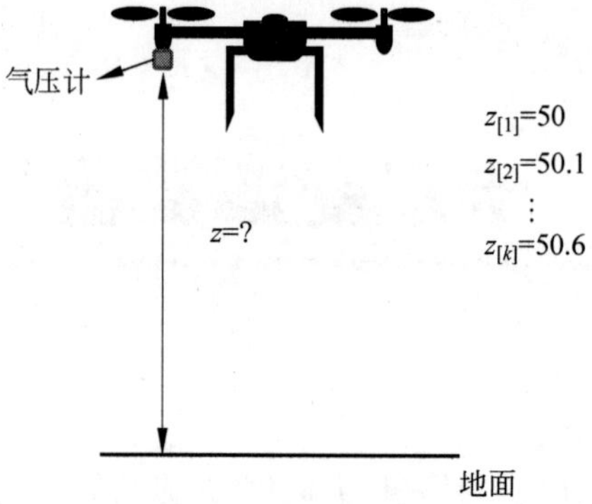

图 6.1.1 测量举例

为了消除测量误差的影响,我们可以通过多次测量无人机高度,并对这些测量值求平均值来获得一个更可靠的结果。在通过多次测量取平均值的过程中,由于每次测量的误差可能是随机的,并且正负偏差可能互相抵消,平均值将更接近真实值。用多次测量的平均值作为估计结果,即

$$\hat{z}_{[k]}=\frac{1}{k}(z_{[1]}+z_{[2]}+\cdots+z_{[k]}) \tag{6.1.1}$$

其中,$\hat{z}_{[k]}$代表经过 k 次测量后的估计值,"^"代表估计,它是前 k 次测量的平均数。式(6.1.1)是我们在日常生活中使用最多的求平均值的方法。它存在两个缺陷:第一,每一次运算都需要做 k 次加法和 1 次乘法,随着 k 的增加,加法计算量会逐步增大;第二,每一次的测量结果都需要保留,k 次测量就需要存储 k 组结果,占用存储空间。因此,可以对式(6.1.1)稍加改进,得到

$$\begin{aligned}\hat{z}_{[k]}&=\frac{1}{k}(z_{[1]}+z_{[2]}+\cdots+z_{[k]})\\&=\frac{1}{k}(z_{[1]}+z_{[2]}+\cdots+z_{[k-1]})+\frac{1}{k}z_{[k]}\\&=\frac{k-1}{k}\left[\frac{1}{k-1}(z_{[1]}+z_{[2]}+\cdots+z_{[k-1]})\right]+\frac{1}{k}z_{[k]}\end{aligned} \tag{6.1.2a}$$

其中,$\frac{1}{k-1}(z_{[1]}+z_{[2]}+\cdots+z_{[k-1]})=\hat{z}_{[k-1]}$是 $k-1$ 次测量后的平均值,代入式(6.1.2a)可得

$$\begin{aligned}\hat{z}_{[k]}&=\frac{k-1}{k}\hat{z}_{[k-1]}+\frac{1}{k}z_{[k]}\\&=\hat{z}_{[k-1]}-\frac{1}{k}\hat{z}_{[k-1]}+\frac{1}{k}z_{[k]}\\&=\hat{z}_{[k-1]}+\frac{1}{k}(z_{[k]}-\hat{z}_{[k-1]})\end{aligned} \tag{6.1.2b}$$

式(6.1.2b)是多次测量后平均值的另一种表达形式。

对比式(6.1.1),式(6.1.2b)只需要进行两次加法运算和一次乘法运算,可以快速地进行实时运算。同时,在每一次计算后,它只需要保留上一次的估计值 $\hat{z}_{[k-1]}$ 和当前次数 k,这将大大减少硬件存储空间的使用。这种通过上一次估计值推断当前估计值的算法被称为**递归算法**(**recursive algorithm**)。

观察式(6.1.2b),当测量次数 k 很大时,$\hat{z}_{[k]} \approx \hat{z}_{[k-1]}$,新的测量结果对估计值的影响就变得很小。这是因为针对"重复测量取平均值"这一算法,多次测量已经积累了足够的信心,后续的测量就不再重要。反之,在最初的几次测量中(当 k 较小时),测量值与上一次估计值之间的差就会对新的估计值产生较大的影响。定义式(6.1.2b)中的 $\frac{1}{k} \triangleq K_{[k]}$,式(6.1.2b)可以写成

$$\hat{z}_{[k]} = \hat{z}_{[k-1]} + K_{[k]}(z_{[k]} - \hat{z}_{[k-1]}) \tag{6.1.3}$$

此时的 $K_{[k]}$ 是一个调整系数,在本例中 $K_{[k]} \in [0,1]$,且随着 k 的增加而减小。式(6.1.3)体现了**数据融合**(**data fusion**)的思想,通过调整系数将测量值与上一次的估计值融合在一起。

6.2 概率论初步,数据融合与协方差矩阵

卡尔曼滤波器是一种基于概率的计算方法,用于处理系统中的不确定性。本节将介绍一些基础的概率论知识。理解这些概率论的概念,可以帮助我们更好地理解和应用卡尔曼滤波器算法。

6.2.1 连续型随机变量的期望与方差

卡尔曼滤波器所研究的多为连续信号,因此涉及的随机变量也多为连续型随机变量。对于连续型随机变量 X,用 $f_X(x)$ 代表其概率密度函数,对其取定积分可以得到随机变量 X 在某一区间内的概率。例如,$a \leqslant X \leqslant b$ 的概率为

$$P(a \leqslant X \leqslant b) = \int_a^b f_X(x)\mathrm{d}x \tag{6.2.1}$$

随机变量 X 的**期望**(**expected value**)定义为

$$E(X) = \int_{-\infty}^{\infty} x f_X(x)\mathrm{d}x \tag{6.2.2}$$

它代表了对随机变量的数值进行平均运算。期望的运算是线性运算,存在以下几个重要性质。

$$E(a) = a, \quad a \text{ 为常数} \tag{6.2.3a}$$

$$E(aX) = aE(X), \quad a \text{ 为常数} \tag{6.2.3b}$$

$$E(X+Y) = E(X) + E(Y), \quad X、Y \text{ 是两个随机变量} \tag{6.2.3c}$$

$$E(XY) = E(X)E(Y), \quad X、Y \text{ 是两个相互独立的随机变量} \tag{6.2.3d}$$

随机变量 X 的**方差**(**variance**)被定义为

$$\mathrm{Var}(X) = \int_{-\infty}^{\infty} (X - E(X))^2 f_X(x)\mathrm{d}x \tag{6.2.4a}$$

根据式(6.2.2)和式(6.2.4a)可以发现，X 的方差就是$(X-E(X))^2$ 的期望，即

$$\mathrm{Var}(X)=E((X-E(X))^2) \tag{6.2.4b}$$

因此，方差描述了随机变量 X 的离散程度，方差小意味着随机变量的概率密度集中在期望 $E(X)$附近，反之亦然。根据期望的线性性质式(6.2.3b)和式(6.2.3c)，可以得到

$$\begin{aligned}\mathrm{Var}(X)&=E((X-E(X))^2)=E(X^2-2XE(X)+E(X)^2)\\&=E(X^2)-2E(XE(X))+E(X)^2=E(X^2)-2E(X)E(X)+E(X)^2\\&=E(X^2)-E(X)^2\end{aligned} \tag{6.2.5}$$

方差的性质有

$$\mathrm{Var}(a)=0,\quad a\ 为常数 \tag{6.2.6a}$$

$$\mathrm{Var}(aX)=a^2\mathrm{Var}(X),\quad a\ 为常数 \tag{6.2.6b}$$

$$\mathrm{Var}(X+Y)=\mathrm{Var}(X)+2E(X-E(X))(Y-E(Y))+\mathrm{Var}(Y),\quad X、Y\ 是两个随机变量 \tag{6.2.6c}$$

$$\mathrm{Var}(X+Y)=\mathrm{Var}(X)+\mathrm{Var}(Y),\quad X、Y\ 是两个相互独立的随机变量 \tag{6.2.6d}$$

针对期望和方差的性质，请读者比较式(6.2.6)与式(6.2.3)之间的区别。

标准差(**standard deviation**)是方差的算术平方根，定义为$\sigma_X=\sqrt{\mathrm{Var}(X)}$，因此 X 的方差也可以写成 $\mathrm{Var}(X)=\sigma_X^2$。

6.2.2 正态分布

正态分布(**normal distribution**)也称为高斯分布，它是自然界中普遍存在的一种分布方式，大部分随机过程中产生的误差都服从或者接近于正态分布。如果一个随机变量 X 服从正态分布，它可以表达为 $X\sim N(\mu,\sigma^2)$，其中 $\mu=E(X)$代表期望，$\sigma^2=\mathrm{Var}(X)$代表方差。其概率密度在图中呈一条"钟形"曲线，集中在期望附近，如图 6.2.1 所示。在正态分布下，一个标准差带宽内($\mu\pm\sigma$)的概率为 68.27%，在三个标准差带宽内($\mu\pm3\sigma$)的概率为 99.73%，通过计算数据的均值和标准差，我们可以了解变量的集中趋势和离散程度。

其概率密度为

$$f_X(x)=\frac{1}{\sqrt{2\pi\sigma^2}}\mathrm{e}^{-\frac{(x-\mu)^2}{2\sigma^2}} \tag{6.2.7}$$

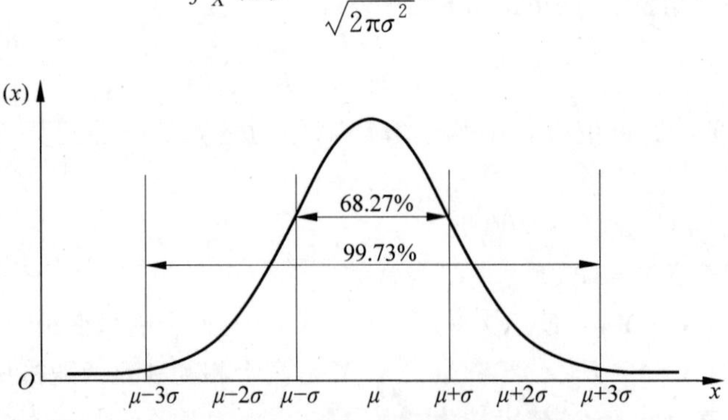

图 6.2.1 正态分布概率密度

6.2.3 测量误差融合案例

在工程中，测量误差会被考虑为服从正态分布。基于这一思想，可以将多个带有误差的测量数据融合在一起，得到一个相对准确的测量值。考虑上述无人机高度测量的例子，如果我们在气压计之外增加一个超声波传感器，如图 6.2.2 所示，假如通过气压计测得的高度 $z_1=50\text{m}$，通过超声波传感器测得的高度 $z_2=52\text{m}$，下面将讨论如何科学地将两者融合在一起并得到一个理论上最优的估计值。

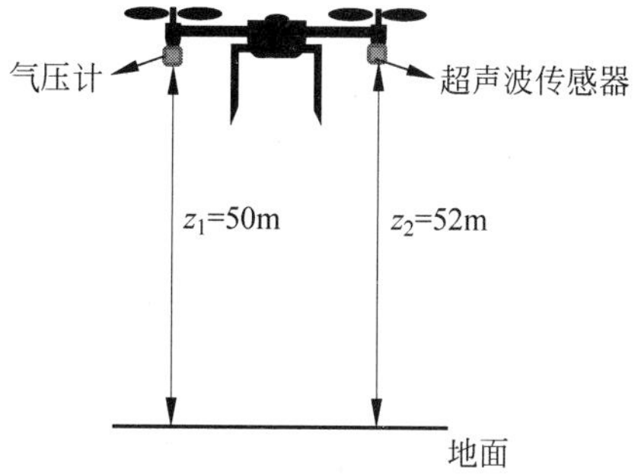

图 6.2.2 数据融合案例

设想这两种传感器的测量精度完全一样，那么可以简单地取它们的平均值作为估计值，即 $\hat{z}=\frac{1}{2}(z_1+z_2)=51\text{m}$。而在现实生活中，每一个传感器都有自己的精度范围，测量时产生的随机误差也不相同。定义这两个传感器的误差分别为

$$e_1=z_a-z_1 \tag{6.2.8a}$$

$$e_2=z_a-z_2 \tag{6.2.8b}$$

其中，z_a 是无人机在 k 时刻的真实高度值(下标 a 代表 actual)。在本例中，我们假设气压计的测量误差服从正态分布 $e_1\sim N(0,\sigma_{e_1}^2)$，其中期望 $E(e_1)=0$，标准差 $\sigma_{e_1}=1\text{m}$，当使用气压计的测量结果 $z_1=50\text{m}$ 时，其真实结果的概率分布如图 6.2.3(a)所示，真实值有 99.73%的可能性会落在±3 个误差的标准差之内，即 47m 与 53m 之间。同理，假设超声波

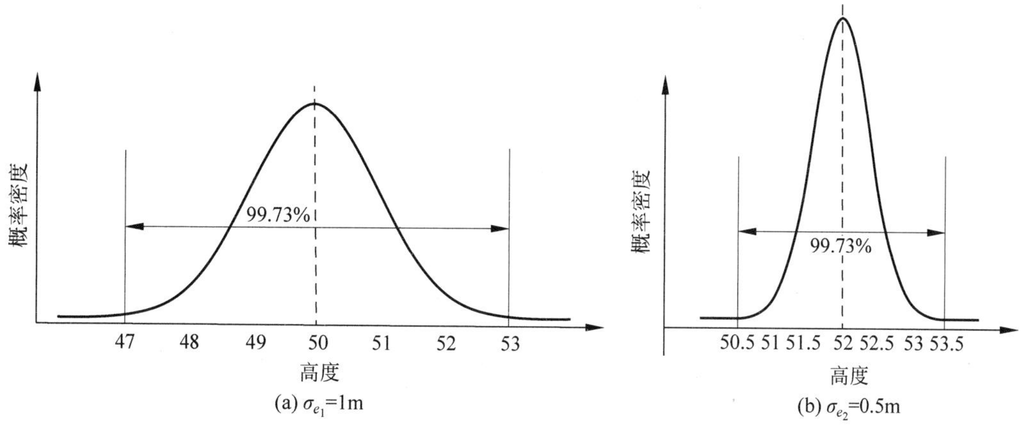

图 6.2.3 气压计与超声波传感器的测量结果概率分布

传感器的测量误差服从正态分布 $e_2 \sim N(0,\sigma_{e_2}^2)$，其中期望 $E(e_2)=0$，标准差 $e_2=0.5\mathrm{m}$，通过它测量的真实结果概率分布如图 6.2.3(b)所示。由于超声波传感器测量误差的标准差比较小($\sigma_{e_2}<\sigma_{e_1}$)，所以它在图中所形成的钟形曲线比气压计的曲线更加“修长”，真实值更大概率地集中在测量值 $z_2=52\mathrm{m}$ 周围。

下一步就是将这两条曲线通过某种方式融合，形成一个误差标准差更小(更加细长的钟形曲线)的估计值。参考式(6.1.3)，一个通用的数据融合算法可以写成

$$\hat{z}=z_1+K(z_2-z_1) \tag{6.2.9}$$

其中，$K\in[0,1]$。在式(6.2.9)中，如果测量结果 z_1 的精度远远高于 z_2(误差小，即 $\sigma_{e_1}\ll\sigma_{e_2}$)，可以令参数 $K=0$，此时的估计值 $\hat{z}=z_1$。相反，如果测量结果 z_1 的精度远远低于 z_2(即 $\sigma_{e_1}\gg\sigma_{e_2}$)，可令参数 $K=1$，此时的估计值 $\hat{z}=z_2$。当 $K=0.5$ 时，则取两者的平均值。在本例中，$(\sigma_{e_1}=1)>(\sigma_{e_2}=0.5)$，因此 K 的取值应该是一个大于 0.5 的数值，这会使得计算结果偏向于 z_2。

为了求解最优的参数 K，定义估计误差为

$$\hat{e}=z_\mathrm{a}-\hat{z} \tag{6.2.10a}$$

将式(6.2.9)代入式(6.2.10a)，可得

$$\begin{aligned}\hat{e}&=z_\mathrm{a}-(z_1+K(z_2-z_1))\\&=z_\mathrm{a}-z_1-K(z_2-z_1)\\&=(z_\mathrm{a}-z_1)+K(z_1-z_2+z_\mathrm{a}-z_\mathrm{a})\\&=(z_\mathrm{a}-z_1)+K((z_\mathrm{a}-z_2)-(z_\mathrm{a}-z_1))\end{aligned} \tag{6.2.10b}$$

将式(6.2.8)代入式(6.2.10b)，可得

$$\hat{e}=e_1+K(e_2-e_1) \tag{6.2.11}$$

$\hat{e}$ 是 e_1 与 e_2 的线性组合且 $E(e_1)=E(e_2)=0$，其期望为

$$\begin{aligned}E(\hat{e})&=E(e_1+K(e_2-e_1))\\&=E((1-K)e_1+Ke_2)\\&=(1-K)E(e_1)+KE(e_2)=0\end{aligned} \tag{6.2.12a}$$

估计误差的方差为

$$\begin{aligned}\sigma_{\hat{e}}^2&=\mathrm{Var}(e_1+K(e_2-e_1))\\&=\mathrm{Var}((1-K)e_1+Ke_2)\end{aligned} \tag{6.2.12b}$$

由于这两次测量是相互独立的，根据方差运算性质式(6.2.6d)，式(6.2.12b)可以写成

$$\sigma_{\hat{e}}^2=\mathrm{Var}((1-K)e_1)+\mathrm{Var}(Ke_2) \tag{6.2.12c}$$

根据式(6.2.6b)，可得

$$\sigma_{\hat{e}}^2=(1-K)^2\sigma_{e_1}^2+K^2\sigma_{e_2}^2 \tag{6.2.12d}$$

令 $\dfrac{\mathrm{d}\sigma_{\hat{e}}^2}{\mathrm{d}K}=0$，即

$$\frac{\mathrm{d}\sigma_{\hat{e}}^2}{\mathrm{d}K}=-2(1-K)\sigma_{e_1}^2+2K\sigma_{e_2}^2=0$$

$$\Rightarrow K^* = \frac{\sigma_{e_1}^2}{\sigma_{e_1}^2 + \sigma_{e_2}^2} \tag{6.2.13a}$$

将 $\sigma_{e_1}=1$ 和 $\sigma_{e_2}=0.5$ 代入式(6.2.13a),可得

$$K^* = \frac{\sigma_{e_1}^2}{\sigma_{e_1}^2 + \sigma_{e_2}^2} = \frac{1}{1^2+0.5^2} = 0.8 \tag{6.2.13b}$$

$\sigma_{\hat{e}}^2$ 对 K 的二阶导数为

$$\frac{\mathrm{d}^2\sigma_{\hat{e}}^2}{\mathrm{d}K^2} = \frac{\mathrm{d}(-2(1-K)\sigma_{e_1}^2 + 2K\sigma_{e_2}^2)}{\mathrm{d}K} = 2(\sigma_{e_1}^2 + \sigma_{e_2}^2) > 0 \tag{6.2.13c}$$

因此当 $K^* = \frac{\sigma_{e_1}^2}{\sigma_{e_1}^2 + \sigma_{e_2}^2} = 0.8$ 时,$\sigma_{\hat{e}}^2$ 为最小值。代入式(6.2.9),可以得到最优估计值

$$\hat{z} = z_1 + K^*(z_2 - z_1) = 50 + 0.8 \times (52 - 50) = 51.6 \tag{6.2.14a}$$

代入式(6.2.12d),得到最优估计误差的标准差

$$\sigma_{\hat{e}} = \sqrt{(1-K^*)^2\sigma_{e_1}^2 + (K^*)^2\sigma_{e_2}^2} = 0.45 \tag{6.2.14b}$$

这一标准差小于每一个传感器单独测量的误差标准差($\sigma_{\hat{e}} < \sigma_{e_2} < \sigma_{e_1}$)。数据融合结果如图 6.2.4 所示。

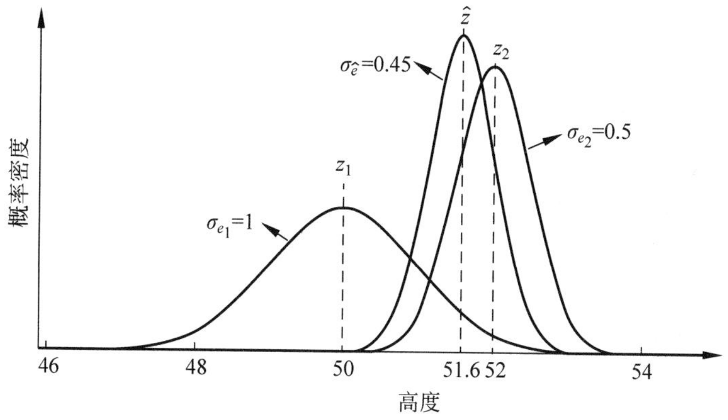

图 6.2.4 数据融合结果

由以上分析可知,通过数据融合得到的最优估计值 $\hat{z}$ 在两个测量值中间并偏向于 z_2,其概率分布的钟形曲线比两组测量的结果都要细长,这意味着我们使用两个“不太准确”的结果融合出一个相对准确的估计值。这一思想在工程中有非常广泛的应用,使用多传感器融合可以有效地提高精度和可靠性。

6.2.4 协方差与协方差矩阵——统计学直观理解

在上一小节数据融合的例子中,两个传感器之间是相互独立的(一个传感器测量的结果不会影响另一个传感器测量的结果),因此在融合时只需要考虑它们各自的方差即可。但在某种情况下,两个信号之间存在关联(例如一个信号会放大另一个信号),在融合时就需要考

虑两者之间的关联。两组信号之间的联动关系使用**协方差**(covariance)表示。当有多组信号时,可以使用**协方差矩阵**(covariance matrix)表示。

首先,我们通过一组统计数据来直观地理解协方差以及协方差矩阵。表 6.2.1 所示为 2021—2022 赛季欧洲足球五大联赛射手榜的前三名(共 $n=15$ 人),选取 3 个参数变量,分别为身高 $\boldsymbol{x}_1$、体重 $\boldsymbol{x}_2$ 和年龄 $\boldsymbol{x}_3$(年龄是运动员 2022 年的年龄)。

表 6.2.1 统计例子

球员	孙兴慜	萨拉赫	罗纳尔多	本泽马	儒尼奥尔	阿斯帕斯	莱万多夫斯基	希克	哈兰德	因莫比莱	劳塔罗·马丁内斯	西蒙尼	姆巴佩	本耶德尔	马丁·特雷尔
编号	1	2	3	4	5	6	7	8	9	10	11	12	13	14	15
身高 $\boldsymbol{x}_1$/cm	183	175	187	185	176	176	185	191	195	185	174	180	178	170	184
体重 $\boldsymbol{x}_2$/kg	75	71	83	74	73	67	79	73	88	80	81	78	73	68	71
年龄 $\boldsymbol{x}_3$	29	29	36	35	22	35	34	26	22	32	25	27	24	32	25

当使用行向量表示这三组指标时,可以写成

$$\boldsymbol{x}_1=\begin{bmatrix}x_{1_1} & \cdots & x_{1_{15}}\end{bmatrix}=\begin{bmatrix}183 & \cdots & 184\end{bmatrix} \tag{6.2.15a}$$

$$\boldsymbol{x}_2=\begin{bmatrix}x_{2_1} & \cdots & x_{2_{15}}\end{bmatrix}=\begin{bmatrix}75 & \cdots & 71\end{bmatrix} \tag{6.2.15b}$$

$$\boldsymbol{x}_3=\begin{bmatrix}x_{3_1} & \cdots & x_{3_{15}}\end{bmatrix}=\begin{bmatrix}29 & \cdots & 25\end{bmatrix} \tag{6.2.15c}$$

它们的统计学平均数分别为

$$\bar{x}_1=\frac{1}{n}\sum_{i=1}^{n}x_{1_i}=\frac{1}{15}(183+\cdots+184)=181.6 \tag{6.2.16a}$$

$$\bar{x}_2=\frac{1}{n}\sum_{i=1}^{n}x_{2_i}=\frac{1}{15}(75+\cdots+71)=75.6 \tag{6.2.16b}$$

$$\bar{x}_3=\frac{1}{n}\sum_{i=1}^{n}x_{3_i}=\frac{1}{15}(29+\cdots+25)=28.9 \tag{6.2.16c}$$

每一组数据的统计学方差分别为

$$\begin{aligned}\sigma_{x_1}^2&=\frac{1}{n-1}\sum_{i=1}^{n}(x_{1_i}-\bar{x}_1)^2=\frac{1}{14}((183-181.6)^2+\cdots+(184-181.6)^2)\\&=46.69\end{aligned} \tag{6.2.17a}$$

$$\begin{aligned}\sigma_{x_2}^2&=\frac{1}{n-1}\sum_{i=1}^{n}(x_{2_i}-\bar{x}_2)^2=\frac{1}{14}((75-75.6)^2+\cdots+(71-75.6)^2)\\&=33.69\end{aligned} \tag{6.2.17b}$$

$$\begin{aligned}\sigma_{x_3}^2&=\frac{1}{n-1}\sum_{i=1}^{n}(x_{3_i}-\bar{x}_3)^2=\frac{1}{14}((29-28.9)^2+\cdots+(25-28.9)^2)\\&=23.70\end{aligned} \tag{6.2.17c}$$

统计标准差分别为

$$\sigma_{x_1}=\sqrt{\sigma_{x_1}^2}=\sqrt{46.69}=6.83 \tag{6.2.18a}$$

$$\sigma_{x_2} = \sqrt{\sigma_{x_2}^2} = \sqrt{33.69} = 5.80 \tag{6.2.18b}$$

$$\sigma_{x_3} = \sqrt{\sigma_{x_3}^2} = \sqrt{23.70} = 4.87 \tag{6.2.18c}$$

与随机变量相似，在统计学中，方差和标准差都是用来度量数据离散程度的量。方差或标准差越大，说明数据的分散程度越大。与方差相比，标准差与数据本身使用的是同一单位，因此更容易理解。例如身高，平均数$\bar{x}_1=181.6\text{cm}$，标准差为$\sigma_{x_1}=6.83\text{cm}$，这意味着在这一组数据中大部分的值都在$(181.6\pm6.83)\text{cm}$的范围内。与方差只衡量一组变量数据的概念不同，**协方差**(**covariance**)用于衡量两组变量的联合变化程度，其定义为

$$\begin{aligned}\sigma_{x_1x_2} &= \frac{1}{n-1}\sum_{i=1}^{n}(x_{1_i}-\bar{x}_1)(x_{2_i}-\bar{x}_2)\\ &= \frac{1}{n-1}((183-181.6)(75-75.6)+\cdots+(184-181.6)(71-75.6))\\ &= 24.04\end{aligned} \tag{6.2.19a}$$

$$\begin{aligned}\sigma_{x_1x_3} &= \frac{1}{n-1}\sum_{i=1}^{n}(x_{1_i}-\bar{x}_1)(x_{3_i}-\bar{x}_3)\\ &= \frac{1}{n-1}((183-181.6)(29-28.9)+\cdots+(184-181.6)(25-28.9))\\ &= -1.7\end{aligned} \tag{6.2.19b}$$

$$\begin{aligned}\sigma_{x_2x_3} &= \frac{1}{n-1}\sum_{i=1}^{n}(x_{2_i}-\bar{x}_2)(x_{3_i}-\bar{x}_3)\\ &= \frac{1}{n-1}((75-75.6)(29-28.9)+\cdots+(71-75.6)(25-28.9))\\ &= -4.13\end{aligned} \tag{6.2.19c}$$

根据上述协方差的定义，有$\sigma_{x_ix_j}=\sigma_{x_jx_i}$。

在式(6.2.19a)中，$\sigma_{x_1x_2}=24.04>0$，这说明身高$\boldsymbol{x}_1$与体重$\boldsymbol{x}_2$存在正相关关系，即身高的变化与体重的变化方向一致。反之，$\sigma_{x_1x_3}$和$\sigma_{x_2x_3}$都小于0，说明身高与年龄、体重与年龄都是负相关的。从另一个角度来看，$\sigma_{x_1x_2}$的绝对值比较大，因此说明身高与体重的相关性很强。同时，$\sigma_{x_1x_3}$和$\sigma_{x_2x_3}$的绝对值比较小，说明身高与年龄、体重与年龄的相关性是非常微弱的。如图6.2.5所示，$\boldsymbol{x}_1$和$\boldsymbol{x}_2$之间呈明显的线性关系且斜率为正(分布呈椭圆形)，在本书第2章

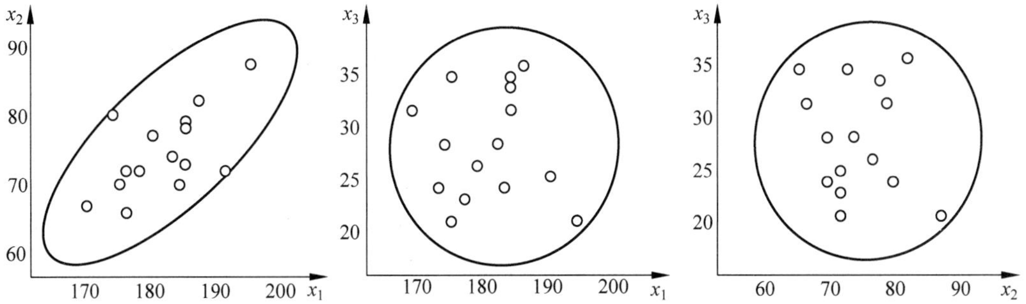

(a) $\sigma_{x_1x_2}=24.04$　(b) $\sigma_{x_1x_2}=-1.7$　(c) $\sigma_{x_1x_2}=-4.13$

图6.2.5　$\boldsymbol{x}_1$、$\boldsymbol{x}_2$和$\boldsymbol{x}_3$之间的关联关系

中曾以此为例介绍线性回归的算法；而另外两组之间则没有明显的关联(分布呈圆形)。

若使用一个矩阵将这三者的关系以一种紧凑的形式表示出来，可以包含式(6.2.17)和式(6.2.19)的全部信息，定义协方差矩阵

$$\boldsymbol{C}(\boldsymbol{x}_1,\boldsymbol{x}_2,\boldsymbol{x}_3)=\begin{bmatrix}\sigma_{x_1}^2 & \sigma_{x_1x_2} & \sigma_{x_1x_3}\\ \sigma_{x_2x_1} & \sigma_{x_2}^2 & \sigma_{x_2x_3}\\ \sigma_{x_3x_1} & \sigma_{x_3x_2} & \sigma_{x_3}^2\end{bmatrix}=\begin{bmatrix}46.69 & 24.04 & -1.7\\ 24.04 & 33.69 & -4.13\\ -1.7 & -4.13 & 23.70\end{bmatrix} \tag{6.2.20}$$

协方差矩阵是一个方阵，其维度与变量的个数相同(本例有3个变量，所以协方差矩阵的维度为3×3)，对角线上的元素是单个变量的方差，其余位置则是两两不同变量之间的协方差。同时，协方差矩阵是对称的，即$\boldsymbol{C}(\boldsymbol{x}_1,\boldsymbol{x}_2,\boldsymbol{x}_3)=\boldsymbol{C}^{\mathrm{T}}(\boldsymbol{x}_1,\boldsymbol{x}_2,\boldsymbol{x}_3)$。对于一组统计数据，协方差矩阵可以简洁明确地给出每个变量之间的联动关系以及变量自身的离散程度。

6.2.5 协方差与协方差矩阵——随机变量

上一小节以一个统计学的例子介绍了协方差与协方差矩阵，目的是让读者对这两个概念有一个直观的认识。在卡尔曼滤波器中，我们关心的是随机变量之间的协方差与协方差矩阵。首先讨论随机变量的协方差，考虑两个随机变量X_1和X_2，它们之间的协方差定义为

$$\begin{aligned}\sigma_{X_1X_2}&=\mathrm{Cov}(X_1,X_2)=E((X_1-E(X_1))(X_2-E(X_2)))\\&=E(X_1X_2-X_1E(X_2)-E(X_1)X_2+E(X_1)E(X_2))\\&=E(X_1X_2)-E(X_1)E(X_2)-E(X_1)E(X_2)+E(X_1)E(X_2)\\&=E(X_1X_2)-E(X_1)E(X_2)\end{aligned} \tag{6.2.21}$$

特别的，当$X_1=X_2=X$时，式(6.2.21)变成$\mathrm{Cov}(X,X)=E(X^2)-E(X)^2=\mathrm{Var}(X)$，与式(6.2.5)相同。这说明方差就是一个随机变量与其自身的协方差。另外，如果X_1与X_2相互独立，则$E(X_1X_2)=E(X_1)E(X_2)$，代入式(6.2.21)可得$\mathrm{Cov}(X_1,X_2)=0$，即两个相互独立的随机变量之间没有联动关系，协方差为0。

以二维随机变量X_1与X_2为例，分析随机变量协方差矩阵的构成，按照式(6.2.20)的形式可以写出由随机变量X_1和X_2组成的协方差矩阵

$$\begin{aligned}\boldsymbol{C}(X_1,X_2)&=\begin{bmatrix}\sigma_{X_1}^2 & \sigma_{X_1X_2}\\ \sigma_{X_2X_1} & \sigma_{X_2}^2\end{bmatrix}\\&=\begin{bmatrix}E((X_1-E(X_1))(X_1-E(X_1))) & E((X_1-E(X_1))(X_2-E(X_2)))\\ E((X_2-E(X_2))(X_1-E(X_1))) & E((X_2-E(X_2))(X_2-E(X_2)))\end{bmatrix}\end{aligned} \tag{6.2.22a}$$

根据矩阵运算法则和期望计算法则，式(6.2.22a)可以写成

$$\begin{aligned}\boldsymbol{C}(X_1,X_2)&=\begin{bmatrix}E((X_1-E(X_1))(X_1-E(X_1))) & E((X_1-E(X_1))(X_2-E(X_2)))\\ E((X_2-E(X_2))(X_1-E(X_1))) & E((X_2-E(X_2))(X_2-E(X_2)))\end{bmatrix}\\&=E\begin{bmatrix}(X_1-E(X_1))(X_1-E(X_1)) & (X_1-E(X_1))(X_2-E(X_2))\\ (X_2-E(X_2))(X_1-E(X_1)) & (X_2-E(X_2))(X_2-E(X_2))\end{bmatrix}\end{aligned}$$

$$=E\left(\begin{bmatrix}X_1-E(X_1)\\X_2-E(X_2)\end{bmatrix}\begin{bmatrix}X_1-E(X_1) & X_2-E(X_2)\end{bmatrix}\right) \tag{6.2.22b}$$

定义一个 2×1 随机向量 $\boldsymbol{X}=\begin{bmatrix}X_1\\X_2\end{bmatrix}$，它的期望 $E(\boldsymbol{X})=\begin{bmatrix}E(X_1)\\E(X_2)\end{bmatrix}$，可得

$$\begin{bmatrix}X_1-E(X_1)\\X_2-E(X_2)\end{bmatrix}=\boldsymbol{X}-E(\boldsymbol{X}) \tag{6.2.22c}$$

代入式(6.2.22b)可得

$$\boldsymbol{C}(X_1,X_2)=E[(\boldsymbol{X}-E(\boldsymbol{X}))(\boldsymbol{X}-E(\boldsymbol{X}))^{\mathrm{T}}] \tag{6.2.22d}$$

将其推广到一般形式，考虑一个由 n 个随机变量组成的 $n\times1$ 向量

$$\boldsymbol{X}=\begin{bmatrix}X_1\\\vdots\\X_n\end{bmatrix} \tag{6.2.23}$$

如果向量 $\boldsymbol{X}$ 中的每一个随机变量 X_i 都服从正态分布，即 $X_i\sim N(\mu_{X_i},\sigma_{X_i}^2)$，则定义 $\boldsymbol{X}$ 的期望为

$$E(\boldsymbol{X})=\begin{bmatrix}E(X_1)\\\vdots\\E(X_n)\end{bmatrix}=\begin{bmatrix}\mu_{X_1}\\\vdots\\\mu_{X_n}\end{bmatrix}=\boldsymbol{\mu}_{\boldsymbol{X}} \tag{6.2.24}$$

$\boldsymbol{\mu}_{\boldsymbol{X}}$ 是一个 $n\times1$ 向量。根据式(6.2.22d)，$\boldsymbol{X}$ 的协方差矩阵为

$$\boldsymbol{C}(\boldsymbol{X})=E[(\boldsymbol{X}-\boldsymbol{\mu}_{\boldsymbol{X}})(\boldsymbol{X}-\boldsymbol{\mu}_{\boldsymbol{X}})^{\mathrm{T}}]=\begin{bmatrix}\sigma_{X_1}^2 & \cdots & \sigma_{X_1X_n}\\\vdots & \ddots & \vdots\\\sigma_{X_nX_1} & \cdots & \sigma_n^2\end{bmatrix} \tag{6.2.25}$$

此时，我们可以称这个由随机变量组成的向量 $\boldsymbol{X}$ 服从正态分布 $\boldsymbol{X}\sim N(\boldsymbol{\mu}_{\boldsymbol{X}},\boldsymbol{C}(\boldsymbol{X}))$。特别的，当期望向量 $\boldsymbol{\mu}_{\boldsymbol{X}}=\begin{bmatrix}\mu_{X_1}\\\vdots\\\mu_{X_n}\end{bmatrix}=\begin{bmatrix}0\\\vdots\\0\end{bmatrix}=\boldsymbol{0}$ 时，$\boldsymbol{X}$ 服从正态分布 $\boldsymbol{X}\sim N(\boldsymbol{0},\boldsymbol{C}(\boldsymbol{X}))$，其中协方差矩阵可以写成

$$\boldsymbol{C}(\boldsymbol{X})=E[\boldsymbol{X}\boldsymbol{X}^{\mathrm{T}}]=\begin{bmatrix}\sigma_{X_1}^2 & \cdots & \sigma_{X_1X_n}\\\vdots & \ddots & \vdots\\\sigma_{X_nX_1} & \cdots & \sigma_n^2\end{bmatrix} \tag{6.2.26}$$

6.3 线性卡尔曼滤波器推导

本节将详细讨论线性卡尔曼滤波器的推导过程。其中将用到 6.2 节相关的概率知识以及第 2 章所涉及的矩阵求导相关内容。

6.3.1 卡尔曼滤波器的研究模型

首先介绍卡尔曼滤波器的研究对象以及被估计的信号。考虑一个带有过程噪声的线性离散系统的状态空间方程

$$\boldsymbol{x}_{[k]}=\boldsymbol{A}\boldsymbol{x}_{[k-1]}+\boldsymbol{B}\boldsymbol{u}_{[k-1]}+\boldsymbol{w}_{[k-1]} \tag{6.3.1a}$$

在卡尔曼滤波器中,系统的状态空间方程一般写成从 $k-1$ 到 k,这与前几章出现的从 k 到 $k+1$ 没有本质区别。

其中,$\boldsymbol{x}_{[k]}$ 为 $n\times1$ 状态向量; $\boldsymbol{A}$ 为 $n\times n$ 状态矩阵; $\boldsymbol{u}_{[k-1]}$ 为 $p\times1$ 输入向量; $\boldsymbol{B}$ 为 $n\times p$ 输入矩阵; $\boldsymbol{w}_{[k-1]}$ 被称为**过程噪声**(**process noise**),是 $n\times1$ 向量,它产生于状态变量从 $\boldsymbol{x}_{[k-1]}$ 转化为 $\boldsymbol{x}_{[k]}$ 的“过程”中,是无法准确建立数学模型的(例如汽车在行驶的过程中遇到的上下坡、道路不平整,都会影响数学模型的准确性),但是可以根据其误差的概率分布进行估计。过程噪声服从于期望为 $\boldsymbol{0}$、协方差矩阵为 $\boldsymbol{Q}_{\mathrm{c}}$ 的正态分布,即

$$\boldsymbol{w}\sim N(\boldsymbol{0},\boldsymbol{Q}_{\mathrm{c}}) \tag{6.3.1b}$$

根据式(6.2.26),协方差矩阵为

$$\boldsymbol{Q}_{\mathrm{c}}=E(\boldsymbol{w}\boldsymbol{w}^{\mathrm{T}})=E\left(\begin{bmatrix} w_1 \\ \vdots \\ w_n \end{bmatrix}\begin{bmatrix} w_1 & \cdots & w_n \end{bmatrix}\right)=\begin{bmatrix} \sigma_{w_1}^2 & \cdots & \sigma_{w_1w_n} \\ \vdots & \ddots & \vdots \\ \sigma_{w_nw_1} & \cdots & \sigma_{w_n}^2 \end{bmatrix} \tag{6.3.1c}$$

$\boldsymbol{Q}_{\mathrm{c}}$ 是一个 $n\times n$ 矩阵。如果过程噪声是相互独立的,则它们每一个元素之间的协方差 $\sigma_{w_iw_j}=0$,式(6.3.1c)可以简化为对角矩阵,其对角元素为每一个状态变量过程噪声的方差,即

$$\boldsymbol{Q}_{\mathrm{c}}=\begin{bmatrix} \sigma_{w_1}^2 & \cdots & 0 \\ \vdots & \ddots & \vdots \\ 0 & \cdots & \sigma_{w_n}^2 \end{bmatrix} \tag{6.3.1d}$$

定义观测向量为

$$\boldsymbol{z}_{[k]}=\boldsymbol{H}_{\mathrm{m}}\boldsymbol{x}_{[k]}+\boldsymbol{v}_{[k]} \tag{6.3.2a}$$

其中,$\boldsymbol{z}_{[k]}$ 为 $n\times1$ 观测向量; $\boldsymbol{H}_{\mathrm{m}}$ 为 $n\times n$ 观测矩阵,下标 m 代表测量(measure)。这一矩阵代表了观测值(可以是从传感器读取的值)与状态向量之间的线性关系。

> 需要说明的是,在线性卡尔曼滤波器的推导过程中,我们定义观测向量 $\boldsymbol{z}_{[k]}$ 的维度与状态向量 $\boldsymbol{x}_{[k]}$ 相同,都是 $n\times1$。这样的定义有助于后续的推导与分析,因为在这样的定义下,$\boldsymbol{H}_{\mathrm{m}}$ 是一个方阵,且逆矩阵 $\boldsymbol{H}_{\mathrm{m}}^{-1}$ 存在。在某些特殊情况下,$\boldsymbol{z}_{[k]}$ 的维度与状态向量不同,则需要用伪逆矩阵的概念来处理,这不在本书的讨论范围之内。

$\boldsymbol{v}_{[k]}$ 为**测量噪声**(**measurement noise**),是一个 $n\times1$ 向量,它服从于期望为 $\boldsymbol{0}$、协方差矩阵为 $\boldsymbol{R}_{\mathrm{c}}$ 的正态分布,即

$$\boldsymbol{v}\sim N(\boldsymbol{0},\boldsymbol{R}_{\mathrm{c}}) \tag{6.3.2b}$$

根据式(6.2.26),其中

$$\boldsymbol{R}_{\mathrm{c}}=E(\boldsymbol{v}\boldsymbol{v}^{\mathrm{T}})=E\left(\begin{bmatrix}v_1\\ \vdots\\ v_n\end{bmatrix}\begin{bmatrix}v_1 & \cdots & v_n\end{bmatrix}\right)=\begin{bmatrix}\sigma_{v_1}^2 & \cdots & \sigma_{v_1v_n}\\ \vdots & \ddots & \vdots\\ \sigma_{v_nv_1} & \cdots & \sigma_{v_n}^2\end{bmatrix} \tag{6.3.2c}$$

是一个 $m\times m$ 矩阵。如果测量噪声是相互独立的,则它们之间的协方差 $\sigma_{v_iv_j}=0$,式(6.3.2c)可以简化为对角矩阵

$$\boldsymbol{R}_{\mathrm{c}}=\begin{bmatrix}\sigma_{v_1}^2 & \cdots & 0\\ \vdots & \ddots & \vdots\\ 0 & \cdots & \sigma_{v_n}^2\end{bmatrix} \tag{6.3.2d}$$

分析这个系统,由于过程噪声 $\boldsymbol{w}$ 的存在,无法通过式(6.3.1a)计算得到精确的状态向量 $\boldsymbol{x}_{[k]}$;同时,由于测量噪声 $\boldsymbol{v}$ 的存在,也无法通过式(6.3.2a)推导出精确的状态向量 $\boldsymbol{x}_{[k]}$。通过设计卡尔曼滤波器将这两个式子中的结果进行数据融合,便可以得到一个相对准确的估计值。

在上述分析中,我们假定系统是时不变系统,过程噪声和测量噪声的协方差矩阵分别为 $\boldsymbol{Q}_{\mathrm{c}}$ 和 $\boldsymbol{R}_{\mathrm{c}}$,且为常数矩阵,在实际情况中,它们可能会随时间变化。时变系统不在本书的讨论范围之内。

首先定义**先验状态估计**(**priori state estimate**)为

$$\hat{\boldsymbol{x}}_{[k]}^{-}=\boldsymbol{A}\hat{\boldsymbol{x}}_{[k-1]}+\boldsymbol{B}\boldsymbol{u}_{[k-1]} \tag{6.3.3}$$

$\hat{\boldsymbol{x}}_{[k]}^{-}$ 中的“—”代表先验(**priori**)。式(6.3.3)与式(6.3.1a)相比少了过程噪声 $\boldsymbol{w}_{[k-1]}$,并使用 $k-1$ 时刻的估计值 $\hat{\boldsymbol{x}}_{[k-1]}$ 来代替实际值 $\boldsymbol{x}_{[k-1]}$(因为精确的实际值 $\boldsymbol{x}_{[k-1]}$ 是无法得到的,算法中只能使用估计值)。$\hat{\boldsymbol{x}}_{[k-1]}$ 被称为 $k-1$ 时刻的**后验状态估计**(**posteriori state estimate**),从迭代的思路考虑,它是上一次计算出的估计结果。这样的处理可以去除式(6.3.1a)中的不确定项,通过式(6.3.3)可以计算出 $\hat{\boldsymbol{x}}_{[k]}^{-}$,它是根据系统模型“估计”的结果。

对测量值做同样的处理,引入测量估计 $\hat{\boldsymbol{x}}_{\mathrm{mea}_{[k]}}$,将式(6.3.2a)写成

$$\boldsymbol{z}_{[k]}=\boldsymbol{H}_{\mathrm{m}}\hat{\boldsymbol{x}}_{\mathrm{mea}_{[k]}} \tag{6.3.4a}$$

其中,$\hat{\boldsymbol{x}}_{\mathrm{mea}_{[k]}}$ 表示通过测量得到的状态估计值。这意味着如果没有测量噪声,求解式(6.3.4a)便可得到精确的状态变量 $\hat{\boldsymbol{x}}_{\mathrm{mea}_{[k]}}$。然而,由于测量噪声的存在,求解得到的 $\hat{\boldsymbol{x}}_{\mathrm{mea}_{[k]}}$ 并不准确,因此它是根据测量值“估计”的结果。可得

$$\hat{\boldsymbol{x}}_{\mathrm{mea}_{[k]}}=\boldsymbol{H}_{\mathrm{m}}^{-1}\boldsymbol{z}_{[k]} \tag{6.3.4b}$$

通过式(6.3.3)和式(6.3.4b)两个不同的渠道可以得到两个估计值,其中,$\hat{\boldsymbol{x}}_{[k]}^{-}$ 是通过状态空间方程“计算”得到的估计值;$\hat{\boldsymbol{x}}_{\mathrm{mea}_{[k]}}$ 是通过传感器“测量”得到的估计值。

将以上两者融合起来,参考式(6.2.9),定义 k 时刻的后验状态估计 $\hat{\boldsymbol{x}}_{[k]}$ 为

$$\hat{\boldsymbol{x}}_{[k]}=\hat{\boldsymbol{x}}_{[k]}^{-}+\boldsymbol{G}_{[k]}(\hat{\boldsymbol{x}}_{\mathrm{mea}_{[k]}}-\hat{\boldsymbol{x}}_{[k]}^{-}) \tag{6.3.5}$$

式(6.3.5)将先验状态估计 $\hat{\boldsymbol{x}}_{[k]}^{-}$ 和测量状态估计 $\hat{\boldsymbol{x}}_{\mathrm{mea}_{[k]}}$ 通过一个矩阵 $\boldsymbol{G}_{[k]}$ 融合起来,它同时体现了迭代算法和数据融合的概念。将式(6.3.4b)代入式(6.3.5),得到

$$\hat{\boldsymbol{x}}_{[k]}=\hat{\boldsymbol{x}}_{[k]}^{-}+\boldsymbol{G}_{[k]}(\boldsymbol{H}_{\mathrm{m}}^{-1}\boldsymbol{z}_{[k]}-\hat{\boldsymbol{x}}_{[k]}^{-})=\hat{\boldsymbol{x}}_{[k]}^{-}+\boldsymbol{G}\boldsymbol{H}_{\mathrm{m}}^{-1}(\boldsymbol{z}_{[k]}-\boldsymbol{H}_{\mathrm{m}}\hat{\boldsymbol{x}}_{[k]}^{-}) \tag{6.3.6a}$$

令 $\boldsymbol{K}_{[k]}=\boldsymbol{G}\boldsymbol{H}_{\mathrm{m}}^{-1}$，可以消除式(6.3.6a)中的 $\boldsymbol{H}_{\mathrm{m}}^{-1}$ 项，调整可得

$$\hat{\boldsymbol{x}}_{[k]}=\hat{\boldsymbol{x}}_{[k]}^{-}+\boldsymbol{K}_{[k]}(\boldsymbol{z}_{[k]}-\boldsymbol{H}_{\mathrm{m}}\hat{\boldsymbol{x}}_{[k]}^{-}) \tag{6.3.6b}$$

式(6.3.6b)是卡尔曼滤波器的一般表达形式，其中矩阵 $\boldsymbol{K}_{[k]}\in[\boldsymbol{0},\boldsymbol{H}_{\mathrm{m}}^{-1}]$被称为**卡尔曼增益**(**Kalman gain**)，为 $n\times n$ 矩阵。通过它将先验状态估计 $\hat{\boldsymbol{x}}_{[k]}^{-}$ 与测量值 $\boldsymbol{z}_{[k]}$ 融合在一起得到更加准确的后验状态估计 $\hat{\boldsymbol{x}}_{[k]}$，其中$(\boldsymbol{z}_{[k]}-\boldsymbol{H}_{\mathrm{m}}\hat{\boldsymbol{x}}_{[k]}^{-})$被称为测量**残余**(**residual**)。特别的

$$\boldsymbol{K}_{[k]}\rightarrow\boldsymbol{0}\Rightarrow\hat{\boldsymbol{x}}_{[k]}\rightarrow\hat{\boldsymbol{x}}_{[k]}^{-} \tag{6.3.7a}$$

这种情况说明测量噪声远大于过程噪声，因此系统更加相信先验状态估计。得到的后验状态估计 $\hat{\boldsymbol{x}}_{[k]}$ 将很靠近先验状态估计 $\hat{\boldsymbol{x}}_{[k]}^{-}$。相反，如果测量误差很小，则

$$\boldsymbol{K}_{[k]}\rightarrow\boldsymbol{H}_{\mathrm{m}}^{-1}\Rightarrow\hat{\boldsymbol{x}}_{[k]}\rightarrow\boldsymbol{H}_{\mathrm{m}}^{-1}\boldsymbol{z}_{[k]} \tag{6.3.7b}$$

系统将更加相信测量值。

> 卡尔曼滤波器的一般形式体现了先验状态估计(通过状态空间方程计算的值)与测量值的融合。在实际应用过程中不必拘泥于这一种形式，这一思想可以推广到其他形式的数据融合中，如多传感器融合、多数学模型融合等。

6.3.2 卡尔曼增益求解

在上一小节中，我们明确了卡尔曼增益的设计目标，即设计合适的 $\boldsymbol{K}_{[k]}$ 使得后验状态估计 $\hat{\boldsymbol{x}}_{[k]}$ 接近于实际状态变量 $\boldsymbol{x}_{[k]}$，使用量化的手段，引入估计误差

$$\boldsymbol{e}_{[k]}^{-}=\boldsymbol{x}_{[k]}-\hat{\boldsymbol{x}}_{[k]}^{-} \tag{6.3.8a}$$

$$\boldsymbol{e}_{[k]}=\boldsymbol{x}_{[k]}-\hat{\boldsymbol{x}}_{[k]} \tag{6.3.8b}$$

其中，$\boldsymbol{e}_{[k]}^{-}$ 为先验状态估计误差；$\boldsymbol{e}_{[k]}$ 为后验状态估计误差。将式(6.3.1a)和式(6.3.3)代入式(6.3.8a)，可得

$$\begin{aligned}\boldsymbol{e}_{[k]}^{-}&=\boldsymbol{x}_{[k]}-\hat{\boldsymbol{x}}_{[k]}^{-}\\&=\boldsymbol{A}\boldsymbol{x}_{[k-1]}+\boldsymbol{B}\boldsymbol{u}_{[k-1]}+\boldsymbol{w}_{[k-1]}-(\boldsymbol{A}\hat{\boldsymbol{x}}_{[k-1]}+\boldsymbol{B}\boldsymbol{u}_{[k-1]})\\&=\boldsymbol{A}(\boldsymbol{x}_{[k-1]}-\hat{\boldsymbol{x}}_{[k-1]})+\boldsymbol{w}_{[k-1]}\\&=\boldsymbol{A}\boldsymbol{e}_{[k-1]}+\boldsymbol{w}_{[k-1]}\end{aligned} \tag{6.3.9a}$$

$\boldsymbol{e}_{[k]}^{-}$ 的协方差矩阵为

$$\boldsymbol{P}_{[k]}^{-}=E[(\boldsymbol{e}_{[k]}^{-}-E(\boldsymbol{e}_{[k]}^{-}))(\boldsymbol{e}_{[k]}^{-}-E(\boldsymbol{e}_{[k]}^{-}))^{\mathrm{T}}]=E(\boldsymbol{e}_{[k]}^{-}\boldsymbol{e}_{[k]}^{-\mathrm{T}}) \tag{6.3.9b}$$

$\boldsymbol{P}_{[k]}^{-}$ 被称为先验状态估计误差的协方差矩阵。$\boldsymbol{e}_{[k]}^{-}$ 的存在是因为噪声的存在，其期望是噪声 $\boldsymbol{w}$ 和 $\boldsymbol{v}$ 期望的线性组合，因此式(6.3.9b)中 $E(\boldsymbol{e}_{[k]}^{-})=\boldsymbol{0}$。

将式(6.3.6b)代入式(6.3.8b)，可得

$$\begin{aligned}\boldsymbol{e}_{[k]}&=\boldsymbol{x}_{[k]}-\hat{\boldsymbol{x}}_{[k]}\\&=\boldsymbol{x}_{[k]}-(\hat{\boldsymbol{x}}_{[k]}^{-}+\boldsymbol{K}_{[k]}(\boldsymbol{z}_{[k]}-\boldsymbol{H}_{\mathrm{m}}\hat{\boldsymbol{x}}_{[k]}^{-}))\\&=\boldsymbol{x}_{[k]}-\hat{\boldsymbol{x}}_{[k]}^{-}-\boldsymbol{K}_{[k]}(\boldsymbol{z}_{[k]}-\boldsymbol{H}_{\mathrm{m}}\hat{\boldsymbol{x}}_{[k]}^{-})\end{aligned} \tag{6.3.10a}$$

将式(6.3.2a)代入式(6.3.10a)，可得

$$\boldsymbol{e}_{[k]}=(\boldsymbol{x}_{[k]}-\hat{\boldsymbol{x}}_{[k]}^{-})-\boldsymbol{K}_{[k]}(\boldsymbol{H}_{\mathrm{m}}\boldsymbol{x}_{[k]}+\boldsymbol{v}_{[k]}-\boldsymbol{H}_{\mathrm{m}}\hat{\boldsymbol{x}}_{[k]}^{-})$$

$$=(\boldsymbol{x}_{[k]}-\hat{\boldsymbol{x}}_{[k]}^{-})-\boldsymbol{K}_{[k]}\boldsymbol{H}_{\mathrm{m}}(\boldsymbol{x}_{[k]}-\hat{\boldsymbol{x}}_{[k]}^{-})-\boldsymbol{K}_{[k]}\boldsymbol{v}_{[k]}$$

$$=(\boldsymbol{I}-\boldsymbol{K}_{[k]}\boldsymbol{H}_{\mathrm{m}})(\boldsymbol{x}_{[k]}-\hat{\boldsymbol{x}}_{[k]}^{-})-\boldsymbol{K}_{[k]}\boldsymbol{v}_{[k]} \tag{6.3.10b}$$

将式(6.3.8a)代入式(6.3.10b),可得

$$\boldsymbol{e}_{[k]}=(\boldsymbol{I}-\boldsymbol{K}_{[k]}\boldsymbol{H}_{\mathrm{m}})\boldsymbol{e}_{[k]}^{-}-\boldsymbol{K}_{[k]}\boldsymbol{v}_{[k]} \tag{6.3.10c}$$

式(6.3.10c)说明了后验状态估计误差与先验状态估计误差之间的关系。后验状态估计误差 $\boldsymbol{e}_{[k]}$ 的协方差矩阵为

$$\boldsymbol{P}_{[k]}=E(\boldsymbol{e}_{[k]}\boldsymbol{e}_{[k]}^{\mathrm{T}})=\begin{bmatrix}\sigma_{e_{1[k]}}^{2} & \cdots & \sigma_{e_{1[k]}e_{n[k]}}\\ \vdots & \ddots & \vdots\\ \sigma_{e_{n[k]}e_{1[k]}} & \cdots & \sigma_{e_{n[k]}}^{2}\end{bmatrix} \tag{6.3.11}$$

$\boldsymbol{P}_{[k]}$ 被称为后验状态估计误差的协方差矩阵。它的迹为

$$\mathrm{Tr}(\boldsymbol{P}_{[k]})=\sigma_{e_{1[k]}}^{2}+\sigma_{e_{2[k]}}^{2}+\cdots+\sigma_{e_{n[k]}}^{2} \tag{6.3.12}$$

$\mathrm{Tr}(\boldsymbol{P}_{[k]})$ 代表了每一个状态变量估计误差的方差的加和,它越小,说明估计值越准确。因此,卡尔曼增益的设计目标就很明确了,即找到最优的卡尔曼增益 $\boldsymbol{K}_{[k]}^{*}$,使得后验状态估计误差的迹 $\mathrm{Tr}(\boldsymbol{P}_{[k]})$ 最小,即

$$\boldsymbol{K}_{[k]}^{*}=\mathrm{argmin}\,\mathrm{Tr}(\boldsymbol{P}_{[k]})$$

> 需要注意的是,式(6.3.12)中每一个状态变量估计误差的方差权重都是一样的,在实际操作中,我们可以将其乘以一个权重矩阵并进行分析,以突出某一个(或几个)状态变量的重要性。

将式(6.3.10c)代入式(6.3.11),可得

$$\begin{aligned}\boldsymbol{P}_{[k]}&=E(\boldsymbol{e}_{[k]}\boldsymbol{e}_{[k]}^{\mathrm{T}})=E(((\boldsymbol{I}-\boldsymbol{K}_{[k]}\boldsymbol{H}_{\mathrm{m}})\boldsymbol{e}_{[k]}^{-}-\boldsymbol{K}_{[k]}\boldsymbol{v}_{[k]})((\boldsymbol{I}-\boldsymbol{K}_{[k]}\boldsymbol{H}_{\mathrm{m}})\boldsymbol{e}_{[k]}^{-}-\boldsymbol{K}_{[k]}\boldsymbol{v}_{[k]})^{\mathrm{T}})\\
&=E(((\boldsymbol{I}-\boldsymbol{K}_{[k]}\boldsymbol{H}_{\mathrm{m}})\boldsymbol{e}_{[k]}^{-}-\boldsymbol{K}_{[k]}\boldsymbol{v}_{[k]})(\boldsymbol{e}_{[k]}^{-\mathrm{T}}(\boldsymbol{I}-\boldsymbol{K}_{[k]}\boldsymbol{H}_{\mathrm{m}})^{\mathrm{T}}-\boldsymbol{v}_{[k]}^{\mathrm{T}}\boldsymbol{K}_{[k]}^{\mathrm{T}}))\\
&=E((\boldsymbol{I}-\boldsymbol{K}_{[k]}\boldsymbol{H}_{\mathrm{m}})\boldsymbol{e}_{[k]}^{-}\boldsymbol{e}_{[k]}^{-\mathrm{T}}(\boldsymbol{I}-\boldsymbol{K}_{[k]}\boldsymbol{H}_{\mathrm{m}})^{\mathrm{T}}-\\
&\quad(\boldsymbol{I}-\boldsymbol{K}_{[k]}\boldsymbol{H}_{\mathrm{m}})\boldsymbol{e}_{[k]}^{-}\boldsymbol{v}_{[k]}^{\mathrm{T}}\boldsymbol{K}_{[k]}^{\mathrm{T}}-\boldsymbol{K}_{[k]}\boldsymbol{v}_{[k]}\boldsymbol{e}_{[k]}^{-\mathrm{T}}(\boldsymbol{I}-\boldsymbol{K}_{[k]}\boldsymbol{H}_{\mathrm{m}})^{\mathrm{T}}+\boldsymbol{K}_{[k]}\boldsymbol{v}_{[k]}\boldsymbol{v}_{[k]}^{\mathrm{T}}\boldsymbol{K}_{[k]}^{\mathrm{T}})\\
&=E((\boldsymbol{I}-\boldsymbol{K}_{[k]}\boldsymbol{H}_{\mathrm{m}})\boldsymbol{e}_{[k]}^{-}\boldsymbol{e}_{[k]}^{-\mathrm{T}}(\boldsymbol{I}-\boldsymbol{K}_{[k]}\boldsymbol{H}_{\mathrm{m}})^{\mathrm{T}})-E((\boldsymbol{I}-\boldsymbol{K}_{[k]}\boldsymbol{H}_{\mathrm{m}})\boldsymbol{e}_{[k]}^{-}\boldsymbol{v}_{[k]}^{\mathrm{T}}\boldsymbol{K}_{[k]}^{\mathrm{T}})-\\
&\quad E(\boldsymbol{K}_{[k]}\boldsymbol{v}_{[k]}\boldsymbol{e}_{[k]}^{-\mathrm{T}}(\boldsymbol{I}-\boldsymbol{K}_{[k]}\boldsymbol{H}_{\mathrm{m}})^{\mathrm{T}})+E(\boldsymbol{K}_{[k]}\boldsymbol{v}_{[k]}\boldsymbol{v}_{[k]}^{\mathrm{T}}\boldsymbol{K}_{[k]}^{\mathrm{T}})\end{aligned} \tag{6.3.13a}$$

其中,$\boldsymbol{I}$ 为单位矩阵;$\boldsymbol{K}_{[k]}$ 与 $\boldsymbol{H}_{\mathrm{m}}$ 都是常数矩阵,它们线性组合后的期望就是其本身,因此可以将它们提到括号外边,得到

$$\begin{aligned}\boldsymbol{P}_{[k]}&=(\boldsymbol{I}-\boldsymbol{K}_{[k]}\boldsymbol{H}_{\mathrm{m}})E(\boldsymbol{e}_{[k]}^{-}\boldsymbol{e}_{[k]}^{-\mathrm{T}})(\boldsymbol{I}-\boldsymbol{K}_{[k]}\boldsymbol{H}_{\mathrm{m}})^{\mathrm{T}}-\\
&\quad(\boldsymbol{I}-\boldsymbol{K}_{[k]}\boldsymbol{H}_{\mathrm{m}})E(\boldsymbol{e}_{[k]}^{-}\boldsymbol{v}_{[k]}^{\mathrm{T}})\boldsymbol{K}_{[k]}^{\mathrm{T}}-\boldsymbol{K}_{[k]}E(\boldsymbol{v}_{[k]}\boldsymbol{e}_{[k]}^{-\mathrm{T}})\\
&\quad(\boldsymbol{I}-\boldsymbol{K}_{[k]}\boldsymbol{H}_{\mathrm{m}})^{\mathrm{T}}+\boldsymbol{K}_{[k]}E(\boldsymbol{v}_{[k]}\boldsymbol{v}_{[k]}^{\mathrm{T}})\boldsymbol{K}_{[k]}^{\mathrm{T}}\end{aligned} \tag{6.3.13b}$$

因为测量误差 $\boldsymbol{v}_{[k]}$ 与先验状态估计误差 $\boldsymbol{e}_{[k]}^{-}$ 相互独立且 $E(\boldsymbol{v}_{[k]})=E(\boldsymbol{v}_{[k]}^{\mathrm{T}})=\boldsymbol{0}$,因此中间两项 $E=E(\boldsymbol{e}_{[k]}^{-}\boldsymbol{v}_{[k]}^{\mathrm{T}})=(\boldsymbol{v}_{[k]}\boldsymbol{e}_{[k]}^{-\mathrm{T}})=\boldsymbol{0}$,式(6.3.13b)化简为

$$\boldsymbol{P}_{[k]}=(\boldsymbol{I}-\boldsymbol{K}_{[k]}\boldsymbol{H}_{\mathrm{m}})E(\boldsymbol{e}_{[k]}^{-}\boldsymbol{e}_{[k]}^{-\mathrm{T}})(\boldsymbol{I}-\boldsymbol{K}_{[k]}\boldsymbol{H}_{\mathrm{m}})^{\mathrm{T}}+$$

$$\boldsymbol{K}_{[k]}E(\boldsymbol{v}_{[k]}\boldsymbol{v}_{[k]}^{\mathrm{T}})\boldsymbol{K}_{[k]}^{\mathrm{T}} \tag{6.3.13c}$$

将式(6.3.9b)和式(6.3.2c)代入式(6.3.13c),调整可得

$$\begin{aligned}\boldsymbol{P}_{[k]} &= (\boldsymbol{I}-\boldsymbol{K}_{[k]}\boldsymbol{H}_{\mathrm{m}})\boldsymbol{P}_{[k]}^{-}(\boldsymbol{I}-\boldsymbol{K}_{[k]}\boldsymbol{H}_{\mathrm{m}})^{\mathrm{T}}+\boldsymbol{K}_{[k]}\boldsymbol{R}_{\mathrm{c}}\boldsymbol{K}_{[k]}^{\mathrm{T}} \\ &= (\boldsymbol{P}_{[k]}^{-}-\boldsymbol{K}_{[k]}\boldsymbol{H}_{\mathrm{m}}\boldsymbol{P}_{[k]}^{-})(\boldsymbol{I}-\boldsymbol{H}_{\mathrm{m}}^{\mathrm{T}}\boldsymbol{K}_{[k]}^{\mathrm{T}})+\boldsymbol{K}_{[k]}\boldsymbol{R}_{\mathrm{c}}\boldsymbol{K}_{[k]}^{\mathrm{T}} \\ &= \boldsymbol{P}_{[k]}^{-}-\boldsymbol{P}_{[k]}^{-}\boldsymbol{H}_{\mathrm{m}}^{\mathrm{T}}\boldsymbol{K}_{[k]}^{\mathrm{T}}-\boldsymbol{K}_{[k]}\boldsymbol{H}_{\mathrm{m}}\boldsymbol{P}_{[k]}^{-}+ \\ &\quad \boldsymbol{K}_{[k]}\boldsymbol{H}_{\mathrm{m}}\boldsymbol{P}_{[k]}^{-}\boldsymbol{H}_{\mathrm{m}}^{\mathrm{T}}\boldsymbol{K}_{[k]}^{\mathrm{T}}+\boldsymbol{K}_{[k]}\boldsymbol{R}_{\mathrm{c}}\boldsymbol{K}_{[k]}^{\mathrm{T}}\end{aligned} \tag{6.3.13d}$$

后验状态估计协方差矩阵的迹为

$$\begin{aligned}\mathrm{Tr}(\boldsymbol{P}_{[k]}) = {}& \mathrm{Tr}(\boldsymbol{P}_{[k]}^{-})-\mathrm{Tr}(\boldsymbol{P}_{[k]}^{-}\boldsymbol{H}_{\mathrm{m}}^{\mathrm{T}}\boldsymbol{K}_{[k]}^{\mathrm{T}})-\mathrm{Tr}(\boldsymbol{K}_{[k]}\boldsymbol{H}_{\mathrm{m}}\boldsymbol{P}_{[k]}^{-})+ \\ & \mathrm{Tr}(\boldsymbol{K}_{[k]}\boldsymbol{H}_{\mathrm{m}}\boldsymbol{P}_{[k]}^{-}\boldsymbol{H}_{\mathrm{m}}^{\mathrm{T}}\boldsymbol{K}_{[k]}^{\mathrm{T}})+\mathrm{Tr}(\boldsymbol{K}_{[k]}\boldsymbol{R}_{\mathrm{c}}\boldsymbol{K}_{[k]}^{\mathrm{T}})\end{aligned} \tag{6.3.14a}$$

因为协方差矩阵 $\boldsymbol{P}_{[k]}^{-}$ 为对称矩阵,所以 $\boldsymbol{P}_{[k]}^{-}\boldsymbol{H}_{\mathrm{m}}^{\mathrm{T}}\boldsymbol{K}_{[k]}^{\mathrm{T}}=(\boldsymbol{K}_{[k]}\boldsymbol{H}_{\mathrm{m}}\boldsymbol{P}_{[k]}^{-})^{\mathrm{T}}$,因此

$$\mathrm{Tr}(\boldsymbol{P}_{[k]}^{-}\boldsymbol{H}_{\mathrm{m}}^{\mathrm{T}}\boldsymbol{K}_{[k]}^{\mathrm{T}})=\mathrm{Tr}(\boldsymbol{K}_{[k]}\boldsymbol{H}_{\mathrm{m}}\boldsymbol{P}_{[k]}^{-}) \tag{6.3.14b}$$

代入式(6.3.14a)可得

$$\begin{aligned}\mathrm{Tr}(\boldsymbol{P}_{[k]}) = {}& \mathrm{Tr}(\boldsymbol{P}_{[k]}^{-})-2\mathrm{Tr}(\boldsymbol{K}_{[k]}\boldsymbol{H}_{\mathrm{m}}\boldsymbol{P}_{[k]}^{-})+ \\ & \mathrm{Tr}(\boldsymbol{K}_{[k]}\boldsymbol{H}_{\mathrm{m}}\boldsymbol{P}_{[k]}^{-}\boldsymbol{H}_{\mathrm{m}}^{\mathrm{T}}\boldsymbol{K}_{[k]}^{\mathrm{T}})+\mathrm{Tr}(\boldsymbol{K}_{[k]}\boldsymbol{R}_{\mathrm{c}}\boldsymbol{K}_{[k]}^{\mathrm{T}})\end{aligned} \tag{6.3.15}$$

求其最小值,可令

$$\frac{\partial \mathrm{Tr}(\boldsymbol{P}_{[k]})}{\partial \boldsymbol{K}_{[k]}}=\boldsymbol{0} \tag{6.3.16}$$

迹是一个标量,因此式(6.3.16)是一个标量方程对矩阵求导,使用分母布局,其结果也将是一个与 $\boldsymbol{K}_{[k]}$ 维度相同的矩阵,计算过程请参考第2章**矩阵求导公式2.3.6**与**矩阵求导公式2.3.7**,计算可得

$$\begin{aligned}\frac{\partial \mathrm{Tr}(\boldsymbol{P}_{[k]})}{\partial \boldsymbol{K}_{[k]}} &= \frac{\partial \mathrm{Tr}(\boldsymbol{P}_{[k]}^{-})}{\partial \boldsymbol{K}_{[k]}}-2\frac{\partial \mathrm{Tr}(\boldsymbol{K}_{[k]}\boldsymbol{H}_{\mathrm{m}}\boldsymbol{P}_{[k]}^{-})}{\partial \boldsymbol{K}_{[k]}}+ \\ &\quad \frac{\partial \mathrm{Tr}(\boldsymbol{K}_{[k]}\boldsymbol{H}_{\mathrm{m}}\boldsymbol{P}_{[k]}^{-}\boldsymbol{H}_{\mathrm{m}}^{\mathrm{T}}\boldsymbol{K}_{[k]}^{\mathrm{T}})}{\partial \boldsymbol{K}_{[k]}}+\frac{\partial \mathrm{Tr}(\boldsymbol{K}_{[k]}\boldsymbol{R}_{\mathrm{c}}\boldsymbol{K}_{[k]}^{\mathrm{T}})}{\partial \boldsymbol{K}_{[k]}} \\ &= \boldsymbol{0}-2(\boldsymbol{H}_{\mathrm{m}}\boldsymbol{P}_{[k]}^{-})^{\mathrm{T}}+2\boldsymbol{K}_{[k]}\boldsymbol{H}_{\mathrm{m}}\boldsymbol{P}_{[k]}^{-}\boldsymbol{H}_{\mathrm{m}}^{\mathrm{T}}+2\boldsymbol{K}_{[k]}\boldsymbol{R}_{\mathrm{c}} \\ &= -2\boldsymbol{P}_{[k]}^{-\,\mathrm{T}}\boldsymbol{H}_{\mathrm{m}}^{\mathrm{T}}+2\boldsymbol{K}_{[k]}\boldsymbol{H}_{\mathrm{m}}\boldsymbol{P}_{[k]}^{-}\boldsymbol{H}_{\mathrm{m}}^{\mathrm{T}}+2\boldsymbol{K}_{[k]}\boldsymbol{R}_{\mathrm{c}}\end{aligned} \tag{6.3.17a}$$

因为 $\boldsymbol{P}_{[k]}^{-}$ 为对称矩阵,所以 $\boldsymbol{P}_{[k]}^{-}=\boldsymbol{P}_{[k]}^{-\,\mathrm{T}}$,代入式(6.3.17a)可得

$$\frac{\partial \mathrm{Tr}(\boldsymbol{P}_{[k]})}{\partial \boldsymbol{K}_{[k]}}=-2\boldsymbol{P}_{[k]}^{-}\boldsymbol{H}_{\mathrm{m}}^{\mathrm{T}}+2\boldsymbol{K}_{[k]}(\boldsymbol{H}_{\mathrm{m}}\boldsymbol{P}_{[k]}^{-}\boldsymbol{H}_{\mathrm{m}}^{\mathrm{T}}+\boldsymbol{R}_{\mathrm{c}}) \tag{6.3.17b}$$

其二阶导数为

$$\frac{\partial^2 \mathrm{Tr}(\boldsymbol{P}_{[k]})}{\partial \boldsymbol{K}_{[k]}^2}=2(\boldsymbol{H}_{\mathrm{m}}\boldsymbol{P}_{[k]}^{-}\boldsymbol{H}_{\mathrm{m}}^{\mathrm{T}}+\boldsymbol{R}_{\mathrm{c}}) \tag{6.3.17c}$$

它为正定矩阵,因此令式(6.3.17b)等于0,可得最优增益,即

$$\begin{aligned}&-\boldsymbol{P}_{[k]}^{-}\boldsymbol{H}_{\mathrm{m}}^{\mathrm{T}}+\boldsymbol{K}_{[k]}(\boldsymbol{H}_{\mathrm{m}}\boldsymbol{P}_{[k]}^{-}\boldsymbol{H}_{\mathrm{m}}^{\mathrm{T}}+\boldsymbol{R}_{\mathrm{c}})=0 \\ &\Rightarrow \boldsymbol{K}_{[k]}=\frac{\boldsymbol{P}_{[k]}^{-}\boldsymbol{H}_{\mathrm{m}}^{\mathrm{T}}}{\boldsymbol{H}_{\mathrm{m}}\boldsymbol{P}_{[k]}^{-}\boldsymbol{H}_{\mathrm{m}}^{\mathrm{T}}+\boldsymbol{R}_{\mathrm{c}}}\end{aligned} \tag{6.3.18}$$

式(6.3.18)即最优估计的卡尔曼增益 $\boldsymbol{K}_{[k]}$。

分析式(6.3.18)可得,当测量噪声 $\boldsymbol{R}_c$ 很大时,$\boldsymbol{K}_{[k]}\to 0$,后验状态估计 $\hat{\boldsymbol{x}}_{[k]}\to\hat{\boldsymbol{x}}_{[k]}^-$,此时的测量噪声较大,所以滤波器选择更加"相信"先验状态估计(即计算出来的结果)。相反,如果先验状态估计的协方差矩阵 $\boldsymbol{P}_{[k]}^-$ 较大(即先验状态估计误差较大,计算出的结果误差大),$\boldsymbol{K}_{[k]}\to\boldsymbol{H}_m^{-1}$,此时的后验状态估计 $\hat{\boldsymbol{x}}_{[k]}\to\boldsymbol{H}_m^{-1}\boldsymbol{z}_{[k]}$,滤波器选择更加"相信"测量的结果。这与式(6.3.6)的设计原则相符。

在式(6.3.18)中,矩阵 $\boldsymbol{H}_m$ 和 $\boldsymbol{R}_c$ 都可以当作已知量。至此,只需要得到先验状态估计的协方差矩阵 $\boldsymbol{P}_{[k]}^-$ 即可求得卡尔曼增益,将式(6.3.9a)代入式(6.3.9b),可得

$$\begin{aligned}\boldsymbol{P}_{[k]}^- &= E(\boldsymbol{e}_{[k]}^-\boldsymbol{e}_{[k]}^{-\mathrm{T}}) = E((\boldsymbol{A}\boldsymbol{e}_{[k-1]}+\boldsymbol{w}_{[k-1]})(\boldsymbol{A}\boldsymbol{e}_{[k-1]}+\boldsymbol{w}_{[k-1]})^{\mathrm{T}})\\ &= E((\boldsymbol{A}\boldsymbol{e}_{[k-1]}+\boldsymbol{w}_{[k-1]})(\boldsymbol{e}_{[k-1]}^{\mathrm{T}}\boldsymbol{A}^{\mathrm{T}}+\boldsymbol{w}_{[k-1]}^{\mathrm{T}}))\\ &= E(\boldsymbol{A}\boldsymbol{e}_{[k-1]}\boldsymbol{e}_{[k-1]}^{\mathrm{T}}\boldsymbol{A}^{\mathrm{T}}+\boldsymbol{A}\boldsymbol{e}_{[k-1]}\boldsymbol{w}_{[k-1]}^{\mathrm{T}}+\boldsymbol{w}_{[k-1]}\boldsymbol{e}_{[k-1]}^{\mathrm{T}}\boldsymbol{A}^{\mathrm{T}}+\boldsymbol{w}_{[k-1]}\boldsymbol{w}_{[k-1]}^{\mathrm{T}})\\ &= \boldsymbol{A}E(\boldsymbol{e}_{[k-1]}\boldsymbol{e}_{[k-1]}^{\mathrm{T}})\boldsymbol{A}^{\mathrm{T}}+\boldsymbol{A}E(\boldsymbol{e}_{[k-1]}\boldsymbol{w}_{[k-1]}^{\mathrm{T}})+\\ &\quad E(\boldsymbol{w}_{[k-1]}\boldsymbol{e}_{[k-1]}^{\mathrm{T}})\boldsymbol{A}^{\mathrm{T}}+E(\boldsymbol{w}_{[k-1]}\boldsymbol{w}_{[k-1]}^{\mathrm{T}})\end{aligned} \tag{6.3.19a}$$

因为 $\boldsymbol{e}_{[k-1]}$ 与 $\boldsymbol{w}_{[k-1]}$ 相互独立,且 $E(\boldsymbol{w}_{[k-1]}^{\mathrm{T}})=E(\boldsymbol{w}_{[k-1]})=\boldsymbol{0}$,所以 $E(\boldsymbol{e}_{[k-1]}\boldsymbol{w}_{[k-1]}^{\mathrm{T}})=E(\boldsymbol{w}_{[k-1]}\boldsymbol{e}_{[k-1]}^{\mathrm{T}})=\boldsymbol{0}$,式(6.3.19a)变成

$$\boldsymbol{P}_{[k]}^- = \boldsymbol{A}E(\boldsymbol{e}_{[k-1]}\boldsymbol{e}_{[k-1]}^{\mathrm{T}})\boldsymbol{A}^{\mathrm{T}}+E(\boldsymbol{w}_{[k-1]}\boldsymbol{w}_{[k-1]}^{\mathrm{T}}) \tag{6.3.19b}$$

其中,$E(\boldsymbol{e}_{[k-1]}\boldsymbol{e}_{[k-1]}^{\mathrm{T}})=\boldsymbol{P}_{[k-1]}$ 表示第 $k-1$ 时刻的后验状态估计协方差矩阵;$E(\boldsymbol{w}_{[k-1]}\boldsymbol{w}_{[k-1]}^{\mathrm{T}})=\boldsymbol{Q}_c$ 表示过程噪声的协方差矩阵。整理可得

$$\boldsymbol{P}_{[k]}^- = \boldsymbol{A}\boldsymbol{P}_{[k-1]}\boldsymbol{A}^{\mathrm{T}}+\boldsymbol{Q}_c \tag{6.3.20}$$

至此,式(6.3.18)中的每一个量都为已知量。

最后,将式(6.3.18)代入式(6.3.13d),可以得到后验状态估计误差的协方差矩阵

$$\begin{aligned}\boldsymbol{P}_{[k]} &= \boldsymbol{P}_{[k]}^- - \boldsymbol{P}_{[k]}^-\boldsymbol{H}_m^{\mathrm{T}}\boldsymbol{K}_{[k]}^{\mathrm{T}} - \boldsymbol{K}_{[k]}\boldsymbol{H}_m\boldsymbol{P}_{[k]}^- + \boldsymbol{K}_{[k]}\boldsymbol{H}_m\boldsymbol{P}_{[k]}^- H^{\mathrm{T}}\boldsymbol{K}_{[k]}^{\mathrm{T}} + \boldsymbol{K}_{[k]}\boldsymbol{R}_c\boldsymbol{K}_{[k]}^{\mathrm{T}}\\ &= \boldsymbol{P}_{[k]}^- - \boldsymbol{P}_{[k]}^-\boldsymbol{H}_m^{\mathrm{T}}\boldsymbol{K}_{[k]}^{\mathrm{T}} - \boldsymbol{K}_{[k]}\boldsymbol{H}_m\boldsymbol{P}_{[k]}^- + \frac{\boldsymbol{P}_{[k]}^-\boldsymbol{H}_m^{\mathrm{T}}}{\boldsymbol{H}_m\boldsymbol{P}_{[k]}^-\boldsymbol{H}_m^{\mathrm{T}}+\boldsymbol{R}_c}(\boldsymbol{H}_m\boldsymbol{P}_{[k]}^-\boldsymbol{H}_m^{\mathrm{T}}+\boldsymbol{R}_c)\boldsymbol{K}_{[k]}^{\mathrm{T}}\\ &= \boldsymbol{P}_{[k]}^- - \boldsymbol{P}_{[k]}^-\boldsymbol{H}_m^{\mathrm{T}}\boldsymbol{K}_{[k]}^{\mathrm{T}} - \boldsymbol{K}_{[k]}\boldsymbol{H}_m\boldsymbol{P}_{[k]}^- + \boldsymbol{P}_{[k]}^-\boldsymbol{H}_m^{\mathrm{T}}\boldsymbol{K}_{[k]}^{\mathrm{T}}\\ &= \boldsymbol{P}_{[k]}^- - \boldsymbol{K}_{[k]}\boldsymbol{H}_m\boldsymbol{P}_{[k]}^-\\ &= (\boldsymbol{I}-\boldsymbol{K}_{[k]}\boldsymbol{H}_m)\boldsymbol{P}_{[k]}^-\end{aligned} \tag{6.3.21}$$

这一矩阵将用于 $k+1$ 时刻的运算中。在式(6.3.21)中,$(\boldsymbol{I}-\boldsymbol{K}_{[k]}\boldsymbol{H}_m)<\boldsymbol{I}$,因此随着迭代它会不断地减小。式(6.3.3)、式(6.3.6b)、式(6.3.10)、式(6.3.18)和式(6.3.21)被称为卡尔曼滤波器的五个重要公式。

6.3.3 卡尔曼滤波器算法说明

卡尔曼滤波器算法可以划分为两个部分:**时间更新(time update)**和**测量更新(measurement update)**。完整的流程如图 6.3.1 所示。

在 $k=1$ 时刻,算法开始运行,需要设定初始状态估计 $\hat{\boldsymbol{x}}_{[0]}$ 与初始状态估计误差协方差矩阵 $\boldsymbol{P}_{[0]}$ 用作第一组时间更新的参数。$\hat{\boldsymbol{x}}_{[0]}$ 的选择应尽量靠近可能的真实值,$\boldsymbol{P}_{[0]}$ 则可以选取一个较大的矩阵。此后,在 k 时刻,时间更新公式首先计算出先验状态估计 $\hat{\boldsymbol{x}}_{[k]}^-$ 与先

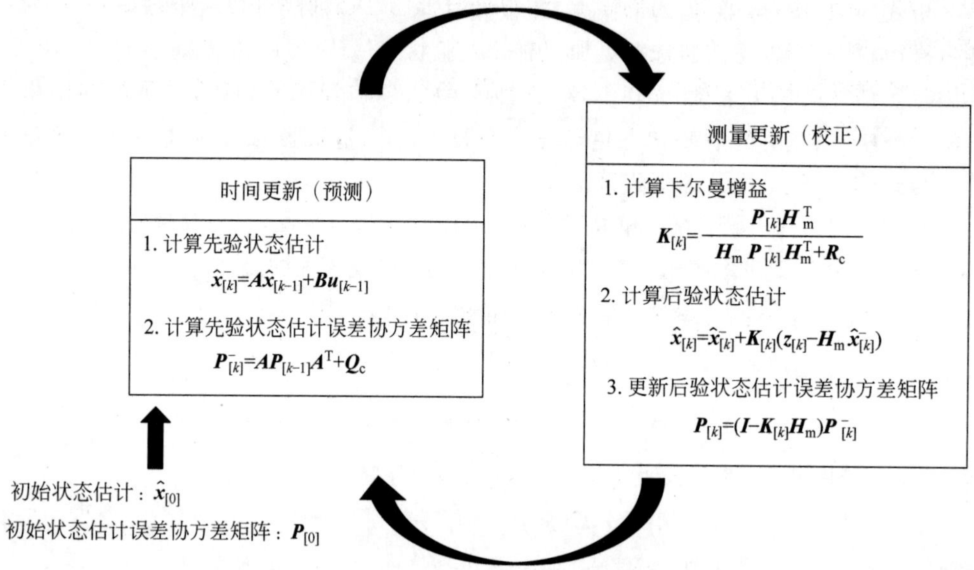

图 6.3.1 卡尔曼滤波器的运算过程

验状态估计误差协方差矩阵 $P^-_{[k]}$，这是通过上一次估计和系统模型计算下一次估计值的预测过程。之后，测量更新公式利用 $P^-_{[k]}$ 和 R_c 计算出卡尔曼增益 $K_{[k]}$，然后使用卡尔曼增益计算出融合的后验状态估计 $\hat{x}_{[k]}$，这一过程通过测量值对先验状态估计进行校正。最后计算出后验状态估计误差协方差矩阵 $P_{[k]}$，为下一时刻（即 $k+1$ 时刻）做准备。卡尔曼滤波器就是重复地进行预测、测量、更新这三个工作。

几点讨论如下。

讨论 1：观察卡尔曼滤波器的五个重要公式，可以发现 k 时刻的预测和校正都只与 $k-1$ 时刻的预测和 k 时刻的测量值相关，这是递归算法的特性，每次计算只需要保存前一时刻的状态量和协方差矩阵，而不需要保存所有历史数据。这种递归方式可以有效地节省存储空间，提高运算效率，特别是在处理大量数据时尤为明显。

讨论 2：若过程噪声的协方差矩阵 Q_c 和测量噪声的协方差矩阵 R_c 是常数矩阵，随着时间的推移，系统收集到的测量数据增多，会使得状态估计更加准确，卡尔曼增益 $K_{[k]}$ 和估计误差协方差矩阵 $P_{[k]}$ 将趋于稳定（常数矩阵）。这一结论可以通过数值方法得到验证。因此在实际应用中，我们可以通过离线测试的方法预先得到稳定的卡尔曼增益和协方差矩阵。需要注意的是，在现实生活中，Q_c 和 R_c 一般很难保持常数，通常会随着环境发生改变，可以使用自适应卡尔曼滤波器来提高性能，或者采用其他的方法使用时变的噪声矩阵，有兴趣的读者可以参考其他资料。

讨论 3：选择 Q_c 和 R_c 是卡尔曼滤波器设计中非常重要的一个环节，它会直接影响滤波器的性能和稳定性。在实际应用中，可以采用以下两个步骤确定这两个重要的矩阵：

第一步，初始估计：根据系统的物理模型和传感器特性，对 Q_c 和 R_c 进行初始估计。其中 R_c 通常可以通过观测或查询传感器的参数得到。

第二步，实验测试：使用实验数据对 Q_c 和 R_c 进行调整。在实验中，需要记录系统的状态和测量值，并根据测量数据计算出卡尔曼增益和误差协方差矩阵。然后，根据卡尔曼滤波器的状态估计结果对 $\boldsymbol{Q}_c$ 和 $\boldsymbol{R}_c$ 进行调整，使得滤波器的性能能够达到预期的要求。请参考下一小节的案例。

在编写程序时，可以将图 6.3.1 的整个流程写成一个模块[F8]**线性卡尔曼滤波器**，对应于本书所附代码中的 **F8_LinearKalmanFilter.m**。

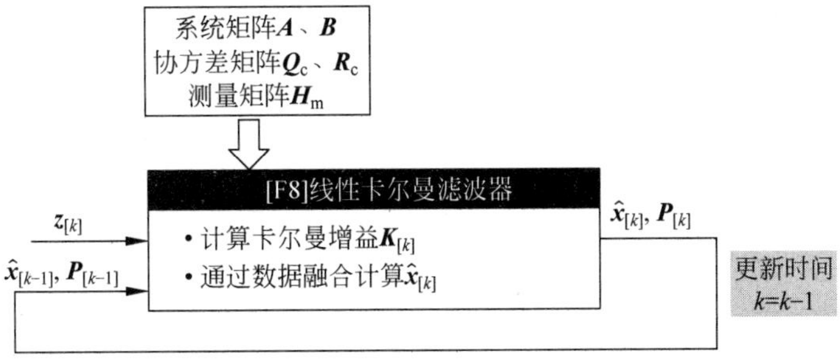

图 6.3.2 卡尔曼滤波器程序模块

请参考代码 6.1：F8_LinearKalmanFilter.m。

6.4 案例分析

本节将以无人机高度观测为例，详细介绍卡尔曼滤波器的使用方法。由 3.3.2 节可知，无人机高度控制的状态空间方程为

$$\boldsymbol{x}_{[k+1]}=\boldsymbol{A}\boldsymbol{x}_{[k]}+\boldsymbol{B}u_{[k]} \tag{6.4.1a}$$

当采样时间 $T_s=0.1\text{s}$ 时，有

$$\boldsymbol{A}=\begin{bmatrix}1 & 0.1 & 0.005\\0 & 1 & 0.1\\0 & 0 & 1\end{bmatrix}\quad \boldsymbol{B}=\begin{bmatrix}0.005\\0.1\\0\end{bmatrix} \tag{6.4.1b}$$

其中，$x_{1_{[k]}}$ 代表高度位置；$x_{2_{[k]}}$ 代表速度；$x_{3_{[k]}}=-g$ 是一个常数，作为系统输入的偏差。为模拟现实情况，为其增加期望为 **0** 且服从正态分布的随机过程噪声，令 $\boldsymbol{w}_a \sim N(\boldsymbol{0},\boldsymbol{Q}_{c_a})$，得到

$$\boldsymbol{x}_{[k]}=\boldsymbol{A}\boldsymbol{x}_{[k-1]}+\boldsymbol{B}u_{[k-1]}+\boldsymbol{w}_{a_{[k-1]}} \tag{6.4.2a}$$

其中，设计仿真环境中的过程噪声的协方差矩阵为

$$\boldsymbol{Q}_{c_a}=\begin{bmatrix}0.05 & 0 & 0\\0 & 0.05 & 0\\0 & 0 & 0\end{bmatrix} \tag{6.4.2b}$$

因为 $x_3=-g$ 是一个常数，是用来构建增广矩阵的，所以与它对应的噪声误差为 0。

同时考虑高度和速度可以通过传感器测量，在仿真中也为其增加随机的测量噪声，即

$$\boldsymbol{z}_{[k]}=\boldsymbol{H}_m\boldsymbol{x}_{[k]}+\boldsymbol{v}_{a_{[k]}} \tag{6.4.3a}$$

其中，测量矩阵 $\boldsymbol{H}_m=\begin{bmatrix}1 & 0 & 0\\0 & 1 & 0\\0 & 0 & 1\end{bmatrix}$，噪声 $\boldsymbol{v}_a \sim N(\boldsymbol{0},\boldsymbol{R}_{c_a})$，设计仿真环境中的测量噪声的协方

差矩阵为

$$\boldsymbol{R}_{c_a}=\begin{bmatrix}1&0&0\\0&1&0\\0&0&0\end{bmatrix} \tag{6.4.3b}$$

同样，对于 $x_{3_{[k]}}$ 的测量为定值，即 $z_{3_{[k]}}=x_{3_{[k]}}=-g$，这样即可构建一个方阵 $\boldsymbol{H}_m$。

> 请注意，这里的协方差矩阵 $\boldsymbol{Q}_{c_a}$ 和 $\boldsymbol{R}_{c_a}$ 的下标 a 代表实际值(actual)。在仿真时可以直接赋值。在现实系统中则很难得到。

在本实验中，令初始状态为 $\boldsymbol{x}_{[0]}=[x_{1_{[0]}}\quad x_{2_{[0]}}\quad -g]^{\mathrm{T}}=[0\quad 1\quad -10]^{\mathrm{T}}$，即初始高度为 0m，并以 1m/s 的速度上升。同时考虑系统的输入为 $\boldsymbol{u}_{[k]}=[g]$，即动力与重力相等，加速度为 0。在理想条件下系统将保持匀速运动，以 1m/s 的速度上升。

在接下来的分析中，我们分析高度 $x_{1_{[k]}}$ 的变化。图 6.4.1 显示了在这样的设定下 10s ($k=100$)之内的系统表现。其中，星号代表了每一个 k 时刻的测量值，虚线代表了无人机实际的高度变化轨迹。图 6.4.1(a)展示的是一个完美系统，没有过程噪声，因此，无人机以 1m/s 的速度匀速上升了 10m，轨迹是一条直线。传感器也是完美的，因此，每一次的测量都与实际位置完全重合。

图 6.4.1(b)则展示了增加噪声后的模拟仿真表现，可以看到由于过程噪声的存在，无

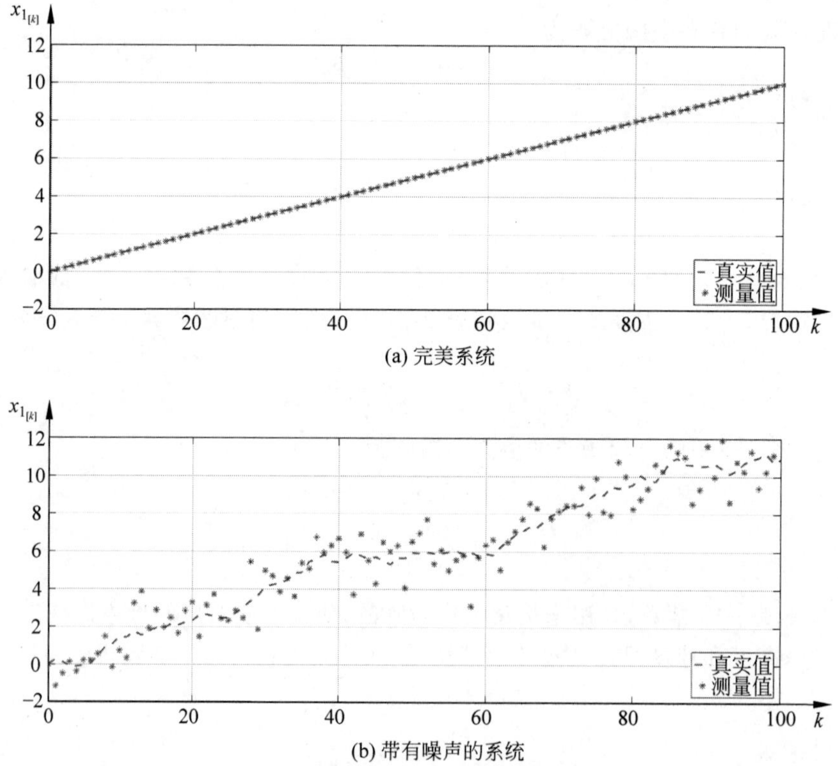

图 6.4.1　完美系统与带有噪声的系统

人机不再以匀速上升。同时由于协方差矩阵 $\boldsymbol{R}_{c_a}$ 较大，实时的测量误差也非常大(图中星号)。在实际情况中，我们是无法得知虚线(真实值)的，只能根据测量结果(图中星号)与系统模型来估计真实值。

在实际的程序运行中，每一次随机产生的噪声都是不同的，但在本实验中，为了比较不同参数下卡尔曼滤波器的表现，我们只生成一组噪声数据，保存为一个数据文件(NoiseData.csv)，并在所有的测试中都使用它。这样可以保证在下一小节中，测量结果和实际高度都如图 6.4.1(b)所示。

需要说明的是，这只是一个理论的仿真结果，在现实中，无人机的高度无法为负数。

6.4.1 仿真测试准备工作

针对上一小节提出的问题，可以使用卡尔曼滤波器来估计系统的状态。如表 6.4.1 所示，我们一共设计三组实验，其初始状态估计与初始状态估计误差协方差矩阵都为相同的设计，其中 $\hat{\boldsymbol{x}}_{[0]}=[0\quad 1\quad -10]^{\mathrm{T}}$，$\boldsymbol{P}_{[0]}=\begin{bmatrix}1&0&0\\0&1&0\\0&0&0\end{bmatrix}$。如 6.3.3 节所讨论的，在实际案例中，$\boldsymbol{R}_{c_a}$ 可以通过实验测量得到，而 $\boldsymbol{Q}_{c_a}$ 则不容易得到，因此在组 1 到组 3 中，我们假设已经通过实验测得测量噪声的协方差矩阵，即令 $\boldsymbol{R}_c=\boldsymbol{R}_{c_a}=\begin{bmatrix}1&0&0\\0&1&0\\0&0&0\end{bmatrix}$，然后猜测三组不同的过程噪声协方差矩阵 $\boldsymbol{Q}_{c_i}$。第 1 组的选择与测量噪声协方差矩阵一致，即 $\boldsymbol{Q}_{c_1}=\boldsymbol{R}_c=\begin{bmatrix}1&0&0\\0&1&0\\0&0&0\end{bmatrix}$；第 2 组则“恰好”选择了与真实情况一致的协方差矩阵 $\boldsymbol{Q}_{c_2}=\boldsymbol{Q}_{c_a}=\begin{bmatrix}0.05&0&0\\0&0.05&0\\0&0&0\end{bmatrix}$；第 3 组选择无限信任模型，即选择一个很小的 $\boldsymbol{Q}_{c_3}=\begin{bmatrix}0.01&0&0\\0&0.01&0\\0&0&0\end{bmatrix}$。同时为了量化比较 3 组测试的结果，引入**均方误差**(mean squared error，MSE)，即

$$e_{\mathrm{mse}}=\frac{1}{k}\sum(x_{1_{[k]}}-\hat{x}_{1_{[k]}})^2 \tag{6.4.4}$$

它体现了估计值与实际值的平均误差，e_{mse} 越小则证明估计值越准确。作为对比，测量结果的均方误差为 $e_{\mathrm{mse}}=\frac{1}{k}\sum(x_{1_{[k]}}-z_{1_{[k]}})^2=0.9948$(这一结果与 $\boldsymbol{R}_{c_a}$ 中的第一个元素一致)。

表 6.4.1 实验设计

测试组	初始条件			噪声协方差矩阵		均方误差
	$\boldsymbol{x}_{[0]}$	$\hat{\boldsymbol{x}}_{[0]}$	$\boldsymbol{P}_{[0]}$	$\boldsymbol{Q}_{c_i}$	$\boldsymbol{R}_c$	e_{mse}
组 1				$\begin{bmatrix}1&0&0\\0&1&0\\0&0&0\end{bmatrix}$	$\begin{bmatrix}1&0&0\\0&1&0\\0&0&0\end{bmatrix}$	0.4159
组 2	$[0\ \ 1\ \ -10]^{\mathrm{T}}$	$[0\ \ 1\ \ -10]^{\mathrm{T}}$	$\begin{bmatrix}1&0&0\\0&1&0\\0&0&0\end{bmatrix}$	$\begin{bmatrix}0.05&0&0\\0&0.05&0\\0&0&0\end{bmatrix}$	$\begin{bmatrix}1&0&0\\0&1&0\\0&0&0\end{bmatrix}$	0.1572
组 3				$\begin{bmatrix}0.01&0&0\\0&0.01&0\\0&0&0\end{bmatrix}$	$\begin{bmatrix}1&0&0\\0&1&0\\0&0&0\end{bmatrix}$	0.1835

6.4.2 仿真结果与讨论

组 1 的测试结果如图 6.4.2 所示，可以发现在 $\boldsymbol{Q}_{c_1}=\boldsymbol{R}_c$ 的情况下，图中后验状态估计值(实线部分)几乎在先验状态估计值(圆圈)与测量值(星号)的中间(平均值)，算法不偏不倚地平衡了计算值与测量值。使用卡尔曼滤波器在一定程度上抵消了变化过大的测量噪声，得到的后验状态估计值比单纯使用测量值有了显著的提升。但由于测量的误差过大，后验状态估计值依然与真实值相差较大，其均方误差为 0.4159。

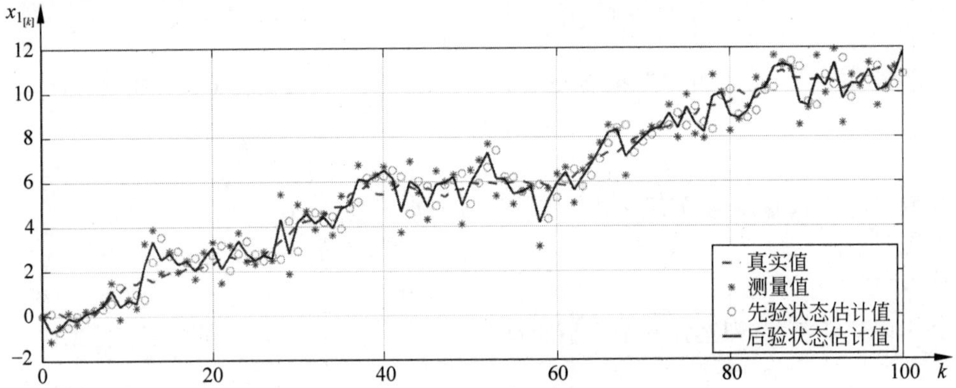

图 6.4.2 组 1 仿真测试结果

组 2 的测试结果如图 6.4.3 所示，在这一组中，我们下调了过程噪声的协方差矩阵，算法会使估计结果倾向于先验状态估计值(即计算值)。因为这样的设定更加符合真实的情况(计算值比测量值准确)，所以估计值的表现要优于组 1，其后验状态估计结果是一条相对平缓的曲线，这充分体现了卡尔曼滤波器的“滤波”性质，平滑了含有高频噪声的测量值。这一组测试结果的均方误差为 0.1572。

在组 3 中，我们继续下调过程噪声的协方差矩阵，由于 $\boldsymbol{Q}_{c_3}\ll\boldsymbol{R}_c$，测量值对后验状态估计的影响几乎可以忽略不计，如图 6.4.4 所示，后验状态估计值几乎与先验状态估计值完全

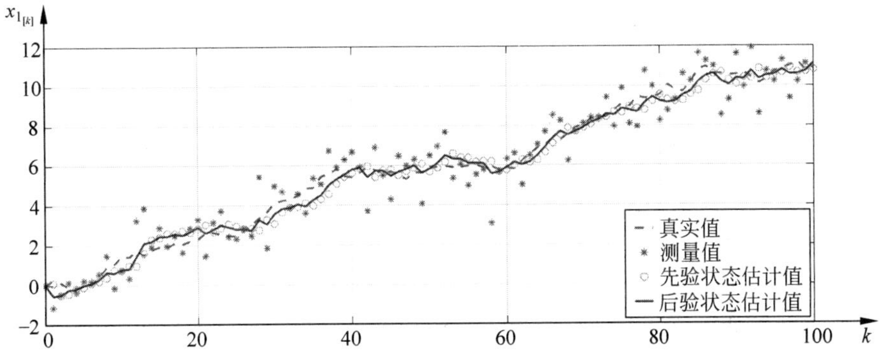

图 6.4.3　组 2 仿真测试结果

重合，估计曲线更加平滑。但是它的均方误差为 0.1835，比组 2 要高，这是因为在实际情况中测量值的表现并没有这么差，虽然误差较大，但仍然具有一定的参考价值。因此，这种完全抛弃测量结果的方法也并不可取。

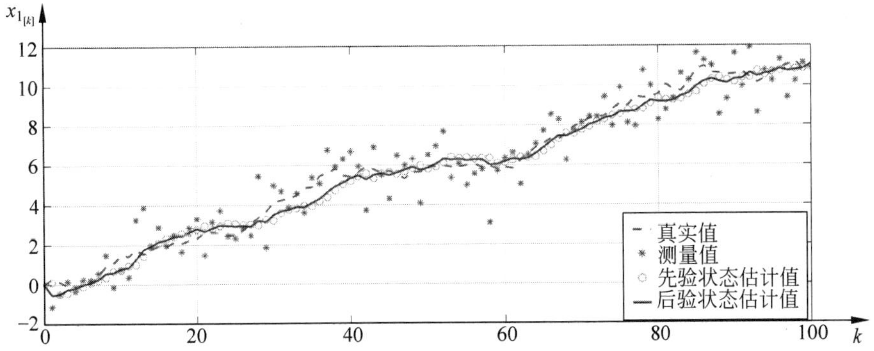

图 6.4.4　组 3 仿真测试结果

比较三组实验的表现，可以发现组 2 的表现是最好的，这是因为这一组选择的协方差矩阵"恰好"与实际情况相同，它更加准确地利用了先验状态估计值与测量值。同时可以发现，这三组实验的均方误差都远小于测量值的均方误差 0.9948。这说明使用了卡尔曼滤波器之后，估计值的准确性相较于直接使用测量值有了显著的改善。

通过以上分析可以发现，当过程噪声协方差矩阵不能确定时，我们可以首先选择一个较大的过程噪声协方差矩阵，运行并观察系统的表现，之后不断下调过程噪声并找到最合适的 $\boldsymbol{Q}_{\mathrm{c}}$，这就是**系统识别(system identification)**的过程。需要说明的是，因为本节的实验是通过仿真完成的，所以我们可以站在"上帝视角"观察各个组的实验结果。而在实际情况中，我们需要利用另一组更高精度的传感器得到系统的"真实值"，并以此作为基础，对系统进行验证。同时需要注意的是，在仿真中做这种判断与系统识别比较容易，在本例中每一次的随机结果都是一样的；而在实际情况中，每一次操作，其随机的测试结果都会有所不同，因此需要通过多次重复的实验和测试才可以得到更好的结果。

请参考代码 6.2：KalmanFilter_UAV_ConstantInput.m。

6.4.3 卡尔曼滤波器与 MPC 控制器的结合

在第 4 章和第 5 章中,我们详细介绍了 LQR 与 MPC 控制器的设计原理和使用方法,它们都会使用状态变量作为反馈项并以此设计控制器。在前面的章节中,我们假设系统模型是精确的且状态变量是可以精确得到的。但在实际情况中会存在过程噪声与测量噪声。在本小节中,我们将探讨如何将控制器和卡尔曼滤波器结合起来使用。具体来说,我们将利用卡尔曼滤波器提供的状态估计值作为控制器的反馈输入。这样,我们能够在控制过程中考虑系统的测量噪声和模型的不确定性,提高控制系统的表现。

本小节将以 MPC 控制器为例,有兴趣的读者可以举一反三,分析 LQR 与卡尔曼滤波器的结合。将 6.4.2 节的案例与第 5 章 5.6 节无人机高度控制的问题结合起来,控制的目标仍然是让无人机从地面起飞并停留在 10m 的高度。但这一次,我们无法实时得到准确的状态变量,而需要根据含有噪声的测量值与含有噪声的状态空间方程来估计状态变量,并使用它作为反馈项设计控制器。

控制器的设计与 5.6 节没有任何区别,仍然是建立一个含有约束的 MPC 轨迹追踪控制器。与此同时,一个卡尔曼滤波器与控制器并行运行,用于实时估计系统状态变量。因此,这一问题将用到**[F2]稳态非零控制矩阵转化模块**、**[F4]性能指标矩阵转换模块**、**[F6]约束条件矩阵转换模块**、**[F7]含约束二次规划求解模块**和**[F8]线性卡尔曼滤波器**。将这些模块组合起来使用,其流程如图 6.4.5 所示,这是本书中所有知识点的完整融合。

测试中噪声协方差矩阵的选择与 6.4.2 节中的组 2 一致,$\boldsymbol{R}_{\mathrm{c}}=\begin{bmatrix}1&0&0\\0&1&0\\0&0&0\end{bmatrix}$,$\boldsymbol{Q}_{\mathrm{c}}=\begin{bmatrix}0.05&0&0\\0&0.05&0\\0&0&0\end{bmatrix}$。在控制器中,权重矩阵选择 $\boldsymbol{S}=\begin{bmatrix}1&0&0\\0&1&0\\0&0&0\end{bmatrix}$,$\boldsymbol{Q}=\begin{bmatrix}1&0&0\\0&1&0\\0&0&0\end{bmatrix}$,$\boldsymbol{R}=[0.1]$,采样时间为 $T_{\mathrm{s}}=0.1\mathrm{s}$,控制区间则选择 $N_{\mathrm{p}}=20$。其仿真结果如图 6.4.6 所示。可以发现,控制系统以后验状态估计值作为反馈输入,很好地完成了控制目标,将无人机稳定到目标高度。

需要说明的是,在本例中,我们放松了对于状态变量的约束条件(请参考代码,读者也可以尝试使用从前的约束条件)。这样做是为了确保 MPC 控制器具有可行解。由于系统存在不确定性,估计得到的状态变量可能会偏离约束范围,此时 MPC 控制器可能无法找到最优解。

> 当使用卡尔曼滤波器的估计值作为反馈输入时,往往要求放宽对于状态变量的限制。因为卡尔曼滤波器的估计值可能会包含一定的误差,所以在约束条件中考虑这些误差可能会限制控制系统的性能。当将卡尔曼滤波器的估计值作为反馈输入时,需要仔细考虑状态估计的准确性和控制性能之间的平衡。

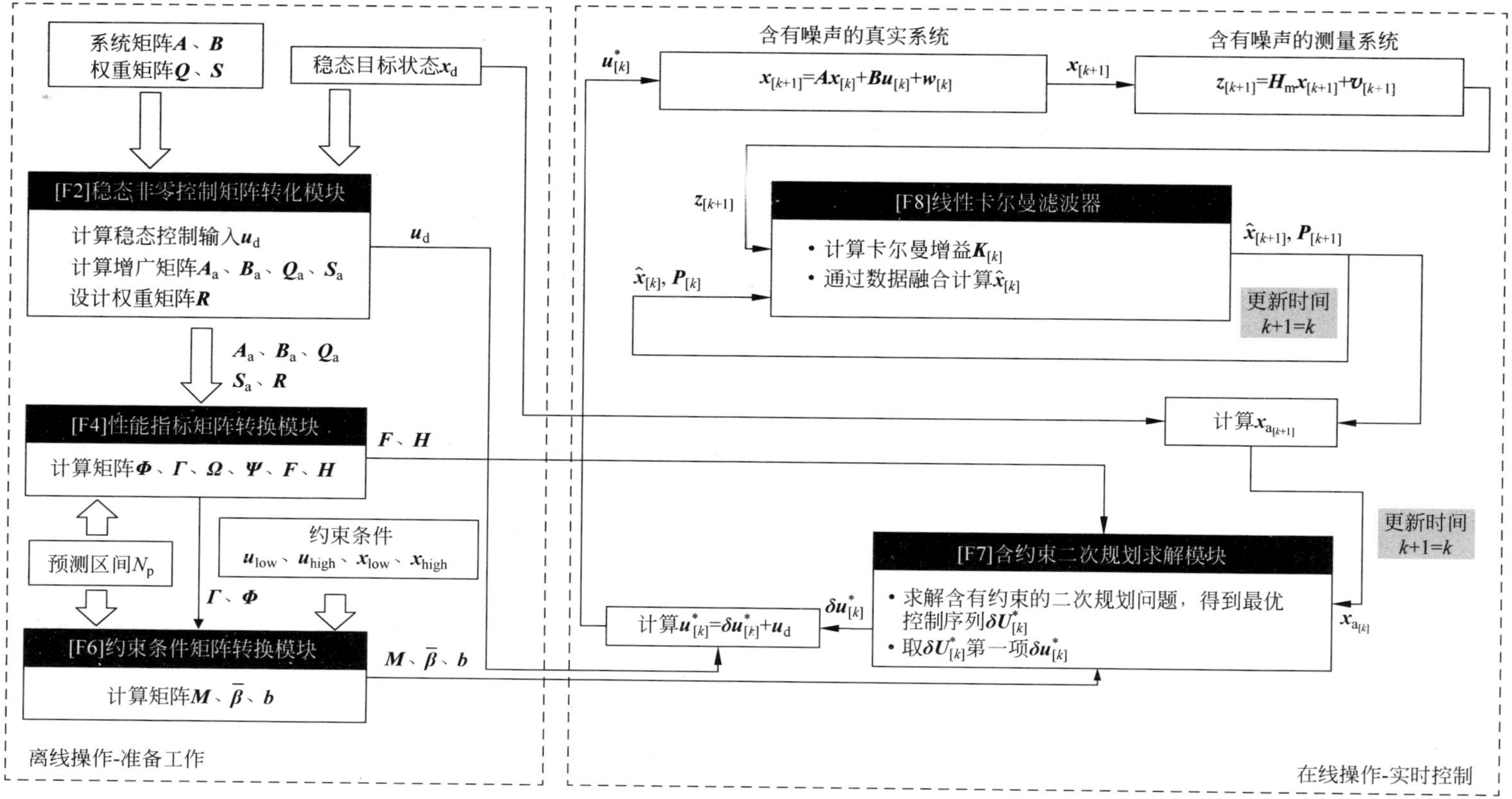

图 6.4.5 含约束 MPC 轨迹追踪控制器与线性卡尔曼滤波器的结合

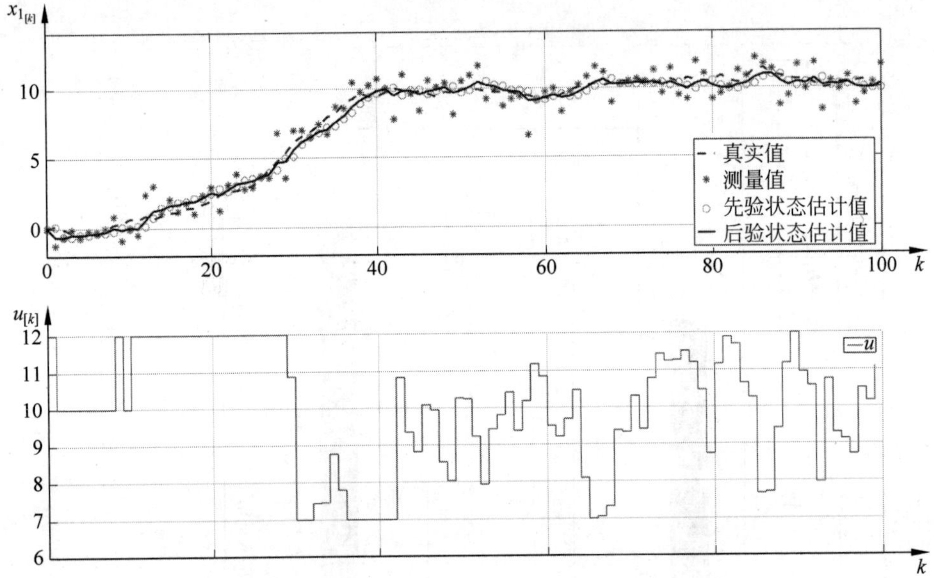

图 6.4.6 含约束 MPC 轨迹追踪控制器与线性卡尔曼滤波器仿真结果 $T_s=0.1s$, $Q_c=\begin{bmatrix}0.05&0&0\\0&0.05&0\\0&0&0\end{bmatrix}$

同时可以发现,当使用估计值作为反馈输入时,输入会出现比较强烈的振荡,这是由高频的噪声引起的,这样的振荡会对执行机构的稳定性产生较大的负面影响。为了处理这一问题,可进一步对后验状态估计进行"滤波",如果我们对系统的模型有较强的信心,就可以继续向下调节过程误差协方差矩阵 Q_c。其结果如图 6.4.7 所示,当 $Q_c=\begin{bmatrix}0.01&0&0\\0&0.01&0\\0&0&0\end{bmatrix}$ 时,虽然后验状态估计值与前面相比准确性有所下降,但是系统的输入相对稳定。

我们也可以通过延长采样时间的方法来进一步缓解输入的剧烈变化。例如在本例中,当采样时间选择 $T_s=0.5s$,其他参数不变时,仿真结果如图 6.4.8 所示,可以发现输入的变化较图 6.4.6 与图 6.4.7 平滑很多。读者可以尝试调整不同的采样时间并进行比较,同时结合 5.6.3 节进行分析。较短的采样时间可以使控制器更及时地响应系统的变化,提高控制频率,从而使系统能够更快地调整和适应变化。然而,较短的采样时间也会导致较高的噪声敏感度,因为更频繁的采样会带来更多的噪声信号。这可能导致控制器产生剧烈的变化,使系统不稳定或表现不理想。

> 为了解决这种矛盾,通常会引入滤波器来抵消噪声的影响。滤波器可以平滑地测量信号,减少噪声的影响。然而,滤波器的引入也会导致控制器的响应速度变慢,因为滤波器的作用是对信号进行平滑处理,从而减少快速变化的部分。所以,在控制器设计中,需要在快速响应和噪声抑制之间进行权衡,选择适当的采样时间和滤波器参数。

这种权衡通常基于具体的应用需求和系统特性。对于某些应用,如快速响应的控制系

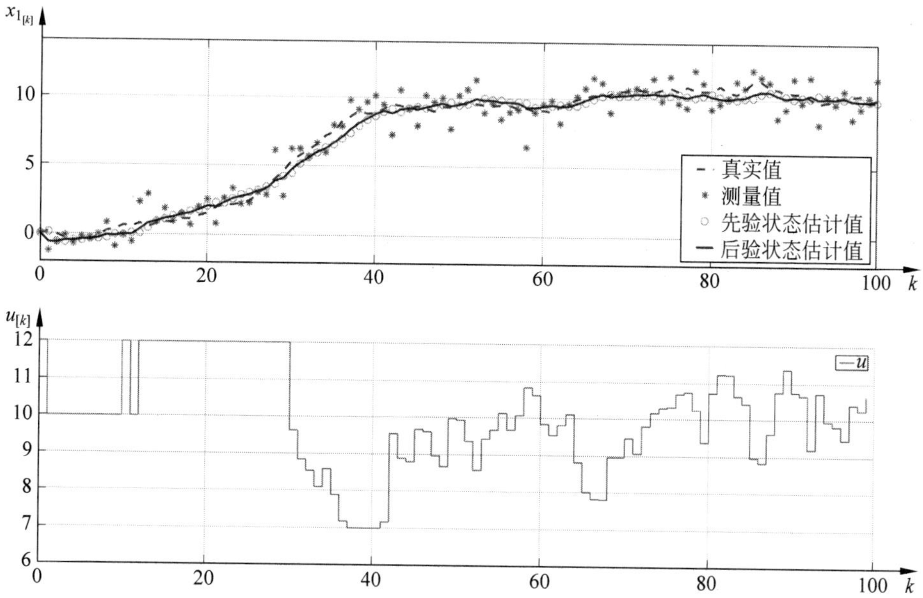

图 6.4.7　含约束 MPC 轨迹追踪控制器与线性卡尔曼滤波器仿真结果 $T_s=0.1\mathrm{s}, Q_c=\begin{bmatrix}0.01 & 0 & 0\\ 0 & 0.01 & 0\\ 0 & 0 & 0\end{bmatrix}$

统或需要精确跟踪变化的系统,可能更倾向于选择较短的采样时间和较弱的滤波效果;而对于噪声较强或对系统稳定性要求较高的应用,可能更倾向于选择较长的采样时间和较强的滤波效果。

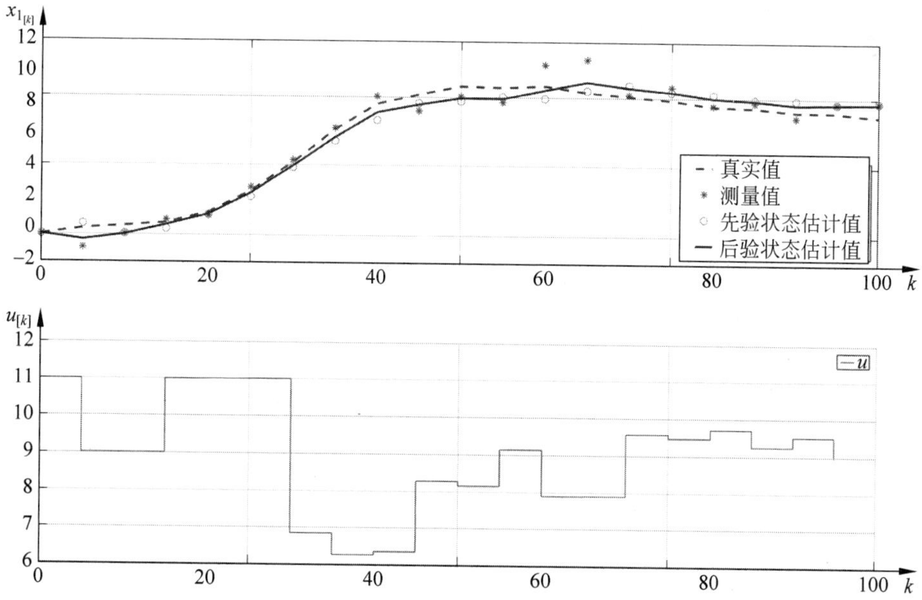

图 6.4.8　含约束 MPC 轨迹追踪控制器与线性卡尔曼滤波器仿真结果 $T_s=0.5\mathrm{s}, Q_c=\begin{bmatrix}0.05 & 0 & 0\\ 0 & 0.05 & 0\\ 0 & 0 & 0\end{bmatrix}$

请参考代码 6.3：KalmanFilter_MPC_UAV.m。

6.5 扩展卡尔曼滤波器

在前面章节中，卡尔曼滤波器的推导过程针对的都是线性系统。在线性条件下，服从正态分布的先验状态估计值和测量值才可以融合为服从正态分布的后验状态估计值，只有满足这样的条件，6.3 节的推导才能成立。而服从正态分布的变量经过非线性系统的变换后往往将不再服从正态分布，因此对于非线性系统将无法直接使用卡尔曼滤波器。当系统具有非线性动态模型或观测方程时，或者存在非高斯噪声时，可以使用**扩展卡尔曼滤波器**(**extended Kalman filter，EKF**)。

6.5.1 扩展卡尔曼滤波器算法

如果一个系统是非线性的，其状态空间方程可以表示为

$$\boldsymbol{x}_{[k]}=\boldsymbol{f}(\boldsymbol{x}_{[k-1]},\boldsymbol{u}_{[k-1]},\boldsymbol{w}_{[k-1]}) \tag{6.5.1a}$$

$$\boldsymbol{z}_{[k]}=\boldsymbol{h}(\boldsymbol{x}_{[k]},\boldsymbol{v}_{[k]}) \tag{6.5.1b}$$

其中，$\boldsymbol{f}()$和 $\boldsymbol{h}()$为非线性方程；$\boldsymbol{w}\sim N(\boldsymbol{0},\boldsymbol{Q}_{\mathrm{c}})$、$\boldsymbol{v}\sim N(\boldsymbol{0},\boldsymbol{R}_{\mathrm{c}})$分别为过程噪声和测量噪声，它们符合正态分布，期望为 $\boldsymbol{0}$，协方差矩阵分别为 $\boldsymbol{Q}_{\mathrm{c}}$ 和 $\boldsymbol{R}_{\mathrm{c}}$。但是经过非线性变换后，$\boldsymbol{x}_{[k]}$与 $\boldsymbol{z}_{[k]}$将不再服从正态分布。若要使用 6.3 节的结论，则需要将式(6.5.1)转换为式(6.3.1a)和式(6.3.2a)的线性形式。对非线性系统进行线性化处理，可以使用泰勒级数展开的方式。对于式(6.5.1a)，可以在后验状态估计值 $\hat{\boldsymbol{x}}_{[k-1]}$附近进行展开，得到

$$\begin{aligned}\boldsymbol{x}_{[k]}=\boldsymbol{f}(\boldsymbol{x}_{[k-1]},\boldsymbol{u}_{[k-1]},\boldsymbol{w}_{[k-1]})\approx \boldsymbol{f}(\hat{\boldsymbol{x}}_{[k-1]},\boldsymbol{u}_{[k-1]},\boldsymbol{0})+\\ \boldsymbol{A}_{[k]}(\boldsymbol{x}_{[k-1]}-\hat{\boldsymbol{x}}_{[k-1]})+\boldsymbol{W}_{[k]}(\boldsymbol{w}_{[k-1]}-\boldsymbol{0})\end{aligned} \tag{6.5.2a}$$

其中

$$\boldsymbol{A}_{[k]}=\frac{\partial \boldsymbol{f}}{\partial \boldsymbol{x}}(\hat{\boldsymbol{x}}_{[k-1]},\boldsymbol{u}_{[k-1]},\boldsymbol{0}) \tag{6.5.2b}$$

$$\boldsymbol{W}_{[k]}=\frac{\partial \boldsymbol{f}}{\partial \boldsymbol{w}}(\hat{\boldsymbol{x}}_{[k-1]},\boldsymbol{u}_{[k-1]},\boldsymbol{0}) \tag{6.5.2c}$$

式(6.5.2a)做了两个处理，第一个是忽略了泰勒级数展开的高阶项，这也是使用泰勒展开线性化的标准操作；第二个是假设在 $\hat{\boldsymbol{x}}_{[k-1]}$点附近的误差 $\boldsymbol{w}_{[k-1]}$为 $\boldsymbol{0}$。另外需要注意的是，$\boldsymbol{A}_{[k]}$与 $\boldsymbol{W}_{[k]}$的下标都是 k，代表线性化操作是在 k 时刻完成的。

式(6.5.2b)和式(6.5.2c)中的求导是向量对向量的导数，因此结果是一个矩阵。在这里，为了使等式成立，求导需要使用**分子布局**的形式，即结果与分子保持同样的行数，因此 $\boldsymbol{A}_{[k]}$和 $\boldsymbol{W}_{[k]}$分别为 $\boldsymbol{f}$ 对 $\boldsymbol{x}$ 和 $\boldsymbol{w}$ 偏导的雅可比矩阵。

同时可以发现，$\boldsymbol{f}(\hat{\boldsymbol{x}}_{[k-1]},\boldsymbol{u}_{[k-1]},\boldsymbol{0})$是不考虑噪声的“计算结果”，根据 6.3 节的定义，它是 k 时刻的先验状态估计，即 $\boldsymbol{f}(\hat{\boldsymbol{x}}_{[k-1]},\boldsymbol{u}_{[k-1]},\boldsymbol{0})\triangleq\hat{\boldsymbol{x}}_{[k]}^{-}$，式(6.5.2a)变成

$$\boldsymbol{x}_{[k]}\approx\hat{\boldsymbol{x}}_{[k]}^{-}+\boldsymbol{A}_{[k]}(\boldsymbol{x}_{[k-1]}-\hat{\boldsymbol{x}}_{[k-1]})+\boldsymbol{W}_{[k]}\boldsymbol{w}_{[k-1]} \tag{6.5.3}$$

这是一个线性方程，噪声也缩放了$\boldsymbol{W}_{[k]}$倍，其期望为

$$E(\boldsymbol{W}_{[k]}\boldsymbol{w}_{[k-1]})=E(\boldsymbol{W}_{[k]})E(\boldsymbol{w}_{[k-1]})=0 \tag{6.5.4a}$$

协方差矩阵为

$$\begin{aligned}\boldsymbol{C}(\boldsymbol{W}_{[k]}\boldsymbol{w}_{[k-1]})&=E[\boldsymbol{W}_{[k]}\boldsymbol{w}_{[k-1]}(\boldsymbol{W}_{[k]}\boldsymbol{w}_{[k-1]})^{\mathrm{T}}]\\&=E[\boldsymbol{W}_{[k]}\boldsymbol{w}_{[k-1]}\boldsymbol{w}_{[k-1]}^{\mathrm{T}}\boldsymbol{W}_{[k]}^{\mathrm{T}}]\end{aligned} \tag{6.5.4b}$$

由于$\boldsymbol{W}_{[k]}$是常数矩阵，式(6.5.4b)可以写成

$$\boldsymbol{C}(\boldsymbol{W}_{[k]}\boldsymbol{w}_{[k-1]})=\boldsymbol{W}_{[k]}E[\boldsymbol{w}_{[k-1]}\boldsymbol{w}_{[k-1]}^{\mathrm{T}}]\boldsymbol{W}_{[k]}^{\mathrm{T}}=\boldsymbol{W}_{[k]}\boldsymbol{Q}_{\mathrm{c}}\boldsymbol{W}_{[k]}^{\mathrm{T}} \tag{6.5.4c}$$

因此，$\boldsymbol{W}_{[k]}\boldsymbol{w}_{[k-1]}$服从正态分布$\boldsymbol{W}_{[k]}\boldsymbol{w}\sim N(\boldsymbol{0},\boldsymbol{W}_{[k]}\boldsymbol{Q}_{\mathrm{c}}\boldsymbol{W}_{[k]}^{\mathrm{T}})$。

式(6.5.1b)可以在$\hat{\boldsymbol{x}}_{[k]}^{-}$附近展开，即

$$\boldsymbol{z}_{[k]}\approx\boldsymbol{h}(\hat{\boldsymbol{x}}_{[k]}^{-},\boldsymbol{0})+\boldsymbol{H}_{\mathrm{m}_{[k]}}(\boldsymbol{x}_{[k]}-\hat{\boldsymbol{x}}_{[k]}^{-})+\boldsymbol{V}_{[k]}(\boldsymbol{v}_{[k]}-\boldsymbol{0}) \tag{6.5.5a}$$

其中

$$\boldsymbol{H}_{\mathrm{m}_{[k]}}=\frac{\partial\boldsymbol{h}}{\partial\boldsymbol{x}}(\hat{\boldsymbol{x}}_{[k]}^{-},\boldsymbol{0}) \tag{6.5.5b}$$

$$\boldsymbol{V}_{[k]}=\frac{\partial\boldsymbol{h}}{\partial\boldsymbol{v}}(\hat{\boldsymbol{x}}_{[k]}^{-},\boldsymbol{0}) \tag{6.5.5c}$$

$\boldsymbol{H}_{\mathrm{m}_{[k]}}$和$\boldsymbol{V}_{[k]}$分别为$\boldsymbol{h}$对$\boldsymbol{x}$和$\boldsymbol{v}$偏导的雅可比矩阵。这是一个线性方程，噪声服从正态分布$\boldsymbol{V}_{[k]}\boldsymbol{v}_{[k]}\sim N(\boldsymbol{0},\boldsymbol{V}_{[k]}\boldsymbol{R}_{\mathrm{c}}\boldsymbol{V}_{[k]}^{\mathrm{T}})$。

式(6.5.3)和式(6.5.4)组成了线性化后的状态空间方程，调整后可以将它们写成

$$\boldsymbol{x}_{[k]}=\boldsymbol{A}_{[k]}\boldsymbol{x}_{[k-1]}+\boldsymbol{W}_{[k]}\boldsymbol{w}_{[k-1]}+(\hat{\boldsymbol{x}}_{[k]}^{-}-\boldsymbol{A}_{[k]}\hat{\boldsymbol{x}}_{[k-1]}) \tag{6.5.6a}$$

$$\boldsymbol{z}_{[k]}=\boldsymbol{H}_{\mathrm{m}_{[k]}}\boldsymbol{x}_{[k]}+\boldsymbol{V}_{[k]}\boldsymbol{v}_{[k]}+(\boldsymbol{h}(\hat{\boldsymbol{x}}_{[k]}^{-},\boldsymbol{0})-\boldsymbol{H}_{\mathrm{m}_{[k]}}\hat{\boldsymbol{x}}_{[k]}^{-}) \tag{6.5.6b}$$

其中，$(\hat{\boldsymbol{x}}_{[k]}^{-}-\boldsymbol{A}_{[k]}\hat{\boldsymbol{x}}_{[k-1]})$和$(\boldsymbol{h}(\hat{\boldsymbol{x}}_{[k]}^{-},\boldsymbol{0})-\boldsymbol{H}_{\mathrm{m}_{[k]}}\hat{\boldsymbol{x}}_{[k]}^{-})$在$k$时刻是两个可以计算得到的向量，也可以理解为在$k$时刻的偏差。由于这两个向量是确定不含随机性的，因此并不会影响卡尔曼增益的推导（求导时会变为0），式(6.5.6a)与式(6.5.6b)可以使用6.3节线性卡尔曼滤波器的推导方法进行处理。省略推导过程，直接给出结果，其中时间更新方程为

$$\hat{\boldsymbol{x}}_{[k]}^{-}=\boldsymbol{f}(\hat{\boldsymbol{x}}_{[k-1]},\boldsymbol{u}_{[k-1]},\boldsymbol{0}) \tag{6.5.7a}$$

$$\boldsymbol{P}_{[k]}^{-}=\boldsymbol{A}_{[k]}\boldsymbol{P}_{[k]}\boldsymbol{A}_{[k-1]}^{\mathrm{T}}+\boldsymbol{W}_{[k]}\boldsymbol{Q}_{\mathrm{c}}\boldsymbol{W}_{[k]}^{\mathrm{T}} \tag{6.5.7b}$$

测量更新方程为

$$\boldsymbol{K}_{[k]}=\frac{\boldsymbol{P}_{[k]}^{-}\boldsymbol{H}_{\mathrm{m}_{[k]}}^{\mathrm{T}}}{\boldsymbol{H}_{\mathrm{m}_{[k]}}\boldsymbol{P}_{[k]}^{-}\boldsymbol{H}_{\mathrm{m}_{[k]}}^{\mathrm{T}}+\boldsymbol{V}_{[k]}\boldsymbol{R}_{\mathrm{c}}\boldsymbol{V}_{[k]}^{\mathrm{T}}} \tag{6.5.7c}$$

$$\hat{\boldsymbol{x}}_{[k]}=\hat{\boldsymbol{x}}_{[k]}^{-}+\boldsymbol{K}_{[k]}(\boldsymbol{z}_{[k]}-\boldsymbol{h}(\hat{\boldsymbol{x}}_{[k]}^{-},\boldsymbol{0})) \tag{6.5.7d}$$

$$\boldsymbol{P}_{[k]}=(\boldsymbol{I}-\boldsymbol{K}_{[k]}\boldsymbol{H}_{\mathrm{m}_{[k]}})\boldsymbol{P}_{[k]}^{-} \tag{6.5.7e}$$

式(6.5.7)即扩展卡尔曼滤波器的五个重要公式。其中，式(6.5.7a)和式(6.5.7d)说明扩展卡尔曼滤波器通过无噪声的非线性模型得到先验状态估计值与后验状态估计值。而在计算先验状态估计误差、卡尔曼增益与后验状态估计误差协方差矩阵时，则使用线性化后的模型。其余部分与图6.3.1所示的线性卡尔曼滤波器思路一致。

扩展卡尔曼滤波器的运行流程如图6.5.1所示。与线性卡尔曼滤波器相比，它增加了计算雅可比矩阵的步骤。

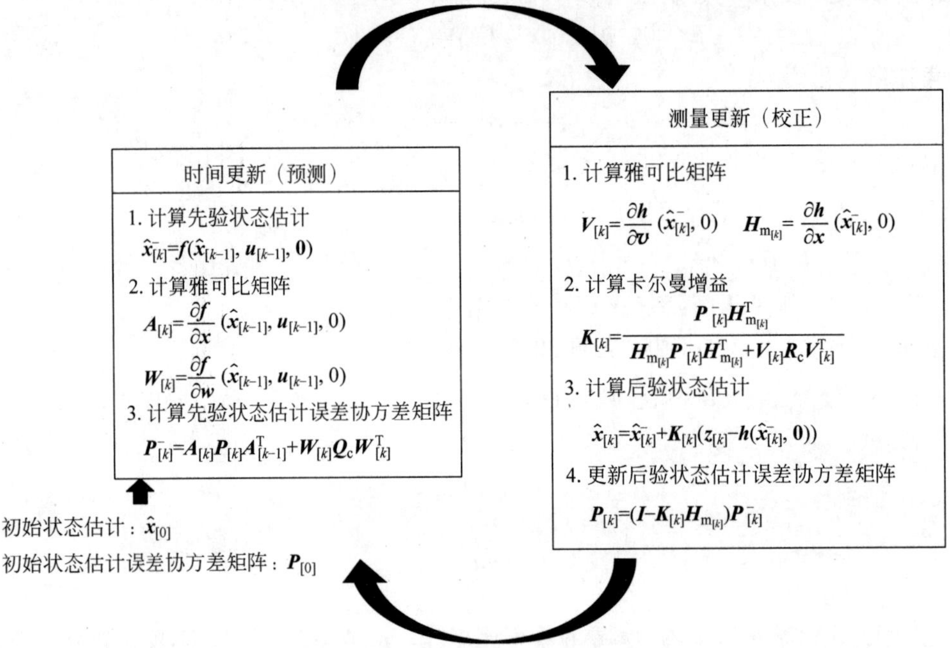

图 6.5.1 扩展卡尔曼滤波器的运算过程

> 需要注意的是，在扩展卡尔曼滤波器中，雅可比矩阵 $\boldsymbol{A}_{[k]}$、$\boldsymbol{W}_{[k]}$、$\boldsymbol{H}_{\mathrm{m}_{[k]}}$、$\boldsymbol{V}_{[k]}$ 都是随时间变化的，每次都需要重新计算，这是因为每一次的线性化操作都是在一个新的后验状态估计值附近进行的。也正因为如此，扩展卡尔曼滤波器需要计算每一个 k 时刻的雅可比矩阵，这会增加计算的复杂性。

6.5.2 案例分析

本小节将通过一个简单的案例说明扩展卡尔曼滤波器的应用。

图 6.5.2 所示为一个单摆系统，小球质量为 m，连杆长度为 L，忽略连杆质量，$\theta_{[k]}$、$\omega_{[k]}$ 和 $\alpha_{[k]}$ 分别代表连杆小球在 k 时刻的角度、角速度以及角加速度，以逆时针方向为正，采样时间为 T_{s}。根据以上条件，可以直接建立离散系统的状态空间方程。

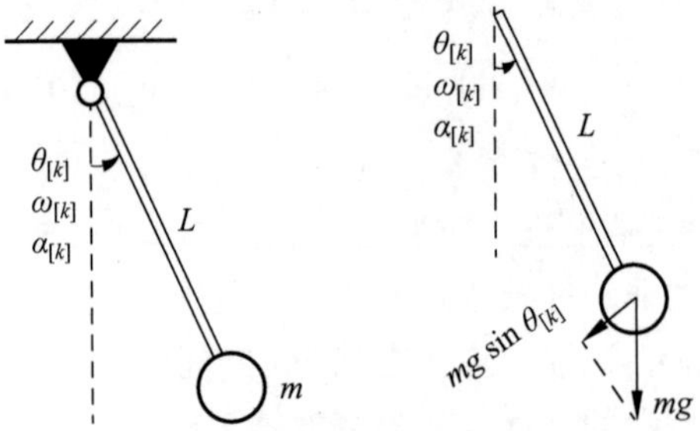

图 6.5.2 单摆系统

不考虑噪声的存在，从 $k-1$ 时刻到 k 时刻连杆小球的角度变化为

$$\theta_{[k]}=\theta_{[k-1]}+\omega_{[k-1]}T_s \tag{6.5.8a}$$

角速度变化为

$$\omega_{[k]}=\omega_{[k-1]}+\alpha_{[k-1]}T_s \tag{6.5.8b}$$

根据牛顿第二定律，小球在沿圆周运动的切线方向的动态方程为

$$mg\sin\theta_{[k-1]}=-mL\alpha_{[k-1]}\Rightarrow\alpha_{[k-1]}=-\frac{g}{L}\sin\theta_{[k-1]} \tag{6.5.9}$$

代入式(6.5.8b)可得

$$\omega_{[k]}=\omega_{[k-1]}-\frac{g}{L}\sin\theta_{[k-1]}T_s \tag{6.5.10}$$

在仿真测试中，定义系统的状态变量为 $\boldsymbol{x}_{[k]}=\begin{bmatrix}x_{1_{[k]}} & x_{2_{[k]}}\end{bmatrix}^{\mathrm{T}}=\begin{bmatrix}\theta_{[k]} & \omega_{[k]}\end{bmatrix}^{\mathrm{T}}$，同时为系统加入过程噪声 $\boldsymbol{w}\sim N(\boldsymbol{0},\boldsymbol{Q}_{\mathrm{c_a}})$，得到

$$\boldsymbol{x}_{[k]}=\boldsymbol{f}(\boldsymbol{x}_{[k-1]},\boldsymbol{w}_{[k-1]}) \tag{6.5.11a}$$

其中

$$\boldsymbol{f}(\boldsymbol{x}_{[k-1]},\boldsymbol{w}_{[k-1]})=\begin{bmatrix}f_1(\boldsymbol{x}_{[k]})\\ f_2(\boldsymbol{x}_{[k]})\end{bmatrix}=\begin{bmatrix}x_{1[k-1]}+x_{2_{[k-1]}}T_s+w_{1[k-1]}\\ x_{2_{[k-1]}}-\dfrac{g}{L}\sin x_{1[k-1]}T_s+w_{2[k-1]}\end{bmatrix} \tag{6.5.11b}$$

在实验中使用传感器测量系统的角度 $x_{1_{[k]}}$ 与角速度 $x_{2_{[k]}}$，并考虑测量误差 $\boldsymbol{v}_{[k]}\sim N(\boldsymbol{0},\boldsymbol{R}_{\mathrm{c_a}})$，即

$$\boldsymbol{z}_{[k]}=\boldsymbol{h}(\boldsymbol{x}_{[k]},\boldsymbol{v}_{[k]})=\begin{bmatrix}h_1(\boldsymbol{x}_{[k]})\\ h_2(\boldsymbol{x}_{[k]})\end{bmatrix}=\begin{bmatrix}x_{1_{[k]}}+v_{1_{[k]}}\\ x_{2_{[k]}}+v_{2_{[k]}}\end{bmatrix} \tag{6.5.11c}$$

式(6.5.11a)为非线性系统，因此需要使用扩展卡尔曼滤波器，首先求其雅可比矩阵

$$\boldsymbol{A}_{[k]}=\frac{\partial\boldsymbol{f}}{\partial\boldsymbol{x}}(\hat{\boldsymbol{x}}_{[k-1]})=\begin{bmatrix}\dfrac{f_1(\boldsymbol{x})}{\partial x_1} & \dfrac{f_1(\boldsymbol{x})}{\partial x_2}\\ \dfrac{f_2(\boldsymbol{x})}{\partial x_1} & \dfrac{f_2(\boldsymbol{x})}{\partial x_2}\end{bmatrix}_{\hat{\boldsymbol{x}}_{[k-1]}}=\begin{bmatrix}1 & T_s\\ -\dfrac{g}{L}\cos x_1T_s & 1\end{bmatrix}_{\hat{\boldsymbol{x}}_{[k-1]}}$$

$$=\begin{bmatrix}1 & T_s\\ -\dfrac{g}{L}\cos\hat{\boldsymbol{x}}_{[k-1]}T_s & 1\end{bmatrix} \tag{6.5.12a}$$

$$\boldsymbol{W}_{[k]}=\frac{\partial\boldsymbol{f}}{\partial\boldsymbol{w}}(\hat{\boldsymbol{x}}_{[k-1]})=\begin{bmatrix}\dfrac{f_1(\boldsymbol{x})}{\partial w_1} & \dfrac{f_1(\boldsymbol{x})}{\partial w_2}\\ \dfrac{f_2(\boldsymbol{x})}{\partial w_1} & \dfrac{f_2(\boldsymbol{x})}{\partial w_2}\end{bmatrix}_{\hat{\boldsymbol{x}}_{[k-1]}}=\begin{bmatrix}1 & 0\\ 0 & 1\end{bmatrix} \tag{6.5.12b}$$

对于式(6.5.11c)，需要将其在 $\hat{\boldsymbol{x}}_{[k]}^-$ 附近线性化，得到

$$\boldsymbol{H}_{\mathrm{m}_{[k]}}=\frac{\partial\boldsymbol{h}}{\partial\boldsymbol{x}}(\hat{\boldsymbol{x}}_{[k]}^-,\boldsymbol{0})=\begin{bmatrix}\dfrac{h_1(\boldsymbol{x})}{\partial x_1} & \dfrac{h_1(\boldsymbol{x})}{\partial x_2}\\ \dfrac{h_2(\boldsymbol{x})}{\partial x_1} & \dfrac{h_2(\boldsymbol{x})}{\partial x_2}\end{bmatrix}_{\hat{\boldsymbol{x}}_{[k]}^-}=\begin{bmatrix}1 & 0\\ 0 & 1\end{bmatrix} \tag{6.5.13a}$$

$$\boldsymbol{V}_{[k]}=\frac{\partial \boldsymbol{h}}{\partial \boldsymbol{v}}(\hat{\boldsymbol{x}}_{[k]}^{-},\boldsymbol{0})=\begin{bmatrix}\frac{h_1(\boldsymbol{x})}{\partial v_1} & \frac{h_1(\boldsymbol{x})}{\partial v_2}\\ \frac{h_2(\boldsymbol{x})}{\partial v_1} & \frac{h_2(\boldsymbol{x})}{\partial v_2}\end{bmatrix}_{\hat{\boldsymbol{x}}_{[k]}^{-}}=\begin{bmatrix}1 & 0\\ 0 & 1\end{bmatrix} \tag{6.5.13b}$$

实际上,式(6.5.11b)只有一个非线性项$\frac{g}{L}\sin x_{1[k-1]}T_{\rm s}$,因此,线性化也只是针对它进行操作,其余项已经是线性项,可以保留原有形式。

将上述分析代入式(6.5.7)中,得到本系统的五个扩展卡尔曼滤波器重要公式,代入计算即可,请读者参考图6.5.1与代码进行学习分析。表6.5.1列出了仿真测试的条件,在本次测试中,我们选择的过程噪声和测量误差恰好与真实值相同,小球将从$\frac{\pi}{4}$的位置以零速度释放。

表 6.5.1 实验设计

系统参数		真实噪声协方差矩阵		实验噪声协方差矩阵		初始条件		
g/L	$T_{\rm s}$	$\boldsymbol{Q}_{\rm c_a}$	$\boldsymbol{R}_{\rm c_a}$	$\boldsymbol{Q}_{\rm c}$	$\boldsymbol{R}_{\rm c}$	$\boldsymbol{x}_{[0]}$	$\hat{\boldsymbol{x}}_{[0]}$	$\boldsymbol{P}_{[0]}$
20	0.01	$\begin{bmatrix}0.01 & 0\\ 0 & 0.01\end{bmatrix}$	$\begin{bmatrix}0.1 & 0\\ 0 & 0.1\end{bmatrix}$	$\begin{bmatrix}0.01 & 0\\ 0 & 0.01\end{bmatrix}$	$\begin{bmatrix}0.1 & 0\\ 0 & 0.1\end{bmatrix}$	$\begin{bmatrix}\frac{\pi}{4} & 0\end{bmatrix}^{\rm T}$	$\begin{bmatrix}0 & 0\end{bmatrix}^{\rm T}$	$\begin{bmatrix}1 & 0\\ 0 & 1\end{bmatrix}$

仿真结果如图6.5.3所示。可以观察到滤波器在对系统状态进行估计时表现出良好的滤波效果。滤波器能够减小由于测量噪声和系统不确定性引起的状态估计误差,并提供较为平滑的状态估计值。需要注意的是,本程序的噪声信号是基于协方差矩阵随机生成的,因此读者再次运行代码时得到的结果与图6.5.3不同也是正常的。

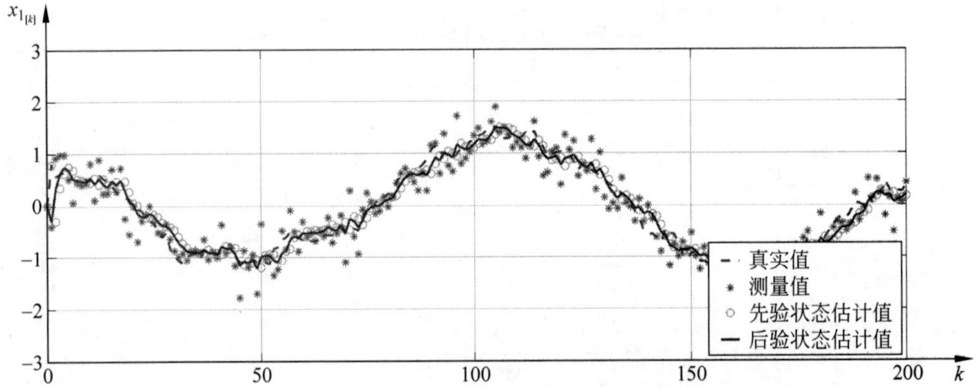

图 6.5.3 单摆系统扩展卡尔曼滤波器仿真结果

请参考代码6.4:Extended_KalmanFilter.m。

6.6 本章重点公式总结

- 概率论基础
  - 期望与方差性质对比

期 望	方 差	说 明
$E(X)=\int_{-\infty}^{\infty}xf_X(x)\mathrm{d}x$	$\mathrm{Var}(X)=\int_{-\infty}^{\infty}(X-E(X))^2f_X(x)\mathrm{d}x$	定义
$E(a)=a$	$\mathrm{Var}(a)=0$	a 为常数
$E(aX)=aE(X)$	$\mathrm{Var}(aX)=a^2\mathrm{Var}(X)$	a 为常数
$E(X+Y)=E(X)+E(Y)$	$\mathrm{Var}(X+Y)=\mathrm{Var}(X)+2E(X-E(X))(Y-E(Y))+\mathrm{Var}(Y)$	X、Y 是两个随机变量
$E(XY)=E(X)E(Y)$	$\mathrm{Var}(X+Y)=\mathrm{Var}(X)+\mathrm{Var}(Y)$	X、Y 相互独立

- 测量误差融合
  - 最优估计结果为$\hat{z}=z_1+K^*(z_2-z_1)$，其中：
    - $K^*=\dfrac{\sigma_{e_1}^2}{\sigma_{e_1}^2+\sigma_{e_2}^2}$。
    - σ_{e_1} 为 z_1 的标准差。
    - σ_{e_2} 为 z_2 的标准差。
- 协方差矩阵
  - 随机变量组成的向量 $\boldsymbol{X}=\begin{bmatrix}X_1\\ \vdots\\ X_n\end{bmatrix}$，服从正态分布 $\boldsymbol{X}\sim N(\boldsymbol{\mu}_{\boldsymbol{X}},\boldsymbol{C}(\boldsymbol{X}))$。
  - $\boldsymbol{C}(\boldsymbol{X})=E[(\boldsymbol{X}-\boldsymbol{\mu}_{\boldsymbol{X}})(\boldsymbol{X}-\boldsymbol{\mu}_{\boldsymbol{X}})^{\mathrm{T}}]=\begin{bmatrix}\sigma_{X_1}^2 & \cdots & \sigma_{X_1X_n}\\ \vdots & \ddots & \vdots\\ \sigma_{X_nX_1} & \cdots & \sigma_n^2\end{bmatrix}$。
  - 若 $\boldsymbol{X}\sim N(\boldsymbol{0},\boldsymbol{C}(\boldsymbol{X}))$，则 $\boldsymbol{C}(\boldsymbol{X})=E[\boldsymbol{X}\boldsymbol{X}^{\mathrm{T}}]=\begin{bmatrix}\sigma_{X_1}^2 & \cdots & \sigma_{X_1X_n}\\ \vdots & \ddots & \vdots\\ \sigma_{X_nX_1} & \cdots & \sigma_n^2\end{bmatrix}$。
- 卡尔曼滤波器公式总结

	线性卡尔曼滤波器	扩展卡尔曼滤波器
动态方程	$\boldsymbol{x}_{[k]}=\boldsymbol{A}\boldsymbol{x}_{[k-1]}+\boldsymbol{B}\boldsymbol{u}_{[k-1]}+\boldsymbol{w}_{[k-1]}$	$\boldsymbol{x}_{[k]}=\boldsymbol{f}(\boldsymbol{x}_{[k-1]},\boldsymbol{u}_{[k-1]},\boldsymbol{w}_{[k-1]})$
测量方程	$\boldsymbol{z}_{[k]}=\boldsymbol{H}_{\mathrm{m}}\boldsymbol{x}_{[k]}+\boldsymbol{v}_{[k]}$	$\boldsymbol{z}_{[k]}=\boldsymbol{h}(\boldsymbol{x}_{[k]},\boldsymbol{v}_{[k]})$
噪声	过程噪声：$\boldsymbol{w}\sim N(\boldsymbol{0},\boldsymbol{Q}_{\mathrm{c}})$ 测量噪声：$\boldsymbol{v}\sim N(\boldsymbol{0},\boldsymbol{R}_{\mathrm{c}})$	

续表

<table>
<tr><th></th><th>线性卡尔曼滤波器</th><th colspan="2">扩展卡尔曼滤波器</th></tr>
<tr><td colspan="4">时间更新</td></tr>
<tr><td>先验状态估计</td><td>$\hat{\boldsymbol{x}}^-_{[k]} = \boldsymbol{A}\hat{\boldsymbol{x}}_{[k-1]} + \boldsymbol{B}\boldsymbol{u}_{[k-1]}$</td><td colspan="2">$\hat{\boldsymbol{x}}^-_{[k]} = \boldsymbol{f}(\hat{\boldsymbol{x}}_{[k-1]}, \boldsymbol{u}_{[k-1]}, \boldsymbol{0})$</td></tr>
<tr><td rowspan="3">先验状态估计协方差矩阵</td><td rowspan="3">$\boldsymbol{P}^-_{[k]} = \boldsymbol{A}\boldsymbol{P}_{[k-1]}\boldsymbol{A}^{\mathrm{T}} + \boldsymbol{Q}_{\mathrm{c}}$</td><td rowspan="2">雅可比矩阵</td><td>$\boldsymbol{A}_{[k]} = \frac{\partial \boldsymbol{f}}{\partial \boldsymbol{x}}(\hat{\boldsymbol{x}}_{[k-1]}, \boldsymbol{u}_{[k-1]}, \boldsymbol{0})$</td></tr>
<tr><td>$\boldsymbol{W}_{[k]} = \frac{\partial \boldsymbol{f}}{\partial \boldsymbol{w}}(\hat{\boldsymbol{x}}_{[k-1]}, \boldsymbol{u}_{[k-1]}, \boldsymbol{0})$</td></tr>
<tr><td colspan="2">$\boldsymbol{P}^-_{[k]} = \boldsymbol{A}_{[k]}\boldsymbol{P}_{[k]}\boldsymbol{A}^{\mathrm{T}}_{[k-1]} + \boldsymbol{W}_{[k]}\boldsymbol{Q}_{\mathrm{c}}\boldsymbol{W}^{\mathrm{T}}_{[k]}$</td></tr>
<tr><td colspan="4">测量更新</td></tr>
<tr><td rowspan="3">卡尔曼增益</td><td rowspan="3">$\boldsymbol{K}_{[k]} = \frac{\boldsymbol{P}^-_{[k]}\boldsymbol{H}^{\mathrm{T}}_{\mathrm{m}}}{\boldsymbol{H}_{\mathrm{m}}\boldsymbol{P}^-_{[k]}\boldsymbol{H}^{\mathrm{T}}_{\mathrm{m}} + \boldsymbol{R}_{\mathrm{c}}}$</td><td rowspan="2">雅可比矩阵</td><td>$\boldsymbol{V}_{[k]} = \frac{\partial \boldsymbol{h}}{\partial \boldsymbol{v}}(\hat{\boldsymbol{x}}^-_{[k]}, \boldsymbol{0})$</td></tr>
<tr><td>$\boldsymbol{H}_{\mathrm{m}_{[k]}} = \frac{\partial \boldsymbol{h}}{\partial \boldsymbol{x}}(\hat{\boldsymbol{x}}^-_{[k]}, \boldsymbol{0})$</td></tr>
<tr><td colspan="2">$\boldsymbol{K}_{[k]} = \frac{\boldsymbol{P}^-_{[k]}\boldsymbol{H}^{\mathrm{T}}_{\mathrm{m}_{[k]}}}{\boldsymbol{H}_{\mathrm{m}_{[k]}}\boldsymbol{P}^-_{[k]}\boldsymbol{H}^{\mathrm{T}}_{\mathrm{m}_{[k]}} + \boldsymbol{V}_{[k]}\boldsymbol{R}_{\mathrm{c}}\boldsymbol{V}^{\mathrm{T}}_{[k]}}$</td></tr>
<tr><td>后验状态估计</td><td>$\hat{\boldsymbol{x}}_{[k]} = \hat{\boldsymbol{x}}^-_{[k]} + \boldsymbol{K}_{[k]}(\boldsymbol{z}_{[k]} - \boldsymbol{H}_{\mathrm{m}}\hat{\boldsymbol{x}}^-_{[k]})$</td><td colspan="2">$\hat{\boldsymbol{x}}_{[k]} = \hat{\boldsymbol{x}}^-_{[k]} + \boldsymbol{K}_{[k]}(\boldsymbol{z}_{[k]} - \boldsymbol{h}(\hat{\boldsymbol{x}}^-_{[k]}, \boldsymbol{0}))$</td></tr>
<tr><td>后验状态估计协方差矩阵</td><td>$\boldsymbol{P}_{[k]} = (\boldsymbol{I} - \boldsymbol{K}_{[k]}\boldsymbol{H}_{\mathrm{m}})\boldsymbol{P}^-_{[k]}$</td><td colspan="2">$\boldsymbol{P}_{[k]} = (\boldsymbol{I} - \boldsymbol{K}_{[k]}\boldsymbol{H}_{\mathrm{m}_{[k]}})\boldsymbol{P}^-_{[k]}$</td></tr>
</table>

APPENDIX A 附录A

代码汇总与说明

本书所有案例所附代码请扫描以下二维码下载。

本书所附代码说明请参考如下表格。

第 2 章代码

编号	书中位置	文件名	代码功能
2.1	2.2.2 节尾	System_discretization. m	系统离散化与比较
2.2	图 2.4.2 下	Linear_regression. m	简单线性回归案例,解析解(2.4 节案例)
2.3	2.4 节尾	Linear _ regression _ gradient _ descent. m	简单线性回归案例,梯度下降法(2.4 节案例)

第 4 章代码

编号	书中位置	文件名	代码功能
4.1	4.2.4 节尾	DP_Numerical_Test. m	无人机上升目标高度最短用时控制——动态规划数值方法(4.2 节案例)
4.2	4.4.1 节尾	F1_LQR_Gain. m	求解 LQR 反馈增益 $\boldsymbol{F}$
4.3	4.4.2 节尾	LQR_Test_1D. m	离散型一维案例分析——LQR 算法(4.4.2 节案例)
4.4	4.4.5 节尾	LQR_Inverted_Pendulum. m	平衡车控制——连续系统案例分析(4.4.5 节案例)
4.5	4.5.2 节尾	LQR_ Test _ tracking _ E _ offset _ MSD. m	弹簧质量阻尼系统非零参考点分析——引入控制目标误差(4.5.2 节案例)
4.6	图 4.5.3 上	F2 _ InputAugmentMatrix _ SS _ U. m	计算系统增广矩阵 $\boldsymbol{A}_{\mathrm{a}}$、$\boldsymbol{B}_{\mathrm{a}}$、$\boldsymbol{Q}_{\mathrm{a}}$、$\boldsymbol{S}_{\mathrm{a}}$、$\boldsymbol{R}$ 以及稳态控制输入 $\boldsymbol{u}_{\mathrm{d}}$

续表

编号	书中位置	文 件 名	代 码 功 能
4.7	4.5.3 节尾	LQR_Test_tracking_SS_U_MSD. m	弹簧质量阻尼系统——稳态非零参考值控制(4.5.3 节案例)
4.8	图 4.5.6 上	F3_InputAugmentMatrix_Delta_U. m	计算系统增广矩阵 $\boldsymbol{A}_a$、$\boldsymbol{B}_a$、$\boldsymbol{Q}_a$、$\boldsymbol{S}_a$、$\boldsymbol{R}$
4.9	图 4.5.7 下	LQR_Test_tracking_Delta_U_MSD. m	弹簧质量阻尼系统——输入增量控制(4.5.4 节案例)
4.10	图 4.5.8 下	LQR_Test_tracking_Delta_U_AD_MSD. m	弹簧质量阻尼系统——输入增量非常数目标(4.5.5 节案例)
4.11	图 4.6.1 下	LQR_UAV_tracking_SS_U. m	无人机高度追踪控制(4.6 节案例)
4.12	图 4.6.3 下	LQR_UAV_tracking_SS_U_InputConstraints. m	无人机高度追踪控制——包含饱和函数(4.6 节案例)

第 5 章代码

编号	书中位置	文 件 名	代 码 功 能
5.1	图 5.2.1 下	QP_Free. m	无约束二次规划示例
5.2	图 5.2.2 下	QP_EQconstraint. m	等式约束二次规划示例
5.3	图 5.2.3 下	QP_nonEQconstraint. m	不等式约束二次规划示例
5.4	图 5.3.1 上	F4_MPC_Matrices_PM. m	求解模型预测控制中二次规划所需矩阵 $\boldsymbol{\Phi}$、$\boldsymbol{\Gamma}$、$\boldsymbol{\Omega}$、$\boldsymbol{\Psi}$、$\boldsymbol{H}$、$\boldsymbol{F}$
5.5	图 5.3.1 上	F5_MPC_Controller_noConstraints. m	利用二次规划求解模型预测控制中的系统控制量
5.6	5.3.5 节尾	MPC_1D. m	模型预测控制一维示例(5.3.5 节案例)
5.7	5.4.1 节尾	MPC_MSD_SS_U. m	弹簧质量阻尼系统模型预测控制——稳态输入(5.4.1 节案例)
5.8	图 5.4.4 下	MPC_MSD_Delta_U. m	弹簧质量阻尼系统模型预测控制——输入增量(5.4.2 节案例)
5.9	图 5.4.5 下	MPC_MSD_Delta_AD. m	弹簧质量阻尼系统模型预测控制——输入增量非常数目标(5.4.2 节案例)
5.10	图 5.5.1 上	F6_MPC_Matrices_Constraints. m	生成 MPC 控制器所需的约束矩阵
5.11	图 5.5.1 上	F7_MPC_Controller_withConstraints. m	利用二次规划求解模型预测控制中的系统控制量——含约束
5.12	5.5.2 节尾	MPC_2D. m	模型预测控制二维系统示例
5.13	图 5.5.4 下	MPC_MSD_SS_U_withConstraints. m	弹簧质量阻尼系统型预测控制示例——用约束限制超调量
5.14	图 5.6.1 下	MPC_UAV. m	无人机高度速度模型预测控制(5.6.1 节案例)
5.15	5.6.3 节尾	MPC_UAV_ST_Analysis. m	无人机高度速度模型预测控制(采样时间、预测区间分析,5.6.3 节案例)

第 6 章代码

编号	书中位置	文　件　名	代 码 功 能
6.1	图 6.3.2 下	F8_LinearKalmanFilter. m	求解卡尔曼滤波最优估计值
6.2	6.4.2 节尾	KalmanFilter_UAV_ConstantInput. m	线性卡尔曼滤波器案例——无人机高度预测(6.4.2 节案例)
6.3	6.4.3 节尾	KalmanFilter_MPC_UAV. m	无人机高度速度模型预测控制与卡尔曼滤波器结合示例(6.4.3 节案例)
6.4	图 6.5.3 下	Extended_KalmanFilter. m	扩展卡尔曼滤波器案例(6.5.2 节案例)

参考文献

[1] Fadili M, Visioli A. Digital control engineering analysis and design[M]. 2nd ed. Amsterdam: Elsevier, 2013.

[2] Grune L. Dynamic programming, optimal control and model predictive control [M]. Berlin: Springer, 2018.

[3] Grewal M, Andrews A. Kalman filtering: Theory and practice using MATLAB[M]. 2nd ed. New Jersey: John Wiley & Sons, 2001.

[4] Kirk D. Optimal control theory: An introduction[M]. New York: Dover Publications, 2004.

[5] Petersen K, Pedersen M. The matrix cookbook[OL]. Technical university of denmark[2012-11-15]. https://www.math.uwaterloo.ca/~hwolkowi/matrixcookbook.pdf.

[6] Wang L. Model predictive control system design and implementation using MATLAB[M]. Berlin: Springer, 2009.

[7] Borrelli F, Bemporad A, Morari M. Predictive control for linear and hybrid systems[M]. Cambridge: Cambridge University Press, 2017.

[8] Cannon M. C21 model predictive control[OL]. University of Oxford[2023-02]. https://markcannon.github.io/teaching/.

[9] Rawlings J, Mayne D. Model predictive control: Theory, computation, and design[M]. 2nd ed. New York: Nob Hill Publishing, LLC, 2017.

[10] Welch G, Bidhop G. An introduction to the Kalman filter[EB/OL]. [2001-06]. https://www.cs.unc.edu/~welch/media/pdf/kalman_intro.pdf.

[11] Maybeck P. Stochastic models, estimation, and control[M]. New York: Academic Press, 1979.

[12] Zhang X, Yang L, Sun X, et al. ECMS-MPC energy management strategy for plug-in hybrid electric buses considering motor temperature rise effect[J]. IEEE Transactions on Transportation Electrification, 2023, 9(1): 210-221.

[13] Starr G P. Introduction to applied digital control[M]. 2nd ed. Berlin: Springer, 2020.

[14] Oliveira S. Model predictive control (MPC) for constrained nonlinear systems [D]. Pasadena: California Institute of Technology, 1996.

[15] Bertsekas D. Dynamic programming and suboptimal control: A survey from ADP to MPC[J]. European Journal of Control, 2005(11): 310-334.

[16] Borhan H, Zhang C, Vahidi, et al. Nonlinear model predictive control for power-split hybrid electric vehicles[C]. Atlanta: 49the IEEE Confreence on Decision and Control, 2010.

[17] Diehl M, Joachim F, Haverbeke N. Efficient numerical methods for nonlinear MPC and moving horizon estimation[C]. Pavia: Workshop on Assessment and Future Directions of NMPC, 2008.

[18] Yang J, Zhu G. Model predictive control of a power split hybrid powertrain [C]. Boston: 2016 American Control Conference (ACC), 2016.

[19] Schwenzer M, Ay M, Bergs, et al. Review on model predictive control: an engineering perspective [J]. The International Journal of Advanced Manufacturing Technology, 2021(117): 1327-1349.

[20] Greenwell W, Vahidi A. Predictive control of voltage and current in a fuel cell-ultracapacitor hybrid [J]. IEEE Transactions on Industrial Electronics, 2010, 57(6): 1954-1963.

[21] Anderson B, Moore J. Optimal control: Linear quadratic methods[M]. 91.12 ed. New York: Dover Publications, 2007.

[22] Bertsekas D. Dynamic programming and optimal control[M]. 3rd ed. Boston: Athena Scientific, 2007.

[23] 王天威. 控制之美(卷 1)：控制理论从传递函数到状态空间[M]. 北京：清华大学出版社，2022.

[24] 张嗣瀛,高立群.现代控制理论[M].2版.北京:清华大学出版社,2017.

[25] 巨永锋,李登峰.最优控制[M].重庆:重庆大学出版社,2005.

[26] 胡寿松,王执铨,胡维礼.最优控制理论与系统[M].2版.北京:科学出版社,2013.

[27] Boyd S, Vandenberghe L. Convex optimization[M]. Cambridge: Cambridge University Press, 2004.

[28] Wang Y, Boyd S. Fast model predictive control using online optimization[J]. IEEE Transactions on Control System Technology, 2010, 18(2): 267-278.

[29] Boyd S, Ghaoui L, Feron E, et al. Linear matrix inequalities in system and control theory[M]. Philadelphia: Society for Industrial and Applied Mathematics, 1987.

[30] Seborg D, Edgar T, Mellichamp D. Process dynamics and control[M]. 2nd ed. New Jersey: John Wiley & Sons, 2003.